国家级职业教育教师教学创新团队成果
国家级课程思政教学名师和教学团队成果

智能制造专业群系列教材

嵌入式技术与应用项目教程

（STM32版）

主　编　朱黎丽　游青山
副主编　王　维　童世华
参　编　石　浪　唐小妹
主　审　刘　铭

科学出版社
北　京

内 容 简 介

本书基于意法半导体（ST）公司的 STM32F4 系列微控制器，结合 STM32CubeIDE 开发环境与 HAL 库，以项目引领、任务驱动的形式，从实用的角度出发，由浅入深地介绍嵌入式技术与应用。主要内容包括初识嵌入式技术、输入输出与定时中断、数据通信与显示、数据转换与无线通信、综合应用设计。

本书可作为高职高专电气自动化技术、智能控制技术、物联网应用技术等专业的教学用书，也可作为 1+X 证书《传感网应用开发职业技能等级标准》（中级）和职业院校技能大赛“嵌入式技术应用开发”赛项的辅导用书，还可作为相关工程技术人员的参考用书。

图书在版编目(CIP)数据

嵌入式技术与应用项目教程：STM32 版/朱黎丽，游青山主编. —北京：科学出版社，2024.1

（国家级职业教育教师教学创新团队成果・国家级课程思政教学名师和教学团队成果・智能制造专业群系列教材）

ISBN 978-7-03-077046-2

Ⅰ. ①嵌… Ⅱ. ①朱… ②游… Ⅲ. ①微处理器-系统设计-高等职业教育-教材 Ⅳ. ①TP332

中国国家版本馆 CIP 数据核字（2023）第 221791 号

责任编辑：张振华 / 责任校对：赵丽杰
责任印制：吕春珉 / 封面设计：东方人华平面设计部

科学出版社出版
北京东黄城根北街 16 号
邮政编码：100717
http://www.sciencep.com

北京九州迅驰传媒文化有限公司印刷
科学出版社发行　各地新华书店经销
*
2024 年 1 月第　一　版　开本：787×1092　1/16
2024 年 9 月第二次印刷　印张：15 1/2
字数：360 000

定价：56.00 元

（如有印装质量问题，我社负责调换）
销售部电话 010-62136230　编辑部电话 010-62135120-2005

前　言

教育是国之大计、党之大计。教育、科技、人才是全面建设社会主义现代化国家的基础性、战略性支撑。党的二十大报告中深刻指出："加快建设国家战略人才力量，努力培养造就更多大师、战略科学家、一流科技领军人才和创新团队、青年科技人才、卓越工程师、大国工匠、高技能人才。"

本书编写贯彻落实党的二十大报告精神和《职业院校教材管理办法》《高等学校课程思政建设指导纲要》《"十四五"职业教育规划教材建设实施方案》等相关文件要求，紧紧围绕"培养什么人、怎样培养人、为谁培养人"这一教育的根本问题，以落实立德树人为根本任务，以学生综合职业能力培养为中心，以培养卓越工程师、大国工匠、高技能人才为目标。与同类图书相比，本书的体例更加合理和统一，概念阐述更加严谨和科学，内容重点更加突出，文字表达更加简明易懂，工程案例和思政元素更加丰富，配套资源更加完善。具体而言，主要具有以下几个方面的突出特点。

1. 校企"双元"联合编写，行业特色鲜明

本书是在行业专家、企业专家和课程开发专家的指导下，由校企"双元"联合编写的。编者均来自教学或企业一线，具有多年的教学、大赛或实践经验。在编写过程中，编者能紧扣该专业的培养目标，遵循教育教学规律和技术技能人才培养规律，将嵌入式系统开发的新理论、新标准、新规范融入教材，符合当前企业对人才综合素质的要求。

2. 项目引领、任务驱动，强调"工学结合"

本书基于意法半导体（ST）公司的STM32F4系列微控制器，结合STM32CubeIDE开发环境和HAL库，采用"项目引领、任务驱动"的编写理念，以真实生产项目、典型工作任务、案例等为载体组织教学内容，共安排了点亮LED灯、人体红外检测及显示、红外遥感无线通信、门禁安全监测系统设计等22个实训任务，体现了由易到难、由单一到综合循序渐进的教学原则，能够满足项目学习、案例学习等不同教学方式要求。

3. 体现"书证"融通、"岗课赛证"融通

本书编写基于技术技能人才成长规律和学生认知特点，以嵌入式软件工程师需求为导向，以"嵌入式技术与应用"课程为中心，将全国职业院校技能大赛"嵌入式技术应用开发"赛项内容、要求融入课程教学内容、课程评价，注重对接1+X证书《传感网应用开发职业技能等级标准》（中级），将岗位、课程、竞赛、职业技能等级证书进行系统融合。

4. 融入思政元素，落实课程思政

为落实立德树人根本任务，充分发挥教材承载的思政教育功能，本书凝练思政要素，融入精益化生产管理理念，将创新意识、安全意识、职业素养、工匠精神的培养与教学内

容相结合，可潜移默化地提升学生的思想政治素养。

5. 立体化资源配套，便于实施信息化教学

本书参考学时数为 48～56 学时，使用时可根据需要进行取舍。为了方便教师教学和学生自主学习，本书配套教学资源包（含工作任务单、课件等），下载地址：www.abook.cn。书中穿插有丰富的二维码资源链接，通过手机等终端扫描后，可观看微课视频。

本书由重庆工程职业技术学院朱黎丽、游青山担任主编，重庆工程职业技术学院王维、重庆电子工程职业学院童世华担任副主编，百科荣创（北京）科技发展有限公司石浪、唐小妹参与编写。重庆工程职业技术学院刘铭教授对全书进行审定。

由于编者水平有限，书中不足之处在所难免，欢迎广大读者提出批评和建议。

编　者

2023 年 6 月

于重庆工程职业技术学院

目　　录

项目 1 初识嵌入式技术

>>>>

◎ 项目导读

嵌入式技术是随着计算机技术的出现而发展起来的。它将计算机系统嵌入其他设备或系统中，以实现特定的功能或应用。当前，嵌入式技术已经广泛应用于生活、工业、医疗、交通等各个领域。在日常生活中，智能家居、智能穿戴、智能电视等设备都采用了嵌入式技术。

◎ 学习目标

通过对本项目的学习，要求达成以下学习目标。

知识目标	能力目标	思政要素和职业素养目标
1．了解嵌入式技术及其应用。 2．了解嵌入式微控制器及其常见系列。 3．熟悉微控制器开发环境及其基本操作	1．能正确选择微控制器。 2．会安装 STM32CubeIDE 软件。 3．会新建项目工程	1．树立正确的学习观，激发爱国情怀，增强使命感、紧迫感。 2．坚定技能报国、民族复兴的信念，立志成为行业拔尖人才
对接 1+X 证书《传感网应用开发职业技能等级标准》（中级）——“数据采集”工作领域		

任务 1.1 嵌入式技术基本认知

任务目标

1）了解嵌入式技术及其应用。
2）了解微控制器。
3）能描述微控制器的分类及选择。

知识准备

知识 1.1.1 嵌入式技术概述

嵌入式系统（embedded system）一般是指执行特定功能并被内部计算机控制的设备或者系统。嵌入式系统不能使用通用型计算机，因为其运行的是固化的软件，用术语表示就是固件（firmware），固件通常是不能被终端用户修改的。

虽然绝大多数的嵌入式系统是针对特定的应用场景而定制的，但它们一般由以下几个部分组成：一台计算机或者微控制器，字长可能是 4 位或者 8 位、16 位、32 位，甚至是 64 位；用以保存固件数据的 ROM（read-only memory，只读存储器）；用以保存程序数据的 RAM（random access memory，随机访问存储器）；连接微控制器和开关、按钮、传感器、模数转换器（analog-to-digital converter，ADC）、LED（light-emitting diode，发光二极管）和显示器等外部设备（简称外设）的 I/O 端口。一个轻量级的嵌入式操作系统一般是可自行编写的。专门的微控制器是大多数嵌入式系统的核心。通过把若干个关键的系统组成部分集成到单个芯片上，系统设计者就可以得到小而经济且可以操作较少外围电子设备的计算机。

知识 1.1.2 嵌入式系统的核心——微控制器

微控制器（microcontroller unit，MCU）是将微型计算机的主要部分集成在一个芯片上的单芯片微型计算机。微控制器诞生于 20 世纪 70 年代中期，随着科技发展，微控制器的生产成本越来越低，性能越来越强大，这使其应用的场景遍及生活中的各个领域，如最近较受人们关注的智能家居（智能电视、智能电冰箱、智能洗衣机、智能门禁等）、普通的消费类电子产品（如智能手机、计算机、VR/AR 游戏设备）等；工业控制中的二维码/条形码生成器与扫描器、环境监测、自动物流运输车等。早期的微控制器是将一个计算机系统集成到一个芯片中，实现嵌入式应用，故称单片机（single chip microcomputer）。随后，为了更好地满足控制领域的嵌入式应用，单片机中不断扩展一些满足控制要求的电路单元。目前，单片机已被广泛称为微控制器。

常见的微控制器有 MCS-51 系列、STM32 系列、AVR 系列、MSP430 系列、NXP 系列等。

1．MCS-51 系列微控制器

MCS-51 系列微控制器是指由美国 Intel 公司生产的一系列微控制器的总称，这一系列微控制器包括许多型号，如 8031、8051、8751、8032、8052、8752 等，其中 8051 是其中发布较早、较为经典的产品之一，该系列其他微控制器都是在 8051 的基础上进行功能的增加、减少或者改变后而得到的，所以人们习惯用 8051 来称呼 MCS-51 系列微控制器。Intel 公司还将 MCS-51 的核心技术授权给了很多其他公司，如前些年非常流行的 AT89C51 就是由美国的 ATMEL 公司开发生产的，如图 1.1.1 所示。

图 1.1.1　AT89C51 实物

MCS-51 微控制器是一种集成的电路芯片，是采用超大规模集成电路技术把具有数据处理能力的 CPU（central processing unit，中央处理器）、RAM、ROM、多种 I/O 端口和中断系统、定时器/计时器等功能（可能还包括显示驱动电路、脉宽调制电路、模拟多路转换器、模数转换器等电路）集成到一块硅片上，构成一个小而完善的计算机系统。MCS-51 系列微控制器的具体分类如下。

（1）根据微控制器内部存储器的配置不同分类

1）无 ROM（ROM less）型：8031、80C31、8032、80C32。

2）带 Mask ROM（掩模 ROM）型：8051、80C51、8052、80C52。

3）带 EPROM 型：8751、87C51、8752。

4）带 E^2PROM 型：8951、89C51、8952、89C52。

（2）根据微控制器内部存储器的容量配置不同分类

1）51 子系列：芯片型号的最末位数字以 1 作为标志，是基本型产品。

2）52 子系列：芯片型号的最末位数字以 2 作为标志，是增强型产品。

（3）根据微控制器的半导体制造工艺不同分类

1）HMOS 工艺型：芯片型号中无 C 的产品。

2）CHMOS 工艺型：芯片型号中有 C 的产品。

2．STM32 系列微控制器

视频：STM32 微控制器介绍

STM32 指的是意法半导体（ST）公司基于 ARM 公司的 Cortex-M 内核设计生产的 32 位集成电路芯片，按照功能的不同又可分为两种：①STM32MCU，其中 MCU（micro controller unit，微控制单元）一般只有一个处理器内核；②STM32MPU，MPU（micro processor unit，微处理单元）是 ST 公司在 2019 年初推出的新产品，能够在其内核上运行 OpenSTLinux 系统，可用于实现高级应用程序。

通常，STM32 是指 STM32 系列的 32 位 MCU。STM32MCU 推出时间较久，其产品广泛应用于工业控制、消费电子、物联网、通信设备、医疗服务、安防监控等应用领域。目前，STM32 包括 F0、F1、F2、F3、F4、F7 等 16 个系列的产品，其产品命名规则如图 1.1.2 所示。

STM32 微控制器在芯片上集成了各种基本功能部件，它们之间通过总线相连。功能部件主要包括内核 Core、系统时钟发生器、复位电路、程序存储器、数据存储器、中断控制器、调试接口及各种外设。

STM32 微控制器中常见的外设包括通用输入输出（general purpose input output，GPIO）接口、定时器（timer）、模数转换器、数模转换器（digital to analog converter，DAC）、通用同步异步收发器（universal synchronous/asynchronous receiver/transmitter，USART）、安全数字输入输出（secure digital input output，SDIO）接口、串行外设接口（serial peripheral interface，SPI）、内部集成电路（inter integrated circuit，IIC）接口、控制器区域网络总线（controller area network，CAN）等。

视频：STM32 微控制器选型

本书根据微控制器的学习难易程度及未来应用范围与趋势进行考虑，选择 STM32F407 系列（图 1.1.3）中的 STM32F407ZGT6 这一型号微控制器进行项目演示，后续任务中的项目代码均以该型号编写。该型号芯片具有性价比高、开发资料齐全、性能强大及外设资源丰富等特点。

STM32F4 系列高性能微控制器由 ST 公司设计制造，其采用了 90nm 的 NVM（non-volatile memory，非易失性存储）工艺和 ART（adaptive real-time，自适应实时）存储加速器技术，它的主要优势如下。

STM32 & STM8产品型号（仅适用关于MCU）
STM32
F
051
R
8
T
S
X
XX
家族
STM32 32位MCU/MPU
STM8 8位MCU
产品类别
A 汽车级
F 基础型
L 超低功耗
S 标准型
WB 无线产品
H 高性能
G 主流型
特定功能
（3位数字）
（依据产品系列
非详细列表）
STM32x…
051 入门级
103 STM32基础型
303 103升级版，带DSP
和模拟外设
407 高性能，带DSP和FPU
152 超低功耗
STM8x…/STM8Ax…
103 主流入门级
F52 汽车级CAN
L31 低端汽车级
引脚数（适用于STM8和STM32）
D 14引脚
Y 20引脚（STM8）
F 20引脚（STM32）
E 24 & 25引脚
G 28引脚
K 32引脚
T 36引脚
H 40引脚
S 44引脚
C 48 & 49引脚
U 63引脚
R 64 & 66引脚
J 72引脚
M 80引脚
O 90引脚
V 100引脚
Q 132引脚
Z 144引脚
A 169引脚
I 176 &201（176+25）引脚
B 208引脚
N 216引脚
X 256引脚
汽车级
8 48
9 64
A 80
闪存容量/KB
0 1
1 2
2 4
3 8
4 16
5 24
6 32
7 48
8 64
9 72
A 96或128*
B 128
Z 192
C 256
D 384
E 512
F 768
G 1024
H 1536
I 2048
注意：
*仅针对STM8A
封装
B Plastic DIP*
D Ceramic DIP*
G Ceramic QFP
H LFBGA/TFNGA
I UFBGA Pitch 0.5**
J UFBGA Pitch 0.8**
K UFBGA Pitch 0.65**
M Plastic S0
P TSSOP
Q Plastic QFP
T QFP
U UFQFPN
V VFQFPN
Y WLCSP
*Dual-in-Line封装
**仅针对全新产品系列
现有产品系列请使用H
温度范围/℃
6和A −40～+85
7和B −40～+105
3和C −40～+125
D −40～+150
固件版税
U Universal 不用于生产（样品和工具）
V MP3解码器
W MP3编解码器
J 0.80mm
D IS2T JAVA
选项
xxx or Fastrom code
xTR Tape and Real
Dxx No RTC(STM8L)
Dxx BOR OFF with Special bonding+Boot standard
Dxx BOR OFF with Boot I2CS(Special)
Sxx BOR OFF
Ixx BOR ON
No Letter BOR ON+Boot standard
or
Yxx Die rew(Y)

图 1.1.2　STM32 系列微控制器命名规则

图 1.1.3　STM32F407 实物

1）更先进的内核。STM32F4 采用 Cortex M4 内核，带浮点处理单元（floating-point processing unit，FPU）和数字信号处理（digital signal process，DSP）指令集。

2）更多的资源。STM32F4 拥有多达 192KB 的片内静态随机存取存储器（static random-access memory，SRAM），带数字摄像头接口（digital camera interface，DCMI）、加密处理器（cryptoprocessor，CRYP）、USB 高速 OTG（on-the-go）、真随机数发生器、一次性可编程（one time programmable，OTP）存储器等。

3）增强的外设功能。对于相同的外设部分，STM32F4 具有更快的模数转换速度、更低的 ADC/DAC 工作电压、32 位定时器、带日历功能的实时时钟（real time clock，RTC）、I/O 复用功能大大增强、4KB 的电池备份 SRAM，以及更快的 USART 和 SPI 通信速度。

4）更高的性能。STM32F4 的最高运行频率可达 168MHz，拥有 ART 技术，可以达到相当于 Flash 零等待周期的性能，它的灵活的静态存储控制器（flexible static memory controller，FSMC）采用 32 位多重 AHB 总线矩阵，有较高的总线访问速度。

5）更低的功耗。STM32F4 系列中的低功耗版本 STM32F401 的功耗可以低到 140μA/MHz。

知识 1.1.3　微控制器最小应用系统

微控制器的最小系统（或称为最小应用系统）是指由微控制器和最少的外围电路组成的能够正常工作的系统。最小系统只能满足最低的工作要求，不能实现检测、控制等任务。当需要进行检测、控制时，还需要有输入、输出部件。常见的输入部件包括按钮、键盘、鼠标等；输出部件包括 LED、有机发光二极管（organic light emitting diode，OLED）、液晶显示器（liquid crystal display，LCD）、数码管等显示器件与继电器，以及伺服电动机等执行器件。

视频：STM32 微控制器最小系统

通常，最小系统主要包括电源电路、时钟电路、复位电路、BOOT 启动模块、下载接口及仿真调试接口几个部分。以下简要介绍最小系统的组成部分。

1. 电源电路

任何电子器件都需要有一个合适的电源进行供电。STM32 微控制器的工作电压范围为 1.8～3.3V，通常使用 3.3V 直流电源，将电源接入芯片电源引脚即可。在微控制器中，V_{DD}

是数字电源正极，V_{SS} 是数字电源负极；V_{DDA} 是模拟电源正极，负责给微控制器内部的 ADC、DAC 模块供电；V_{SSA} 是模拟电源负极；还有一个电源引脚 V_{BAT} 连接电池，用于在主数字电源关闭时为 RTC 等模块供电。

2．时钟电路

微控制器的正常工作通常需要一个时钟源，对于 STM32 微控制器而言，其内部自带高速时钟与低速时钟两种时钟源。但是，一般情况下不使用内部时钟源，而是在微控制器的主晶振引脚上外接一个晶振，晶振的大小选择取决于所使用的微控制器，由于本书中使用的是 STM32F407ZGT6 微控制器，其时钟频率可在 0～168MHz 范围内运行（一般情况下建议选择 8MHz）。若直接将晶振接入微控制器晶振引脚，会出现系统工作不稳定的现象，这是由于晶振起振的瞬间会产生一些电感，为了消除该电感所带来的干扰，可以在此晶振两端分别加上一个电容，电容需要选取无极性电容，电容另一端则需要共地。然后根据选取的晶振的大小决定电容值，通常电容值可在 10～33pF 范围内选取。这样就构成了晶振电路。只有保证晶振电路稳定，微控制器才能继续稳定工作。此外，微控制器上还有一个外设需要晶振，它就是 RTC，要让 RTC 工作，通常需要外接一个 32.768kHz 的晶振。晶振电路如图 1.1.4 所示。

3．复位电路

晶振电路的作用是为微控制器提供运行周期。但在时钟运行周期，系统可能会出现崩溃状态，因此需要设计一个复位电路来实现系统的重新启动。STM32 微控制器的引脚中有一个 NRST 复位引脚，STM32 是低电平复位，所以需要让这个引脚保持一段时间低电平即可。要实现此功能通常有两种方式：一种是通过按键进行手动复位；还有一种是上电复位，即电源开启后自动复位。手动复位通常是使用按键及电容、电阻所组成的电路，利用按键的开关功能实现复位，按下按键后，GND 直接接入单片机 NRST 引脚，该引脚为低电平；松开按键后，GND 断开，NRST 引脚被电阻拉为高电平，这样就实现了手动复位。自动复位主要是利用电容的充放电功能，电源开启，由于电容能够隔离直流，GND 直接进入 NRST 引脚，然后电容开始慢慢充电，直到充电完成，此时 NRST 引脚被电阻拉为高电平。这样就起到了上电复位的效果。复位电路如图 1.1.5 所示。

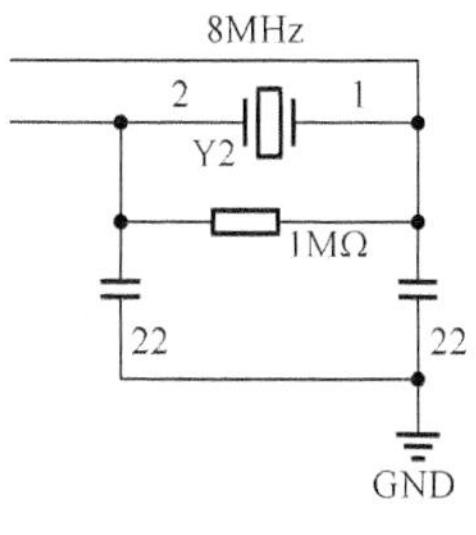

图 1.1.4　晶振电路

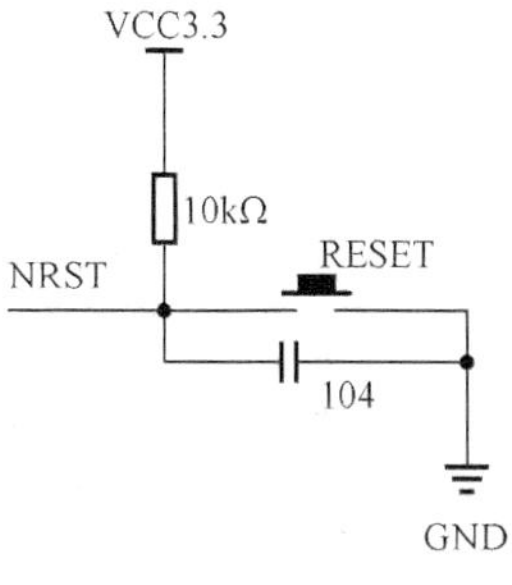

图 1.1.5　复位电路

4．BOOT 启动模块

在 STM32 微控制器中，可以通过 BOOT[1:0]这两个引脚选择启动模式，如表 1.1.1 所示。

表 1.1.1　启动模式

启动模式选择引脚		启动模式	说明
BOOT1	BOOT0		
×	0	主闪存存储器	主闪存存储器被选为启动区域
0	1	系统存储器	系统存储器被选为启动区域
1	1	内置 SRAM	内置 SRAM 被选为启动区域

第一种启动模式［BOOT1=×，BOOT0=0（即连接低电平）］是最常用的 Flash 启动模式，也是微控制器的默认启动模式。

第二种启动模式［BOOT1=0，BOOT0=1（即连接高电平）］是系统存储器启动模式。系统存储器是芯片内部一块特定的区域，STM32 微控制器在出厂时由厂家预置了 BootLoader［即通常说的互联网服务提供商（internet service provider，ISP）程序］，当出现程序硬件错误时，可以切换 BOOT0=1 到该模式下，重新烧写 Flash 即可恢复正常。一般情况下，如果想使用串口下载程序，就配置该种模式。

第三种启动模式（BOOT1=1，BOOT0=1）是 STM32 内嵌的 SRAM 启动模式。该模式常用于微控制器的调试。

在微控制器的开发板中通常使用跳帽线来选择启动模式，需要什么模式，即可短接相应的引脚。BOOT 电路启动模式原理图如图 1.1.6 所示。

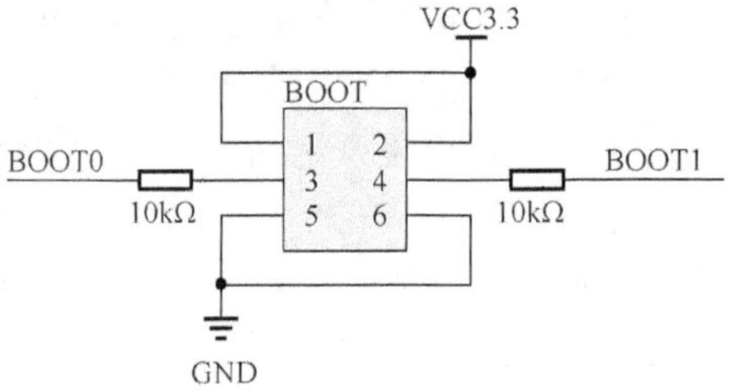

图 1.1.6　BOOT 电路启动模式原理图

5．下载接口

微控制器要实现功能的基础是程序，而程序是通过上位机［个人计算机（personal computer，PC）］及对应的开发软件通过编译，然后将编译器生成的 Hex 文件通过微控制器的串口写入进去的。由于微控制器与 PC 所使用的标准不一样，无法直接通信。微控制器使用的是 TTL（transistor-transistor logic，晶体管-晶体管逻辑）电平，PC 的 USB 接口使用的是 RS232 电平，因此需要使用一种 USB 转 TTL 电平的芯片来建立 PC 和微控制器数据传输的通路。

电平转换芯片种类较多，实际应用中使用 CH340G 或者 CH340C 芯片来完成电平转换较多。CH340G 需外接 12MHz 晶振，而 CH340C 内部自带晶振，所以可以不接外部 12MHz 晶振。

由图 1.1.7 可知，USB 接口即为程序下载接口，D−和 D+连接到 CH340G 芯片的 D−和 D+，然后 CH340 芯片的串口 TXD 和 RXD 引脚连接到微控制器的串口 1（USART1）上（一般这里不是直接连接到微控制器的串口，而是通过排针端子进行转接）。这样做不仅可以使用 USB 接口下载程序，还可以当成 USB 转 TTL 模块使用，可以用来给其他微控制器下载程序或调试外部串口设备，如 Wi-Fi、蓝牙、全球定位系统（global positioning system，GPS）等。另外，较重要的是可以让微控制器的串口不受 CH340G 芯片干扰。

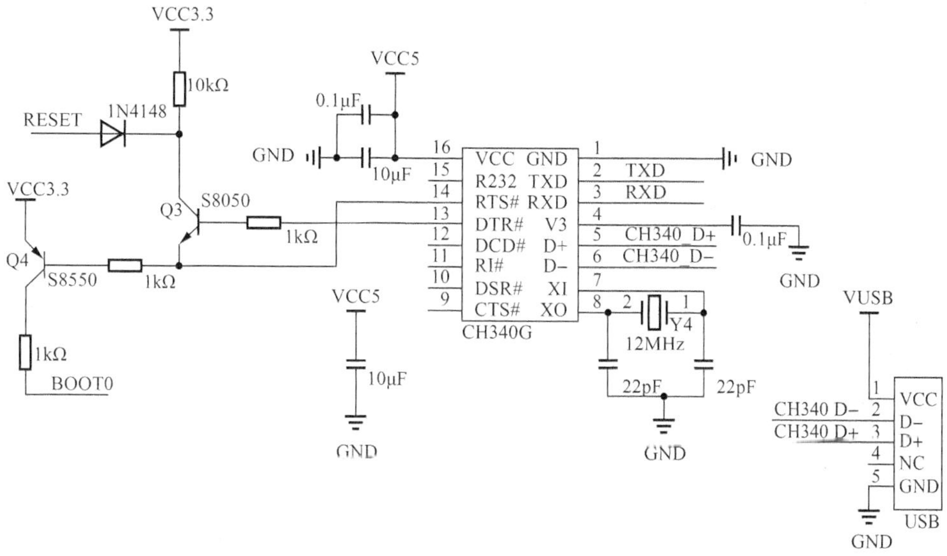

图 1.1.7　USB-串口原理示意图

USB 接口不仅可以作为程序下载接口，还可以作为串口通信接口，因为它本身可以实现串口下载。同时，USB 还可以作为电源供电口，因此可以看到 USB 的引脚 1 就是 5V 电源引脚，所以微控制器可以直接使用 USB 来供电。当电源开关打开后，电源指示灯即会点亮，表明系统电源正常。

在图 1.1.7 中，还可以看到 BOOT0 和 RESET 引脚通过晶体管连接到 CH340G 的 RTS 和 DTR 引脚，这样设计是便于下载程序时，系统自动复位运行。

微控制器除了支持串口下载，还支持 JTAG/SWD 模式下载。STM32 芯片自带 JTAG/SWD 引脚，通过相应的仿真器可实现程序下载、在线仿真调试等功能。

6. 仿真调试接口

仿真调试接口可以与 J-Link 或 ST-Link 等仿真器相连，然后通过 STM32CubeIDE 等集成开发环境进行程序下载，或者完成在线调试功能。JTAG 调试接口电路原理图如图 1.1.8 所示。

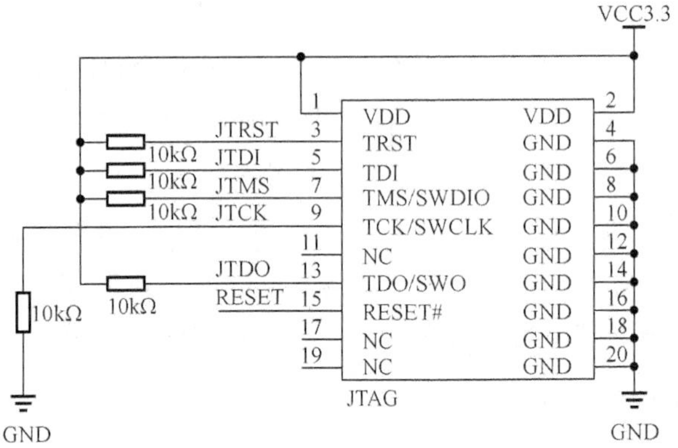

图 1.1.8　JTAG 调试接口电路原理图

知识 1.1.4　微控制器的选择

通常，在项目中选择合适的微控制器是一项艰巨的任务，这不仅要考虑技术上的因素，还要考虑物料成本、时间成本等影响项目成功的商业因素。在项目前期，还应梳理出整个项目的顶层设计、框图与流程图等，只有掌握了足够的信息才能对微控制器的选型做出合理的决策。微控制器的选择应遵循以下步骤。

1）列出微控制器所需的硬件清单。一般来说，需要注意两种接口类型。第一种接口是通信接口。系统中一般会用到 UART（universal asynchronous receiver transmitters，通用异步收发器）、IIC、SPI、USB 等外设。如果要求应用 USB 或某种形式的以太网，还需要做一个专门的备注。这些接口对微控制器需要支持多大的程序空间有很大的影响。第二种接口是数字输入和输出、模拟到数字输入、脉冲宽度调制等。这两种类型的接口将决定微控制器需要提供的引脚数量。

2）选择软件架构。软件架构将显著影响微控制器的选择，如 8 位、16 位或者 32 位的架构能否支撑项目应用，项目需要多大的运算能力，是否需要浮点运算，以及未来项目扩展等问题都是需要考虑的。当然，微控制器的选型在项目前期是一个反复的过程，这个步骤只是为了让设计人员有一个正确的考虑方向。

3）寻找微控制器。在对微控制器的使用需求有大概了解后，即可开始寻找合适的微控制器。通常，可在一些比较大型的微控制器供应商的官方网站上进行查找，这类网站会提供搜索引擎，允许用户输入自己的需求，如外设组合、I/O 端口和功耗要求，搜索引擎会逐渐缩小器件范围，最终找出匹配要求的器件清单来。设计人员随即可在这个清单中仔细选出最合适的一款微控制器。

4）功耗与成本控制。到了这一步，人们应该得到了许多潜在的微控制器型号，这时应该根据项目的具体应用场景选择是否需要低功耗的微控制器，通常低功耗的同类产品价格相对较高，设计人员应该在功耗与成本选择上达到一个相对平衡。

5）选择开发套件与软件编译工具。选择好微控制器后，另一个重要的步骤是找到一款配套的开发套件，开发套件能够加快项目的开发进度，若不能找到能用的开发套件，那么已选择好的微控制器可能不是最好的选择，应该重新进行选择。一般来说，开发套件的选择基本限制了微控制器的选型。最后一个需要考虑的因素是选择可用的、上手快的软件编译工具。对于目前市面上的大多数微控制器，总能找到合适的软件编译工具。

一般来说，STM32 系列微控制器的开发分为寄存器开发与固件库开发两种模式。寄存器开发面向芯片的底层操作，它的程序代码简练、执行效率高，缺点是寄存器功能五花八门，且后期维护难，移植性差。固件库开发是将底层的寄存器封装起来供开发者调用，虽然其本质也是在操作寄存器，但是从使用上来说相对更加便捷、快速、易上手，对初学者友好。STM32 的开发方式可以分为以下 4 类。

1）STM32Snippets。STM32Snippets 是高度优化的代码示例集合，使用符合 CMSIS 的直接寄存器访问来减少代码开销，从而在各种应用程序中最大化 STM32 MCUs 的性能。STM32Snippets 可以理解为“寄存器”开发 STM32 的底层驱动代码。其主要针对的是底层开发人员。

2）SPL（standard peripheral library，标准外设库）。标准外设库是在寄存器的基础上进行了一次简单封装，主要是面向过程的嵌入式系统开发人员。目前，STM32 标准外设库支持 F0、F1、F2、F3、F4、L1 系列，不支持 F7、H7、L0、L4、G0 等系列。

3）STM32Cube HAL（hardware abstraction layer，硬件抽象层）库。HAL 针对的是具有一定嵌入式基础的开发人员，HAL 具有很好的移植性。

4）STM32Cube LL（low layer，底层）库。LL 库相对 HAL，具有简单的结构，主要针对之前从事 SPL 或寄存器开发的人员。

以上各库对芯片的支持情况如表 1.1.2 所示。

表 1.1.2　各库对芯片的支持情况

项目	STM32 可获得的支持									
	STM32 F0	STM32 F1	STM32 F2	STM32 F3	STM32 F4	STM32 F7	STM32 H7	STM32 L0	STM32 L1	STM32 L4
STM32Snippets	Now	N.A.	N.A.	N.A.	N.A.	N.A.	N.A.	Now	N.A.	N.A.
SPL	Now	Now	Now	Now	Now	N.A.	N.A.	N.A.	Now	N.A.
STM32Cube HAL	Now	Now	Now	Now	Now	Now	Now	Now	Now	Now
STM32Cube LL	Now	Now	Now	Now	Now	Now	2018	Now	Now	Now

4 种库的对比如表 1.1.3 所示，包括可移植性、优化程度、难易程度等。

表 1.1.3　各库对比

项目		Portability	Optimization (Memory & Mips)	Easy	Readiness	Hardware coverage
STM32Snippets			+++			+
SPL		++	++	+	++	+++
STM32Cube	HAL APIs	+++	+	++	+++	+++
	LL APIs	+	+++	+	++	++

注：Portability 为可移植性；Optimization 为优化程度；Easy 为难易程度；Readiness 为可读性；Hardware coverage 为硬件覆盖程度，“+”号越多代表程度越高。

任务实施

描述微控制器的分类及选择。

任务评价

任务评价表如表 1.1.4 所示。

表 1.1.4　任务评价表

评价内容	分值	自评评分	小组互评评分	老师评分
微控制器的分类	50			
微控制器的选择	50			
总分	100			

任务 1.2　嵌入式技术的软件应用

任务目标

1）了解如何运用嵌入式技术。

2）熟悉微控制器开发环境的基本操作。

3）会使用 STM32CubeIDE 软件新建一个空白项目工程。

知识准备

知识 1.2.1　软件开发环境

认识微控制器的开发环境，首先要了解什么是集成开发环境（integrated development environment，IDE）。IDE 是用于提供程序开发环境的应用程序，一般包括代码编辑器、编译器、调试器和图形用户界面等工具。STM32 的开发环境有很多，本书选择的是 STM32CubeIDE（图 1.2.1），这是一个多功能的集成开发工具，集成了 STM32CubeMX 和 TrueSTUDIO，是 STM32Cube 软件生态的一部分。

图 1.2.1　STM32CubeIDE

STM32CubeIDE 是一个高级 C/C++开发平台，具有用于 STM32 微控制器和微处理器的外设配置、代码生成、代码编译和调试工具的功能。它是基于 Eclipse/CDT 框架和 GCC 工具链进行开发，并基于 GDB 进行调试的，拥有目前现有的几个插件，完成了 Eclipse 的功能整合到 IDE。

STM32CubeIDE 集成了 STM32CubeMX 的 STM32 配置和项目创建功能，以提供多合一的工具体验，并节省了安装和开发的时间。从所选择的开发板或示例中，选择空的 STM32MCU 或 MPU 或预配置的微控制器或微处理器后，将创建的项目生成初始化代码。在开发过程中，无论何时，用户都可以返回外围设备或中间件的初始化和配置中，并在不影响用户代码的情况下重新初始化代码。

STM32CubeIDE 包括构建和堆栈分线器，可为用户提供有关项目状态和内存要求的有用信息，不仅包括标准和高级调试功能，还包括 CPU 内核寄存器、存储器和外设寄存器的视图。

视频：STM32CubeIDE 环境搭建

知识 1.2.2　软件开发环境的下载与安装

STM32CubeIDE 软件的官方下载地址是 https://www.st.com/zh/development-tools/stm32cubeide.html。进入 STM32CubeIDE 软件官方网站，滑动页面找到如图 1.2.2 所示区域。

图 1.2.2　STM32CubeIDE 下载页面

根据使用的计算机系统选择相应的版本，单击“Get latest”按钮，弹出“许可协议”

界面(图 1.2.3)，单击“接受”按钮，进入“获取软件”界面(图 1.2.4)，初次下载 STM32CubeIDE 软件需要注册相关信息。

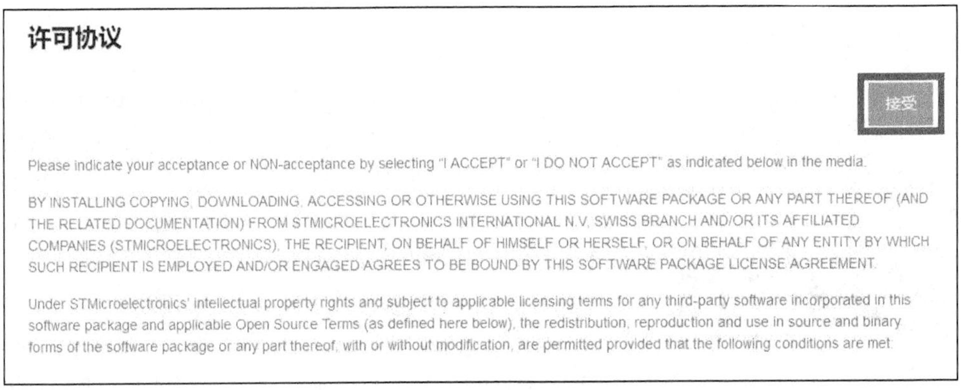

图 1.2.3 “许可协议”界面

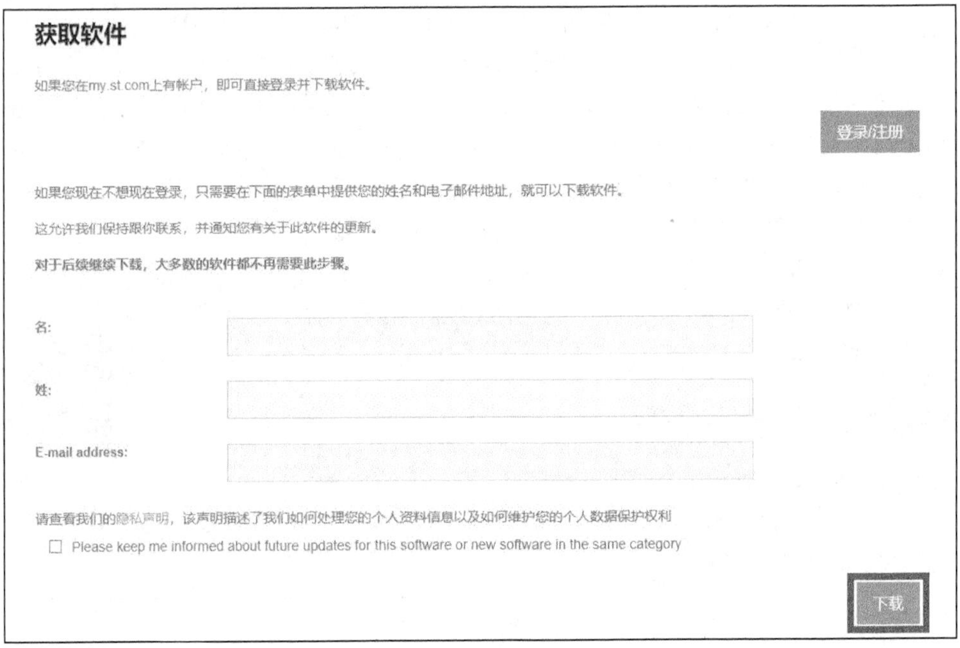

图 1.2.4 “获取软件”界面

在填写完成相关信息后，单击“下载”按钮，会弹出“您的注册请求已成功提交”界面，如图 1.2.5 所示。

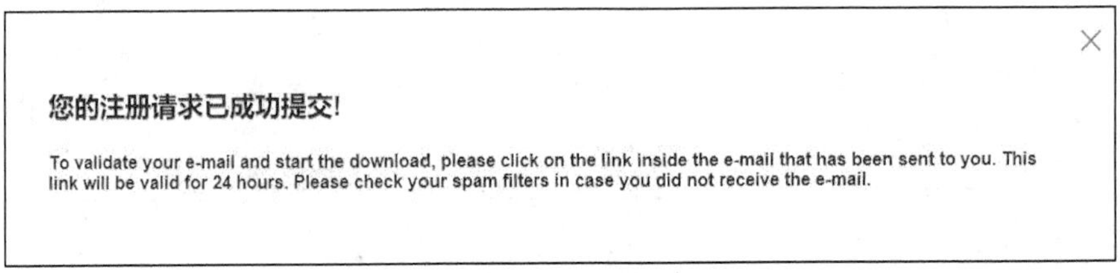

图 1.2.5 注册请求成功提交界面

在完成上一步操作后，注册信息时所留的电子邮箱中会收到 ST 公司发来的一封电子邮件，打开后界面如图 1.2.6 所示。单击“立即下载”按钮，即可开始下载软件。

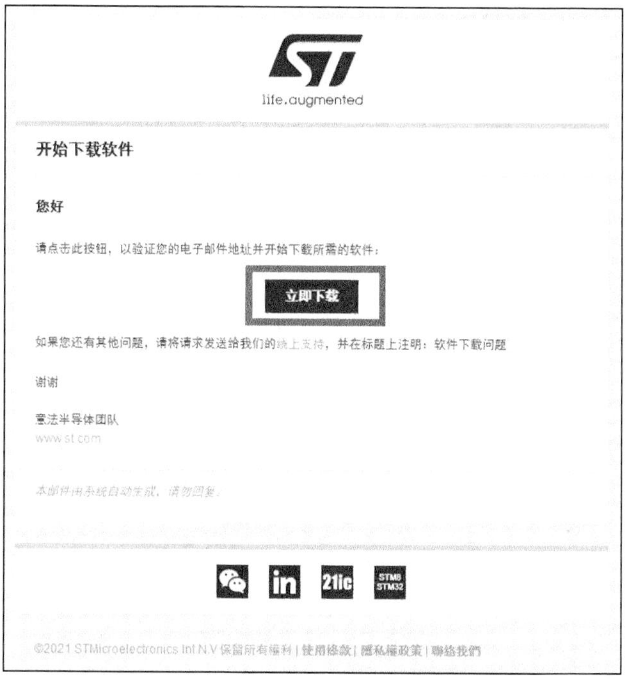

图 1.2.6　“开始下载软件”界面

软件下载成功后即可开始安装。双击打开软件安装包，进入安装界面，如图 1.2.7 所示，单击“Next”按钮进入许可协议界面（图 1.2.8）。

图 1.2.7　开始安装界面

单击“I Agree”按钮，同意许可协议（图 1.2.8），进入安装路径选择界面（图 1.2.9）。

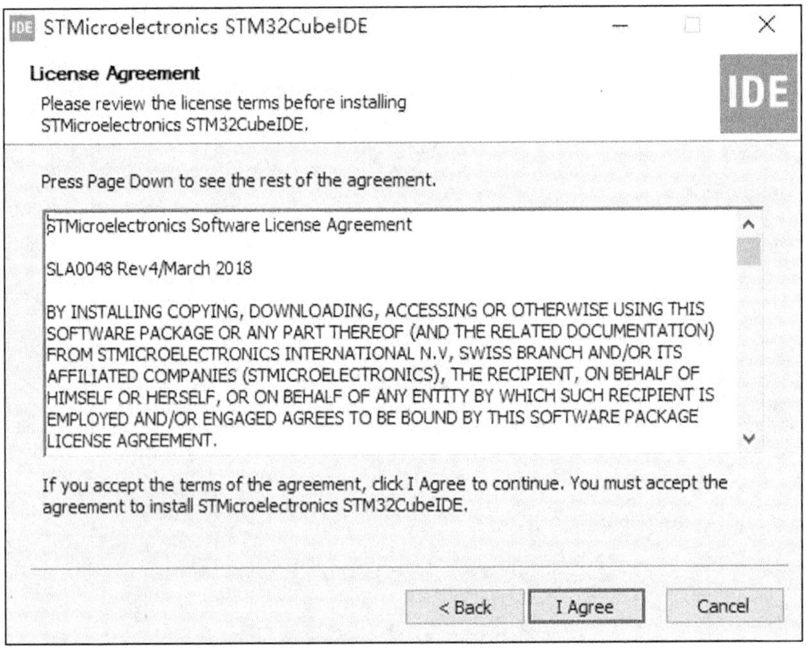

图 1.2.8　许可协议界面

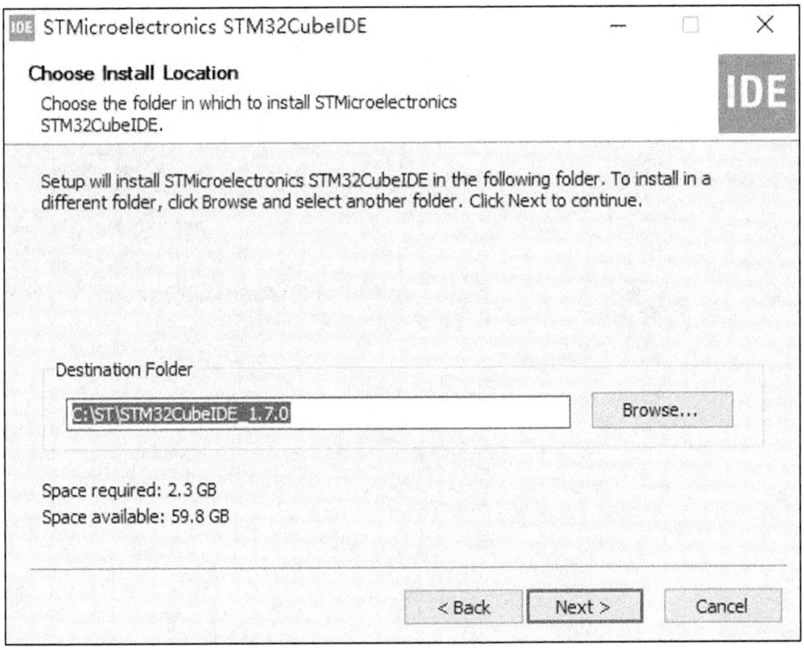

图 1.2.9　安装路径选择界面

选择合适的安装路径后，单击“Next”按钮（图 1.2.9），进入仿真器选择界面。

选中“SEGGER J-Link drivers”和“ST-LINK drivers”复选框，单击“Install”按钮（图 1.2.10），开始安装，等软件安装完成（图 1.2.11）后，单击“Next”按钮进入创建桌面快捷方式界面。

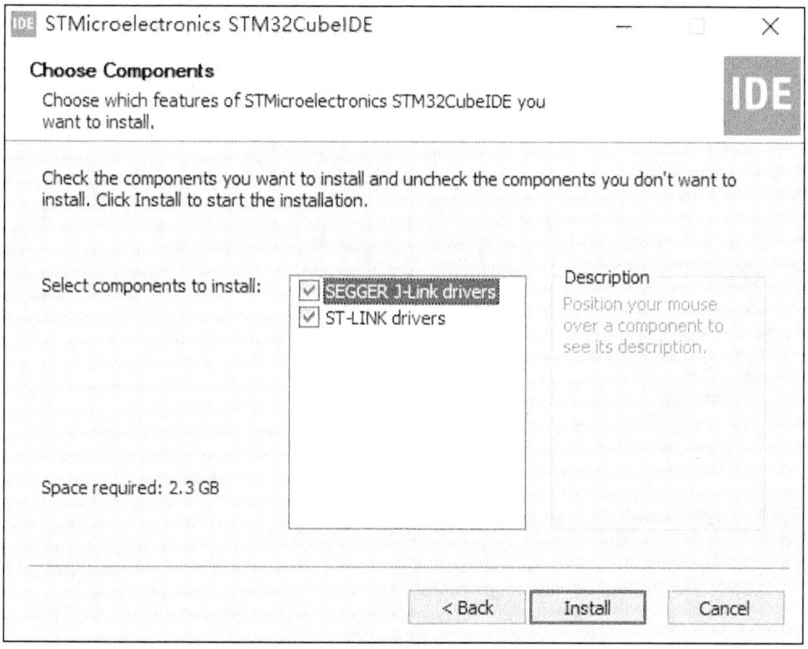

图 1.2.10　仿真器选择界面

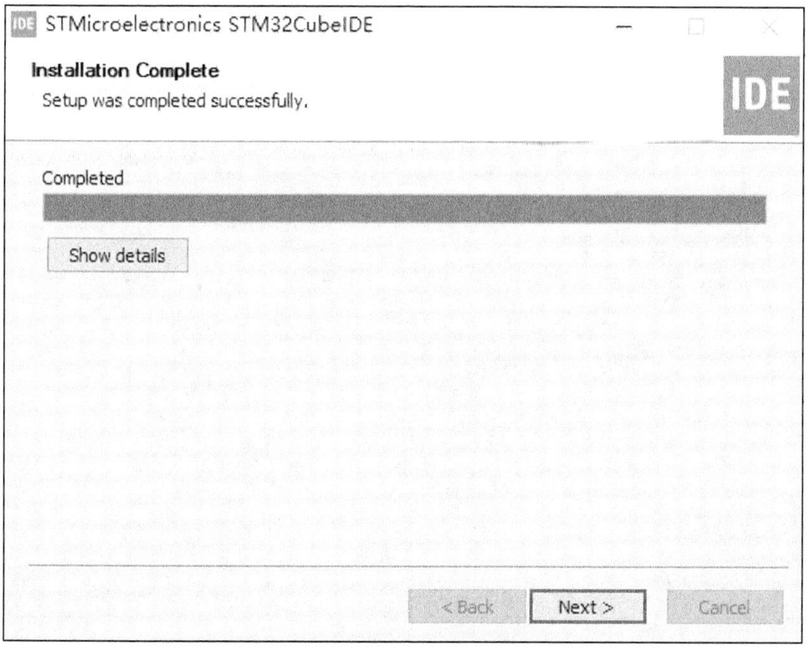

图 1.2.11　软件安装完成界面

单击“Finish”按钮（图 1.2.12），创建桌面快捷方式，至此 STM32CubeIDE 软件安装完成。

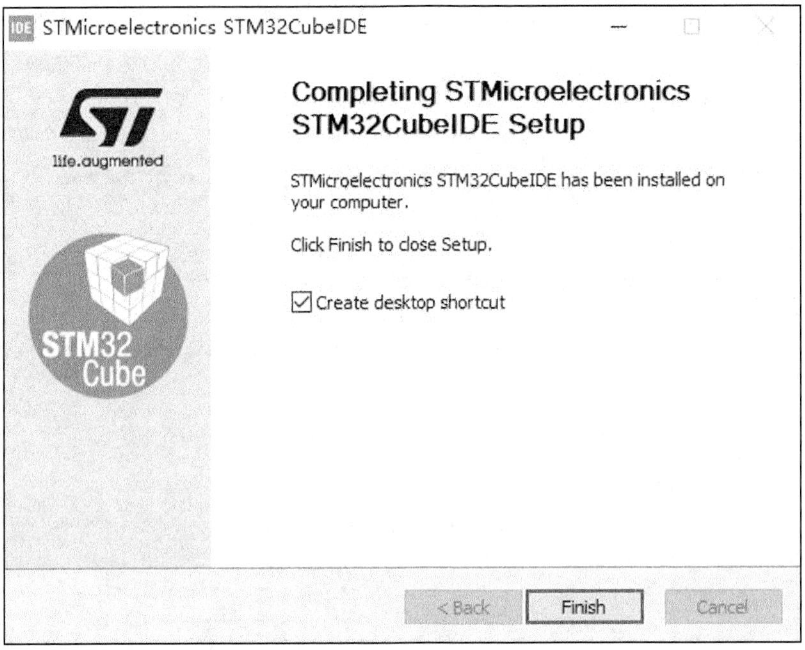

图 1.2.12　创建桌面快捷方式界面

任务实施

打开 STM32CubeIDE 软件，选择工程保存路径（默认即可），单击“Launch”按钮（图 1.2.13）。

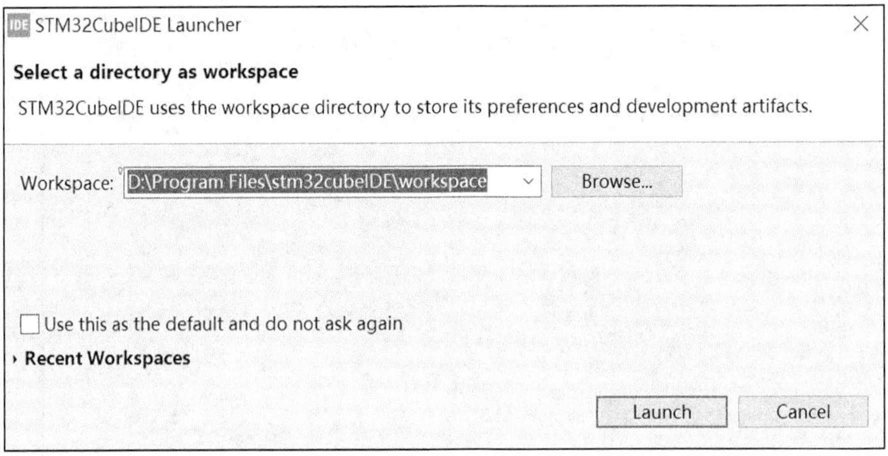

图 1.2.13　工程保存路径

如果出现功能使用统计协议界面，那么单击“No Thanks”按钮即可（图 1.2.14）；如果没有出现此界面，那么跳过此步骤即可。

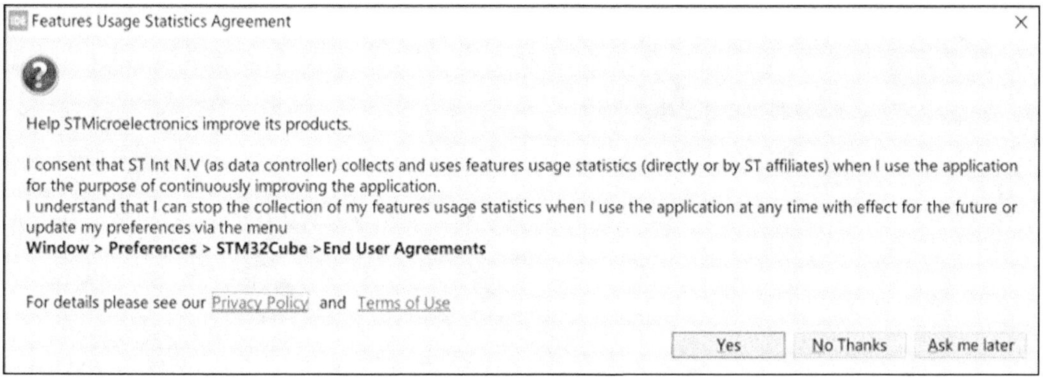

图 1.2.14　功能使用统计协议界面

新建 STM32 工程有以下两种方式。

1）直接单击“Start new STM32 project”图标（图 1.2.15）。

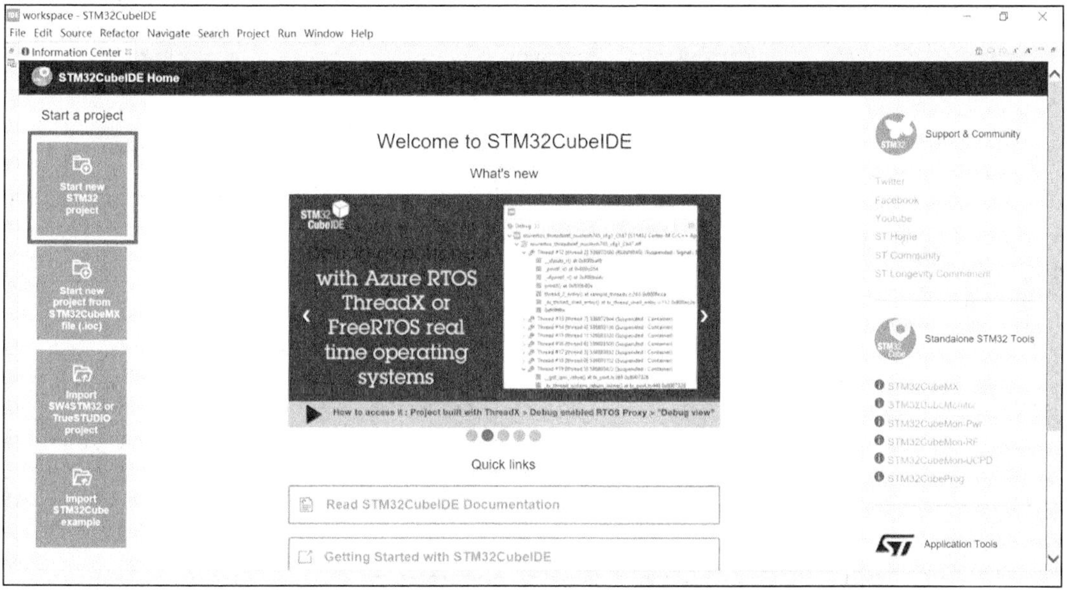

图 1.2.15　单击“Start new STM32 project”图标

2）先选择“File”→“New”选项，然后单击“Start new STM32 project”按钮。

单击新建工程图标后，软件会进入芯片型号选择界面。由于 STM32 系列单片机芯片型号众多，可以在界面左上方“Part Number”文本框内输入芯片型号来搜索需要的单片机，如图 1.2.16 所示。

视频：STM32CubeIDE 新建工程

另外，也可单击“Series”下拉按钮，在弹出的下拉列表中选择 STM32F4 系列芯片，在界面右下方选择具体芯片型号（这里我们任意选择 STM32F407ZGTx），最后单击“Next”按钮，如图 1.2.17 所示。

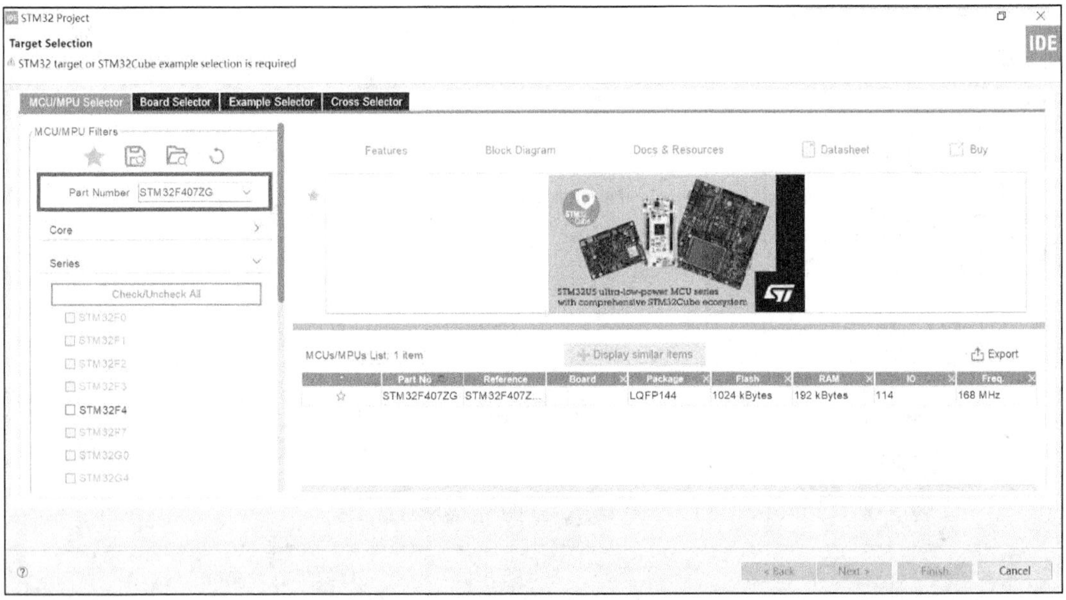

图 1.2.16　芯片选择方式 1

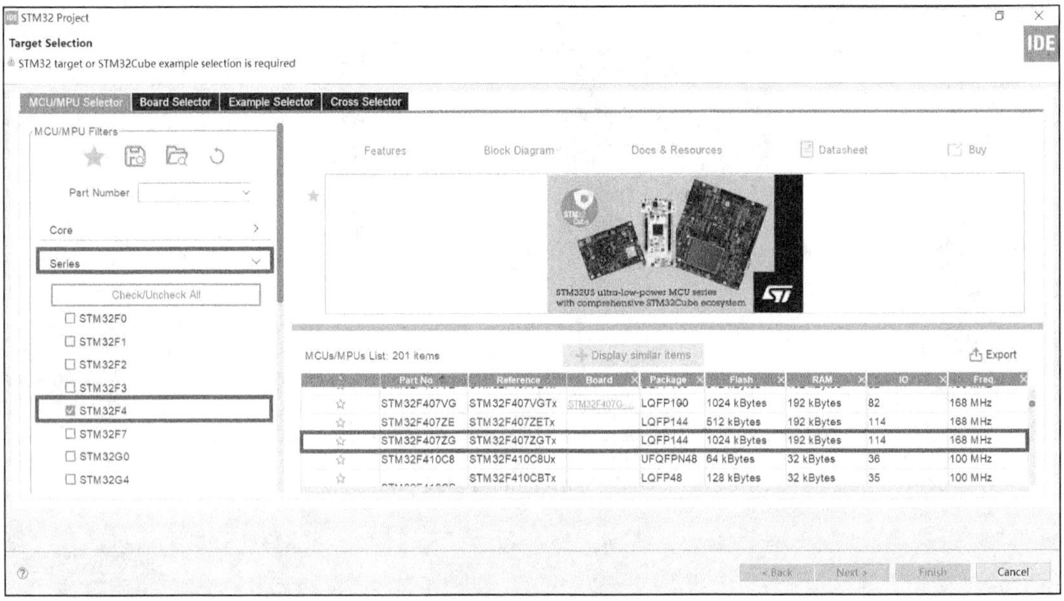

图 1.2.17　芯片选择方式 2

芯片选择完成后会弹出如图 1.2.18 所示的对话框，需要在“Project Name”文本框中输入新建的工程名称（不能为中文），单击“Finish”按钮，完成工程名的创建。

接着在弹出的如图 1.2.19 所示的对话框中，单击“Yes”按钮即可。

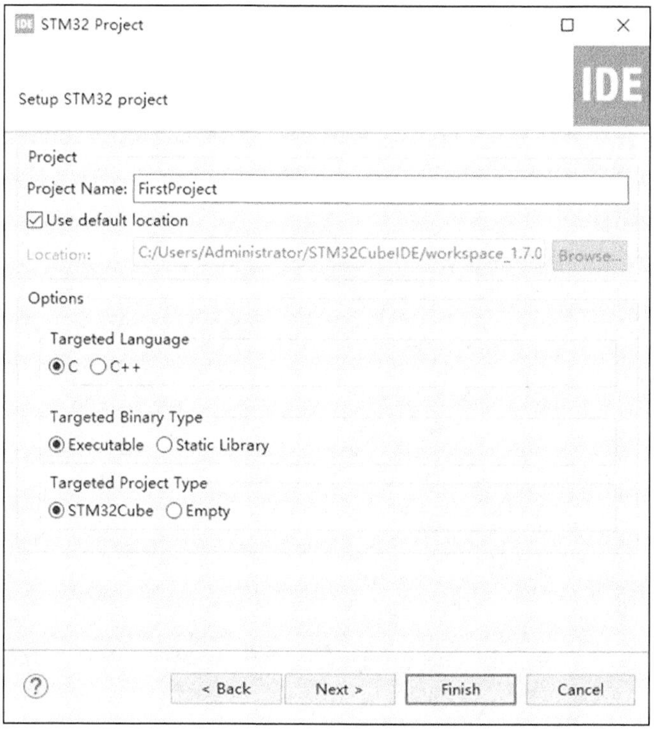

图 1.2.18　输入工程名称

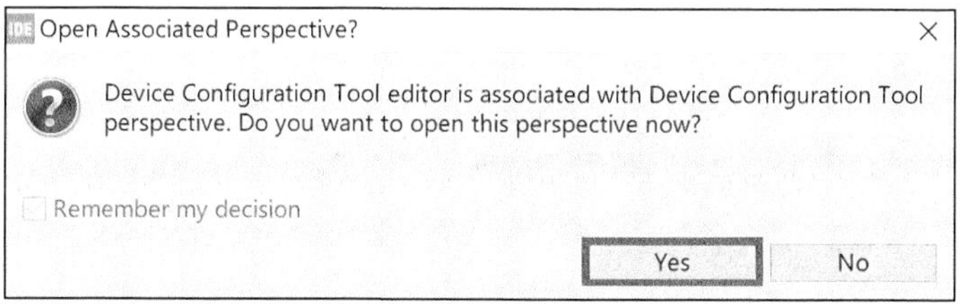

图 1.2.19　关联视角提示

软件开始自动联网并下载相关文件，如图 1.2.20 所示。

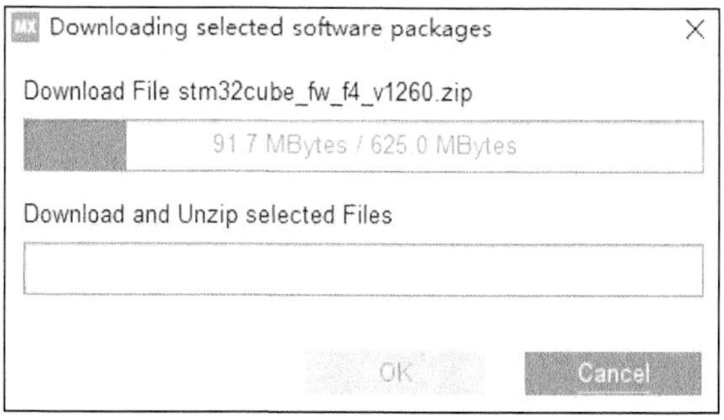

图 1.2.20　文件下载

一般来说，默认 STM32CubeIDE 在打开和新建工程时会尝试连接网络，如果无法连接网络，则需要提前安装已经预先下载好的固件库，否则将不能自动为新建的 STM32 工程生成代码。

安装固件库的具体方法如下：首先选择“Help”→“Manage Embedded Software Packages”选项［图 1.2.21（a）］，进入固件库管理界面；然后单击左下角的“From Local”按钮［图 1.2.21（b）］，从本地导入固件库。

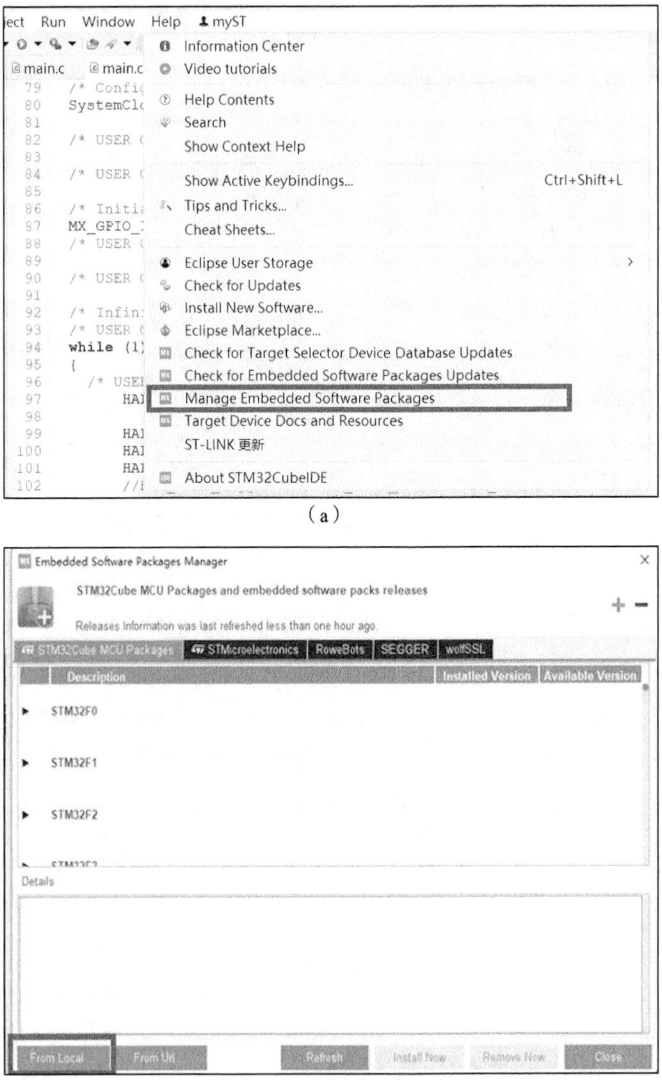

（a）

（b）

图 1.2.21　导入固件库

联网下载固件库完成后，出现如图 1.2.22 所示的窗口，至此 STM32 工程新建完成。

图 1.2.22　工程新建完成

任务评价

任务评价表如表 1.2.1 所示。

表 1.2.1　任务评价表

评价内容	分值	自评评分	小组互评评分	老师评分
软件下载及安装	50			
新建空白项目工程	50			
总分	100			

任务拓展

请大家通过网络等方式查询 STM32 微控制器还有哪些开发环境，并进行对比。

项目 2 输入输出与定时中断

◎ 项目导读

嵌入式技术的应用极大地方便了人们的生活，提高了工作效率。嵌入式技术作为一种工具，需要用户输入指令，才能输出相应的动作。因此，理解并熟练掌握嵌入式的输入输出十分重要。

◎ 学习目标

通过对本项目的学习，要求达成以下学习目标。

知识目标	能力目标	思政要素和职业素养目标
1．理解 LED、蜂鸣器、按键、嵌套向量中断控制器、定时器、脉冲宽度调制技术的工作原理及使用。 2．掌握微控制器 GPIO 的基本原理及功能	能合作完成点亮一盏灯、实现声光报警、按键控制声光报警、中断控制、使用定时器实现灯光定时照明等任务	1．培养安全意识、团队意识、规则意识，自觉践行行业道德规范。 2．培养认真、细致的工作态度和严谨的工作作风
对接 1+X 证书《传感网应用开发职业技能等级标准》（中级）——“数据采集”工作领域		

任务 2.1

点亮 LED 灯

任务目标

1）了解 LED 的原理及使用方法。

2）掌握微控制器 GPIO 的基本原理及功能。

3）通过编程实现 LED 发光。

知识准备

知识 2.1.1　LED

1．LED 的发光原理

LED［图 2.1.1（a）］是一种常用的发光器件，由含镓（Ga）、砷（As）、磷（P）、氮（N）等的化合物制成。其通过电子与空穴复合释放能量而发光，又因化学性质的不同分为有机发光二极管和无机发光二极管。

LED 与普通二极管［图 2.1.1（a）］一样，由掺杂的半导体材料制成，也是由一个 PN 结组成（图 2.1.2），具有单向导电性。当给 LED 加上正向电压后，从 P 区注入 N 区的空穴和由 N 区注入 P 区的电子，在 PN 结附近数微米内，分别与 N 区的电子与 P 区的空穴复合，产生自发辐射的荧光。不同的半导体材料中电子和空穴所处的能量状态不同。电子和空穴复合时释放出的能量越多，发出的光的波长越短。常见的是发红光、绿光或黄光的二极管。LED 的图形符号如图 2.1.3 所示。

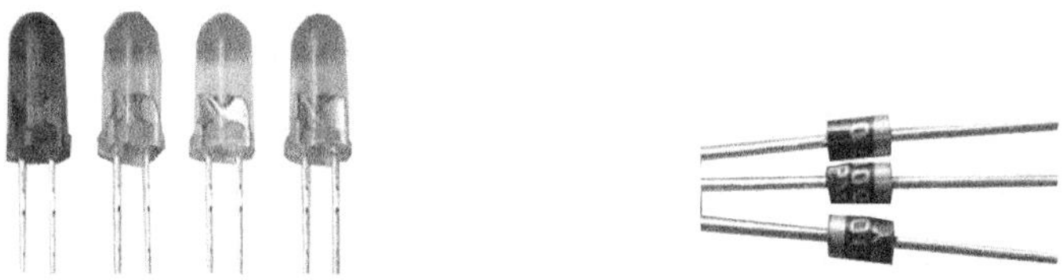

（a）LED　　　（b）普通二极管

图 2.1.1　LED 与普通二极管

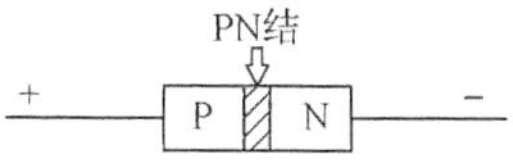

图 2.1.2　二极管 PN 结示意图

图 2.1.3　LED 的图形符号

LED 的伏安特性（图 2.1.4）与普通二极管的伏安特性相似。当施加的正向电压未达到开启电压时，正向电流几乎为零；当电压超过开启电压时，电流急剧上升。LED 的反向击穿电压大于 5V。由于它的正向伏安特性曲线很陡，使用时必须串联限流电阻，以控制通过二极管的电流。

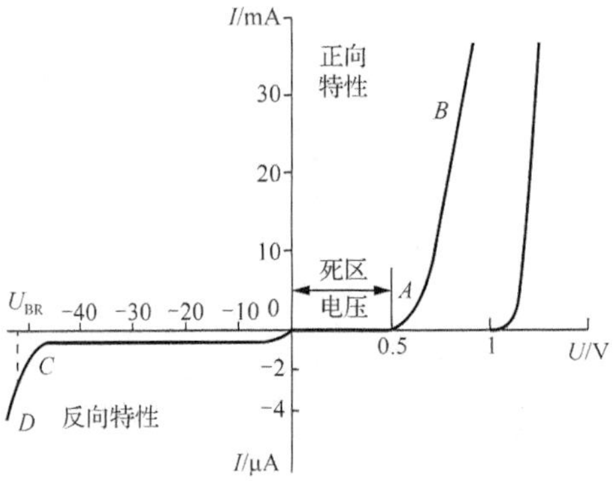

图 2.1.4　LED 的伏安特性曲线

LED 的开启电压通常称为正向电压，它取决于制作 LED 的材料。LED 的主要参数如表 2.1.1 所示。

表 2.1.1　LED 的主要参数

颜色	λ波长/mm	基本材料	正向电压/V
红外线	>760	AlGaAs（砷化铝镓）、AlAs（砷化铝）	<1.9
红	760～610	GaP（磷化镓）	1.63～2.03
绿	570～500	AlGaP（磷化铝镓）	2.18～4.00
黄	590～570	GaAsP（磷砷化镓）	2.10～2.18
蓝	500～450	ZnSe（硒化锌）	2.48～3.70

2．LED 的特性

LED 的特性具体如下。

（1）极限参数的意义

1）允许功耗 P_m：允许施加于 LED 两端的正向直流电压与流过它的电流的乘积的最大值。一旦超过此值，LED 会发热从而损坏。

2）最大正向直流电流 I_{Fm}：允许施加的最大正向直流电流。超过此值可能会损坏 LED。

3）最大反向电压 U_{Rm}：允许施加的最大反向电压。超过此值，LED 可能被击穿从而损坏。

4）工作环境温度 t_{opm}：LED 可正常工作的环境温度范围。低于或高于此温度范围，LED 将不能正常工作，效率大大降低。

（2）发光效率

发光效率是指光通量与电功率之比，单位一般为 lm/W。发光效率代表了光源的节能特性。

（3）发光强度和发光强度分布

LED 的发光强度表示它在某个方向上的发光强弱，由于在不同的空间角度 LED 的发光强度不同，因此 LED 的发光强度分布特性十分重要。

3．LED 的特点

LED 的特点具体如下。

1）节能。LED 灯的能耗是白炽灯的 1/10，是节能灯的 1/4，能量转换效率较高，较为省电。

2）寿命长。LED 灯可以在高速开关状态下工作，而传统灯在频繁的启动或关断后易造成灯丝过早损坏现象。同时，LED 灯为固体冷光源，环氧树脂封装，不存在灯丝发光易烧、热沉积、光衰等缺点，在正常工作情况下可达到 10 万 h 的寿命，是传统光源寿命的 10 倍以上。

3）环保。LED 灯内部不含有任何汞等重金属材料，不会造成环境污染，属于典型的绿色照明光源，而且可以回收再利用。

4）响应速度快。

5）应用范围广。

4．LED 的封装

LED 有多种封装形式，常见的有直插式（dual-in-line package，DIP）与贴片式（surface mount device，SMD），如图 2.1.5 所示。

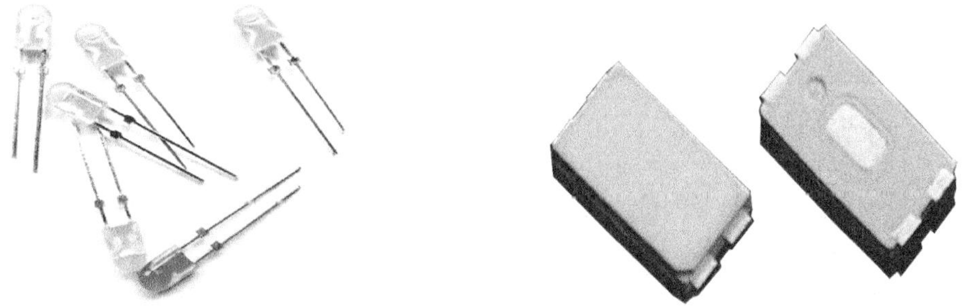

（a）直插式 LED　　（b）贴片式 LED

图 2.1.5　两种 LED 封装形式

5．LED 的应用

因为 LED 所需要的驱动电压及功率低，能够方便地由微处理器控制及在以电池作为电源的设备上使用，所以常被用在各种电子产品上，如消费性电子产品中的智能手机、平板电脑、家用电器、电子玩具及各种仪器等。另外，其在汽车交通领域也有以下应用。

1）在汽车上的应用：随着技术的不断进步，目前 LED 的发光亮度已能达到汽车的使用要求，越来越多的汽车生产商采用 LED 作为转向与制动灯，其主要优点是 LED 拥有极高的开关速度，亮起时间比白炽灯快 0.5s，并且 LED 灯在日间与普通灯泡相比亮度较高、使用寿命长、点亮速度快，更是增加了 6m 的制动辨识距离，这大大降低了事故发生的概率，对行车安全非常重要。

2）在道路上的应用：工作在户外环境的交通灯也开始大量使用 LED，LED 性能稳定、寿命较长，减少了交通灯发生故障及影响交通的机会。一些闪光警示灯也使用了 LED，其高速闪动的特性更加可靠。

3）公共场所的平板显示器：在机场、火车站、客运站、渡船等各种公共交通工具上，LED 被普遍地采用作为平板显示器，以显示班次、目的地、时间等相关信息。LED 的可靠性与低功耗，也使其适合用作紧急出口指示灯。

知识 2.1.2 微控制器中的 GPIO

微控制器中有多个具有输入输出功能的端口，称为 GPIO，即根据芯片数据手册中列出的每个 I/O 端口的特性，可通过软件将 GPIO 配置为以下模式。

1）输入浮空。

2）输入上拉。

3）输入下拉。

4）模拟功能。

5）具有上拉或下拉功能的开漏输出。

6）具有上拉或下拉功能的推挽输出。

7）具有上拉或下拉功能的复用功能推挽。

8）具有上拉或下拉功能的复用功能开漏。

每个 GPIO 包括 4 个 32 位配置寄存器（GPIOx_MODER、GPIOx_OTYPER、GPIOx_OSPEEDR 和 GPIOx_PUPDR）、2 个 32 位数据寄存器（GPIOx_IDR 和 GPIOx_ODR）、1 个 32 位置位/复位寄存器（GPIOx_BSRR）、1 个 32 位锁定寄存器（GPIOx_LCKR）和 2 个 32 位复用功能选择寄存器（GPIOx_AFRH 和 GPIOx_AFRL）。

GPIO 的主要特性如下。

1）可以控制的 I/O 端口多达 16 个。

2）输出状态：推挽或开漏+上拉/下拉。

3）从输出数据寄存器（GPIOx_ODR）或外设（复用功能输出）输出数据。

4）可为每个 I/O 端口选择不同的速度。

5）输入状态：浮空、上拉/下拉、模拟。

6）将数据输入输入数据寄存器（GPIOx_IDR）或外设（复用功能输入）。

7）置位和复位寄存器（GPIOx_BSRR）对 GPIOx_ODR 具有按位写权限。

8）锁定机制（GPIOx_LCKR），可冻结 I/O 配置。

9）模拟功能。

10）输入/输出选择寄存器的复用功能（一个 I/O 最多可具有 16 个复用功能）。

11）快速翻转，每次翻转最快只需要 2 个时钟周期。

12）引脚复用非常灵活，允许将 I/O 引脚用作 GPIO 或多种外设功能中的一种。

任务实施

1．任务分析

本任务要求实现 LED 发光。由 LED 正向导通原理可知，当给 LED 加上正向电压后，LED 会发光。在本任务中，LED 正极连接 3.3V 电源，负极连接微控制器 I/O 端口，若要点亮 LED 灯，微控制器需要输出低电平。

提示：常见的直插式 LED 有两个引脚长引脚，连接电源正极，短引脚连接电源负极。

2．任务准备

计算机（Windows 7 及以上操作系统）1 台、微控制器核心板 1 块、LED 灯 1 只、ST-Link 仿真器 1 个、杜邦线若干。

3．硬件连接

本任务接线方法如表 2.1.2 所示。

表 2.1.2　本任务接线方法

微控制器核心板	外设
+3.3V 电源	LED 正极
PF9	LED 负极

4．软件配置

下面开始创建一个点亮 LED 灯的项目工程。首先新建空白工程（具体步骤参考前面章节，此处略过），其次根据需要选择相应的芯片及 I/O 端口，此处选择芯片 STM32F407ZGTx 及 PF9 引脚。根据任务分析，LED 负极与微控制器相连接，当微控制器 I/O 端口输出正电平时，LED 点亮，因此单击“PF9 引脚”按钮，选择 GPIO_Output 输出模式（图 2.1.6）。

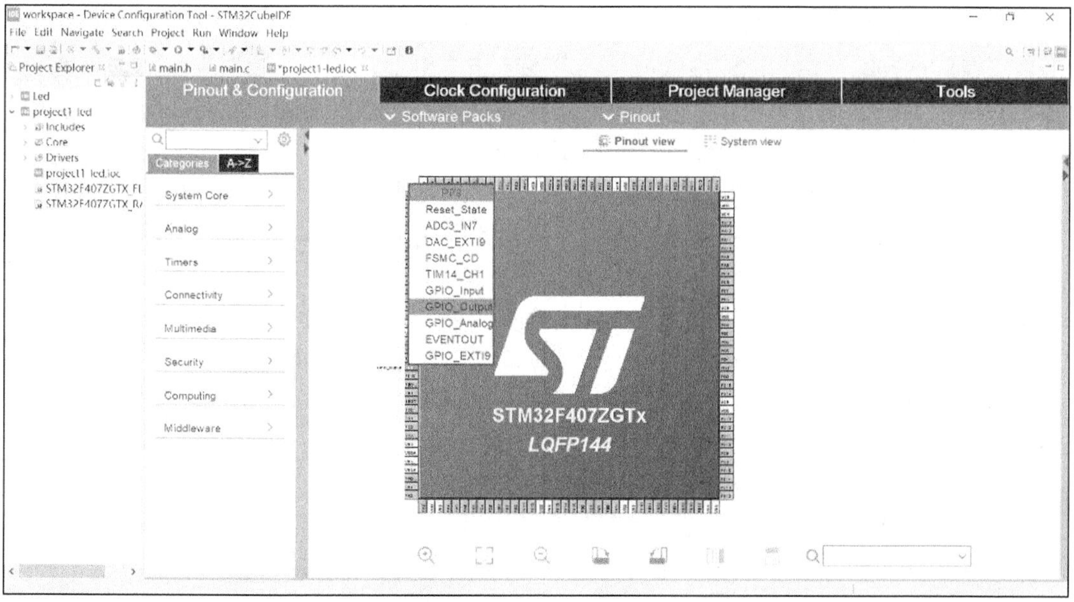

图 2.1.6　选择引脚

根据如图 2.1.7 所示的步骤，依次打开 PF9 引脚配置界面，具体需要配置的参数如下。

1）GPIO output level：配置默认输出的电平。其中，Low 表示低电平，High 表示高电平。在数字电路中，电压的高低用逻辑电平来表示。逻辑电平包括高电平和低电平。不同元器件形成的数字电路，电压对应的逻辑电平也不同。通常用数字“1”表示高电平，数字“0”表示低电平。

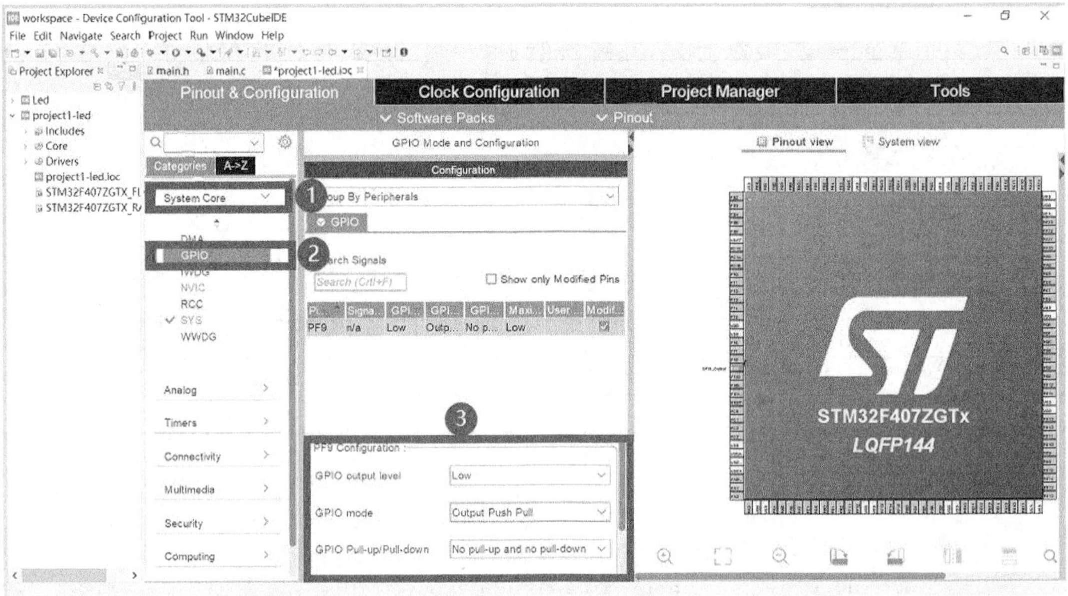

图 2.1.7　配置引脚参数

2）GPIO mode：配置 I/O 端口模式。Output Push Pull 表示推挽输出，Output Open Drain 表示开漏输出。推挽输出既可以输出低电平，也可以输出高电平，可以直接驱动功耗不大的数字器件；开漏输出只能输出低电平，若要输出高电平则必须外接上拉电阻才能实现。输出端相当于晶体管的集电极，要得到高电平状态需要上拉电阻才行，适合于做电流型的驱动，其吸收电流的能力相对较强（一般在 20mA 以内）。

3）GPIO Pull-up/Pull-down：配置上拉/下拉模式。Pull-up 表示上拉电阻模式，Pull-down 表示下拉电阻模式。Pull-up 将不确定的信号固定在高电平，Pull-down 将不确定的信号固定在低电平。GPIO 通常有以下 3 种状态：高电平、低电平和高阻态，其中高阻态就是 I/O 端口处于断开状态或浮空态，因此上拉电阻和下拉电阻的作用是防止输入端悬空，使其有确定的状态，减弱外部电流对芯片产生的干扰。

4）Maximum output speed：配置最大输出速度。Low 表示低速（2MHz），Medium 表示中速（25MHz），High 表示高速（50MHz），Very High 表示超高速（100MHz）。

5）User Label：配置用户标签。

根据任务分析，配置 PF9 引脚参数如下。

1）GPIO output level：High。

2）GPIO mode：Output Push Pull。

3）GPIO Pull-up/ Pull-down：Pull-up。

4）Maximum output speed：Very High。

配置完成后，单击齿轮图标，使用自动生成代码功能。

接着按照如图 2.1.8 所示的界面，在左侧的工程区打开 main.c 主程序，即可看到图 2.1.8 中间的方框处 PF9 引脚参数已经配置完成。

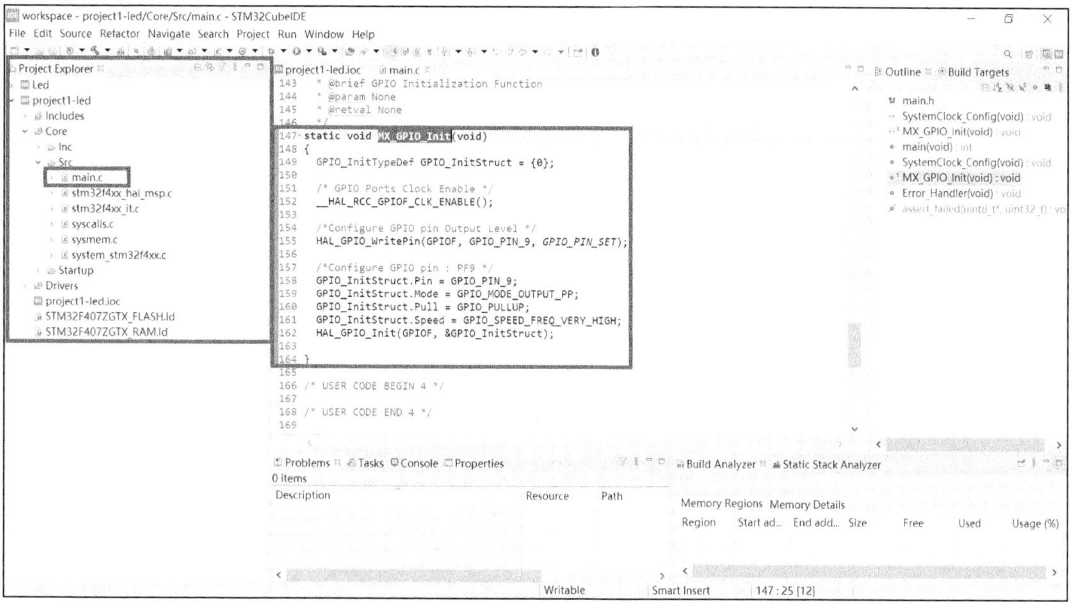

图 2.1.8　引脚参数配置完成

5．编写程序代码

引脚配置完成后，在 main.c 文件中编写本任务的程序代码。需要注意的是，编写的代码要放在/* USER CODE BEGIN ×× */和/* USER CODE END ×× */区间内，否则在重新单击齿轮图标生成代码后会出现代码丢失的情况。

接下来开始在主函数 main（void）的 while 循环中编写代码。ST 公司为开发者提供了标准外设库（STD 库）、HAL 库、LL 库共 3 种库。本书采用 HAL 库进行演示。HAL 库中的所有函数均以“HAL”开头。

HAL 库中表示 GPIO 输出高/低电平的函数为

```
HAL_GPIO_WritePin(GPIOx, GPIO_PIN, PinState)
```

视频：GPIO 常用 HAL 库函数

其中，WritePin 表示该引脚为输出模式；GPIOx 中 x 表示引脚端口编号；GPIO_PIN 表示引脚序号；PinState 表示引脚状态。高电平可以用 GPIO_PIN_SET 或“1”表示，低电平可以用 GPIO_PIN_RESET 或“0”表示。

根据任务分析，PF9 引脚应输出低电平，因此代码为

```
HAL_GPIO_WritePin(GPIOF, GPIO_PIN_9, GPIO_PIN_RESET);
```

提示：同时按 Alt 键和“/”键可查看 HAL 库的相关函数，并且能自动补全函数。

代码编写完成（图 2.1.9）后，需要进行编译（图 2.1.10）与下载（图 2.1.11）。如图 2.1.10

所示，单击“编译”按钮，编译后的结果会显示在图中下方方框中的“Console”选项卡中。若代码无问题，则会显示“0 errors，0 warnings”。

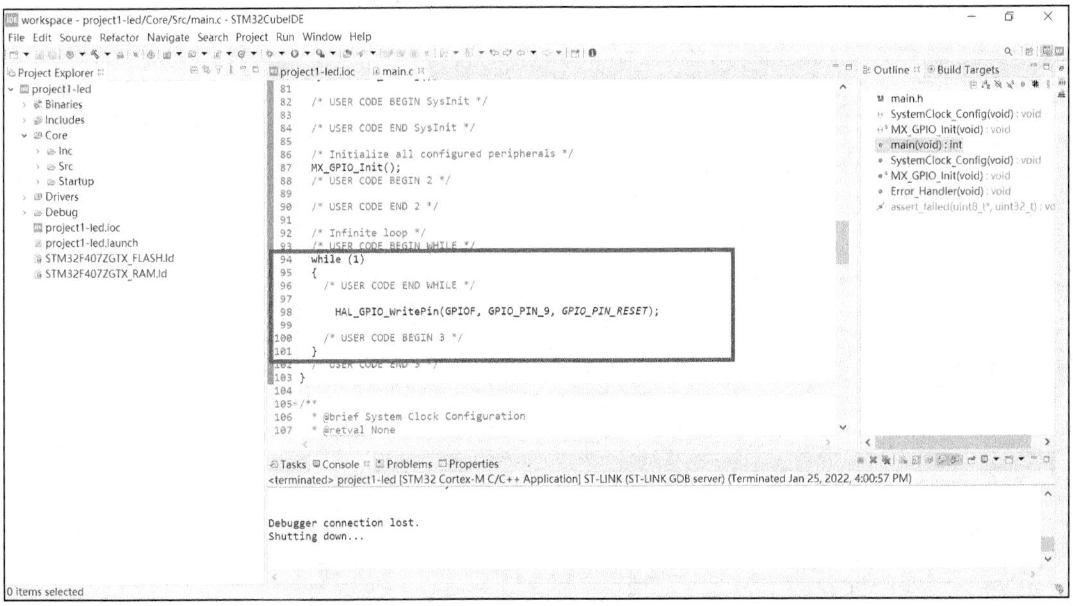

图 2.1.9　代码编写完成

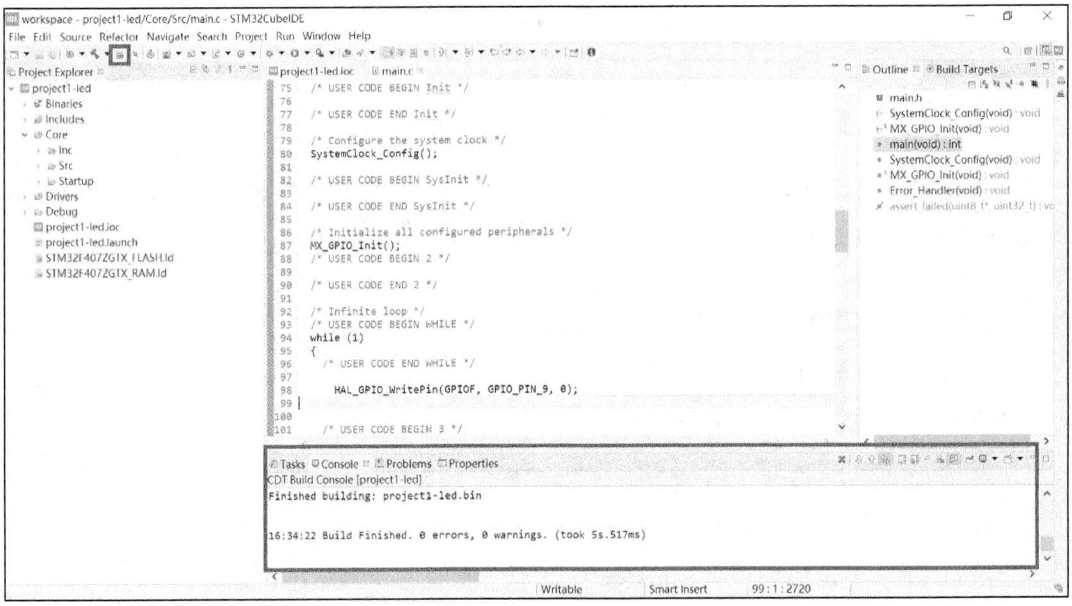

图 2.1.10　编译

6．下载及运行程序

代码无问题后，可进行程序下载。通过仿真器将微控制器与计算机连接在一起。如图 2.1.11 所示，单击“程序下载”按钮，当出现方框中的“Shutting down...”时，说明程序下载完成。最后将微控制器接通电源，若 LED 正常发光，则说明本任务已成功实现。

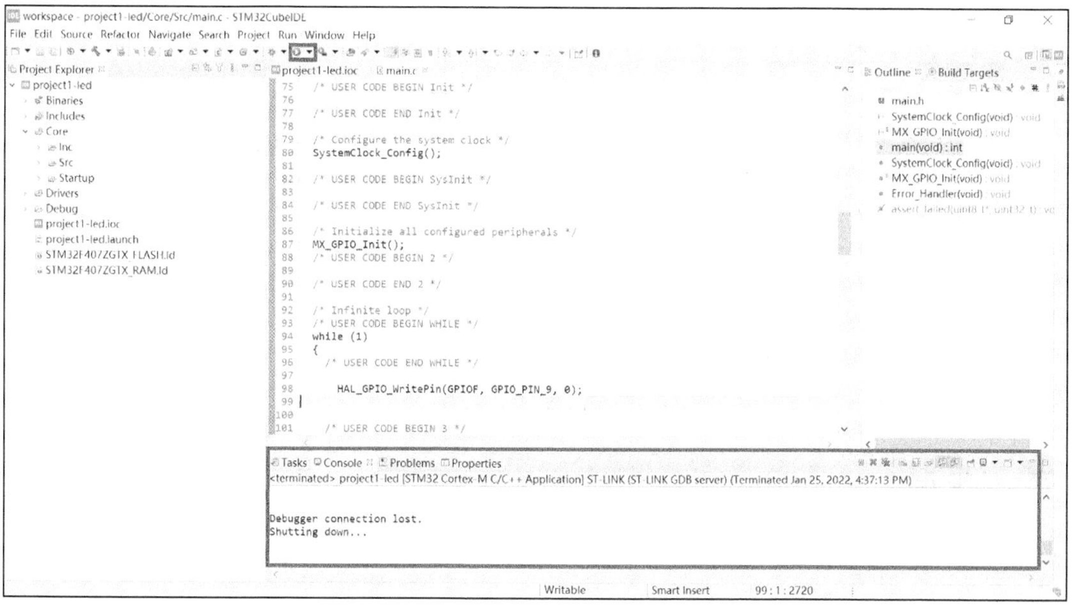

图 2.1.11　程序下载

任务评价

任务评价表如表 2.1.3 所示。

表 2.1.3　任务评价表

评价内容	分值	自评评分	小组互评评分	老师评分
硬件准备及连线	20			
工程文件建立及软件配置	20			
编写程序代码	20			
下载及运行程序，实现 LED 发光	40			
总分	100			

任务拓展

本任务使用 HAL 库函数实现了点亮 LED 灯，那么大家可以思考如何实现以下功能。

1）控制 LED 灯间隔 1s 亮灭。

2）使用其他函数控制 LED 灯间隔 1s 亮灭。

3）控制多个 LED 灯实现流水灯效果。

提示：这里需要用到 HAL 库中的延时函数。

视频：LED 流水灯程序设计

视频：LED 流水灯程序解读

任务 2.2 实现声光报警

任务目标

1）了解蜂鸣器的发声原理。

2）掌握蜂鸣器的使用方法。

3）使用蜂鸣器，通过编程实现声光报警。

知识准备

知识　蜂鸣器

蜂鸣器（buzzer）是一种一体化结构的电子讯响器，采用直流电压供电，典型应用包括报警器、电子玩具、汽车电子设备、防盗器、定时器等。蜂鸣器根据结构的不同主要分为压电式蜂鸣器和电磁式蜂鸣器两种类型。蜂鸣器在电路中用字母“H”或“HA”（旧标准用“FM”“ZZG”“LB”“JD”等）表示。

1）压电式蜂鸣器主要由多谐振荡器、压电蜂鸣片、阻抗匹配器及共鸣箱、外壳等组成。多谐振荡器由晶体管或集成电路构成。当接通电源（1.5～15V 直流工作电压）后，多谐振荡器起振，输出 1.5～2.5kHz 的音频信号，阻抗匹配器推动压电蜂鸣片发声。

2）电磁式蜂鸣器由振荡器、电磁线圈、磁铁、振动膜片及外壳等组成。接通电源后，振荡器产生的音频信号电流通过电磁线圈，使电磁线圈产生磁场。振动膜片在电磁线圈和磁铁的相互作用下，周期性地振动发声。

蜂鸣器的发声部分由振动装置和谐振装置组成，根据驱动发声原理的不同，蜂鸣器又分为无源他励型蜂鸣器（图 2.2.1）与有源自励型蜂鸣器（图 2.2.2）。

图 2.2.1　无源他励型蜂鸣器

图 2.2.2　有源自励型蜂鸣器

提示： 一般有源自励型蜂鸣器的底部为黑胶封闭层，两个引脚长度不一，较长的一端为正极；而无源他励型蜂鸣器的底部为绿色电路板，两个引脚长度相同。

（1）无源他励型蜂鸣器

无源他励型蜂鸣器的发声原理如下：方波信号输入谐振装置后转换为声音信号输出。无源他励型蜂鸣器的发声原理如图 2.2.3 所示。

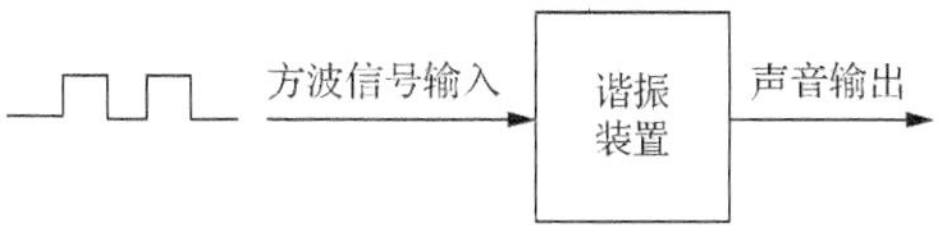

图 2.2.3 无源他励型蜂鸣器的发声原理

无源他励型蜂鸣器是一个脉冲驱动型蜂鸣器。当给脉冲驱动型蜂鸣器加载具有一定频率的额定工作电压时，该蜂鸣器就会发出对应频率的音频信号，这种蜂鸣器可以配合一定的频率发声电路产生不同音调的声响，如具有高低变化音调的报警声甚至音乐。微控制器驱动无源他励型蜂鸣器的方式有两种：一种是通过脉冲宽度调制输出口直接驱动，另一种是利用 I/O 端口定时翻转电平产生驱动波形对蜂鸣器进行驱动。

（2）有源自励型蜂鸣器

有源自励型蜂鸣器的发声原理如下：直流电源输入振荡系统的放大采样电路，在谐振装置作用下产生声音信号。有源自励型蜂鸣器的发声原理如图 2.2.4 所示。

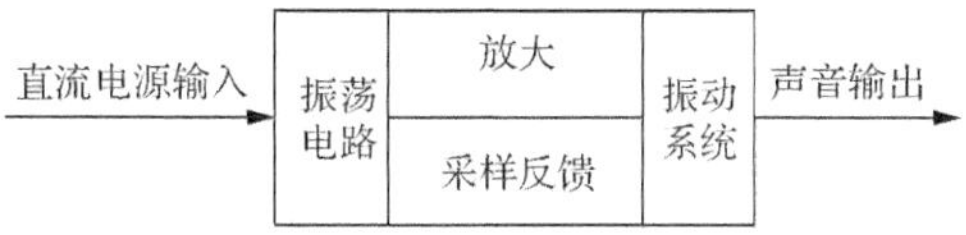

图 2.2.4 有源自励型蜂鸣器的发声原理

有源自励型蜂鸣器是一个电平驱动型蜂鸣器。当给电平驱动型蜂鸣器直接加载额定工作电压时，该蜂鸣器就会发出一定频率的音频信号。这种蜂鸣器使用简单，可以被方便地应用于一些需要简单音频报警的场合。

需要注意的是，这里的“有源”与“无源”不是指电源，而是指振荡源。也就是说，有源蜂鸣器内部带振荡源，只要一接通电源就会发声；而无源蜂鸣器内部不带振荡源，所以如果直接用直流信号则无法使其鸣叫，必须用 2～5kHz 的方波去驱动它。

任务实施

1．任务分析

本任务要求实现简单声光报警，具体要求如下：在蜂鸣器发声的同时 LED 灯亮起。本任务中会使用到蜂鸣器与 LED 灯，并且蜂鸣器与 LED 灯都需要通过微控制器进行控制，因此需要配置 I/O 端口为输出模式，但是因为微控制器的 I/O 端口输出电流较小无法驱动蜂鸣器发声，所以需要搭建电流放大电路进行驱动。

电流放大电路一般使用晶体管进行搭建，这里使用晶体管 8050 来搭建电流放大电路。晶体管是一种采用较小电流控制较大电流的半导体器件，其最主要的作用就是将微弱信号放大成较大的电信号，也常常被用作无触点开关使用。晶体管 8050 是较为常见的 NPN 型晶体管（图 2.2.5），在各种放大电路中经常能看到它，应用范围很广，主要用于高频放大电路（图 2.2.6），也可用于开关电路。

图 2.2.5 晶体管实物

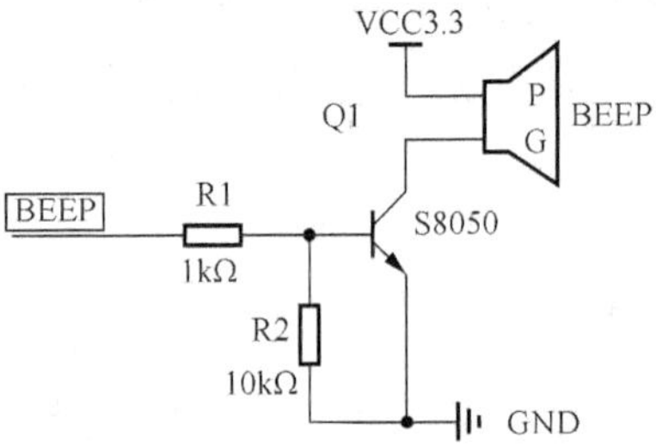

图 2.2.6 晶体管放大电路示意图

提示：将常见的直插式晶体管平面正对自己，引脚朝下，3 个引脚从左至右分别是发射极（emitter）、基极（base）、集电极（collector）。

在如图 2.2.6 所示的放大电路中，右侧 BEEP 为有源蜂鸣器。

1）电阻 R1 为限流电阻，作用是防止流过基极的电流过大而烧坏晶体管。

2）电阻 R2 有两个重要的作用。第一个作用：R2 相当于基极的下拉电阻。如果 I/O 端口被悬空，那么 R2 的存在能够使晶体管保持在可靠的关断状态；如果删除 R2，那么当 I/O 端口悬空时，晶体管易受到干扰，从而可能导致晶体管的状态发生意外翻转或进入不期望的放大状态，造成蜂鸣器意外发声。第二个作用：R2 可提升高电平的门槛电压。

提示：在实际工程中，当无法区分蜂鸣器的有源与无源时，可以用万用表电阻挡 *R*×1 挡位测试。用黑表笔连接蜂鸣器的“-”引脚，将红表笔在另一引脚上来回碰触，如果能发出“咔、咔”声且电阻阻值只有 8Ω（或 16Ω），则说明是无源蜂鸣器；如果能发出持续声音且电阻在几百欧以上，则说明是有源蜂鸣器。

2. 任务准备

计算机（Windows 7 及以上操作系统）1 台、微控制器核心板 1 块、LED 灯 1 只、有源蜂鸣器 1 个、ST-Link 仿真器 1 个、杜邦线若干。

3. 硬件连接

本任务接线方法如表 2.2.1 所示。

表 2.2.1 本任务接线方法

微控制器核心板	外设
+3.3V 电源	LED 正极、蜂鸣器正极
PF8	蜂鸣器负极
PF9	LED 负极

4. 软件配置

下面开始创建一个报警器项目工程。新建项目工程后，选择相应的微控制器引脚 PF8、PF9，并进行配置。具体配置如下：

1）GPIO output level：High.

2）GPIO mode：Output Push Pull。

3）GPIO Pull-up/Pull-down：Pull up。

4）Maximum output speed：Very High。

配置完成后，单击齿轮图标，使用自动生成代码功能，接着打开左侧工程区的 main.c 文件，即可看到相应的引脚参数已配置完成。

5. 编写程序代码

引脚配置完成后，在 main.c 文件中编写本任务的程序代码。

本任务将使用如下库函数。

```
HAL_GPIO_TogglePin(GPIOx, GPIO_Pin)
```

该函数的作用是翻转引脚的电平状态。例如，当在新建项目工程中配置引脚默认电平时，默认为低电平，使用该函数后程序会以高电平的初始状态运行。

本任务主要代码如下。

```
HAL_GPIO_TogglePin(GPIOF, GPIO_PIN_9);
HAL_GPIO_TogglePin(GPIOF, GPIO_PIN_8);
HAL_Delay(500);
```

6. 下载及运行程序

任务代码经过编译后，通过仿真器下载到微控制器中，微控制器加电运行成功，可以实现单声光报警效果。

任务评价

任务评价表如表 2.2.2 所示。

表 2.2.2　任务评价表

评价内容	分值	自评评分	小组互评评分	老师评分
硬件准备及连线	20			
工程文件建立及软件配置	20			
编写程序代码	20			
下载及运行程序，实现声光报警	40			
总分	100			

任务拓展

1）本任务使用的是有源他励型蜂鸣器，如果使用无源自励型蜂鸣器会是什么效果呢？

2）如何使蜂鸣器发出“哆来咪”的声音？

任务 2.3 按键控制声光报警

任务目标

1）了解按键的原理及使用方法。
2）掌握 GPIO 端口的输入配置。
3）掌握开发环境中的相关配置。
4）实现按键控制声光报警。

知识准备

知识 2.3.1 按键

微控制器通过输入输出器件与世界相连，而按键作为输入器件在日常生活中被广泛应用。按键是一种电子开关，使用时，长按按键上的按钮，开关接通；松手时，开关断开。常见的独立按键一共有 4 个针脚，针脚间距离不一，两个短针脚之间默认不导通，两个长针脚之间默认导通。独立按键实物如图 2.3.1 所示。

如图 2.3.2 所示，按键 4 个引脚分为 2 组开关，一般是引脚 1 与引脚 4 为一组，引脚 2 与引脚 3 为一组。当按下按键时，2 组开关同时导通；当松开按键时，2 组开关同时关断。

图 2.3.1　独立按键实物

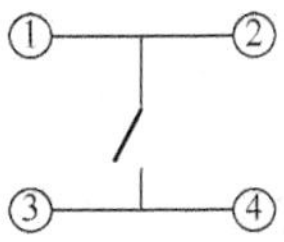

图 2.3.2　按键电路

通常，所用的按键为机械弹性开关，当机械触点断开、闭合时，由于机械触点的弹性作用，按键在闭合时不会马上稳定地接通，在断开时也不会一下子断开，即微控制器在按键被按下的一瞬间检测到的信号是不稳定的电平信号。为使微控制器获取到正常稳定的信号，需要对按键进行消除抖动处理。

按键抖动时间的长短由其自身的机械特性决定，一般为 5～10ms。这个时间参数在按键的使用中相当重要，在很多场合都要用到。理想的按键按下状态应是方波，但实际上达不到理想状态，大部分是变形后的方波，即波形存在锯齿形状，如图 2.3.3 所示。

常用的消除按键抖动的方法有硬件消除抖动与软件消除抖动。

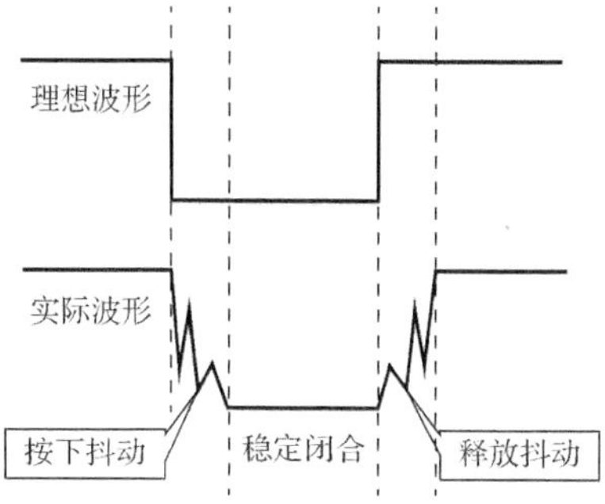

图 2.3.3　按键抖动情况示意图

（1）硬件消除抖动

在按键上并联一个电容，如图 2.3.4 所示，利用电容的充放电特性对抖动过程中产生的电压毛刺进行平滑处理，从而消除抖动。但在实际应用中，这种方式的消除抖动效果往往不是很好，还增加了成本和电路复杂度，所以实际中使用得并不多。绝大多数情况是通过软件编写程序来消除抖动。

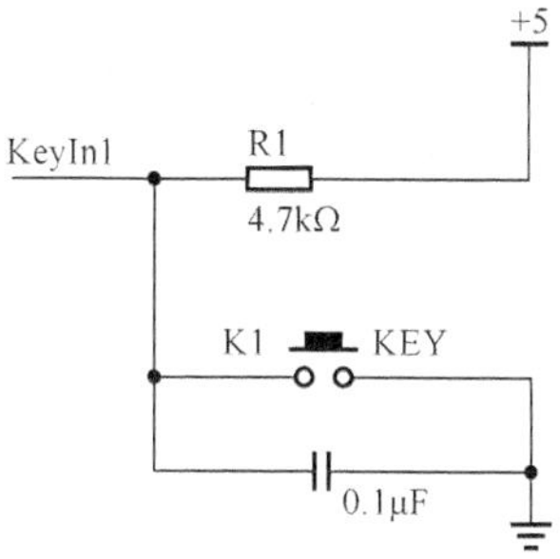

图 2.3.4　硬件消除抖动

（2）软件消除抖动

当按下按键，I/O 端口检测到电平变化后，先等待 10ms 左右的延时时间（该时间根据按键自身的机械特性设置），让抖动消失后再进行一次按键状态检测，如果与刚才检测到的状态相同，就可以确认按键已经处于稳定状态，即按键处于被按下的状态。

知识 2.3.2　GPIO 的输入模式

GPIO 的输入分为 4 种类型，分别是浮空输入、上拉输入、下拉输入、模拟输入。

1）浮空输入：输入信号经过施密特触发器接入输入数据寄存器。当无信号输入时，电压不确定。浮空输入为高阻输入，可以认为输入端口阻抗为无穷大，因此可以应用于检测微小信号。

2）上拉输入：默认状态下，端口读取的电平为低电平。

3）下拉输入：默认状态下，端口读取的电平为高电平。

4）模拟输入：输入信号不经施密特触发器直接接入，输入信号为模拟量而非数字量。

把 I/O 端口（图 2.3.5）当作输入进行编程时，有以下情况。

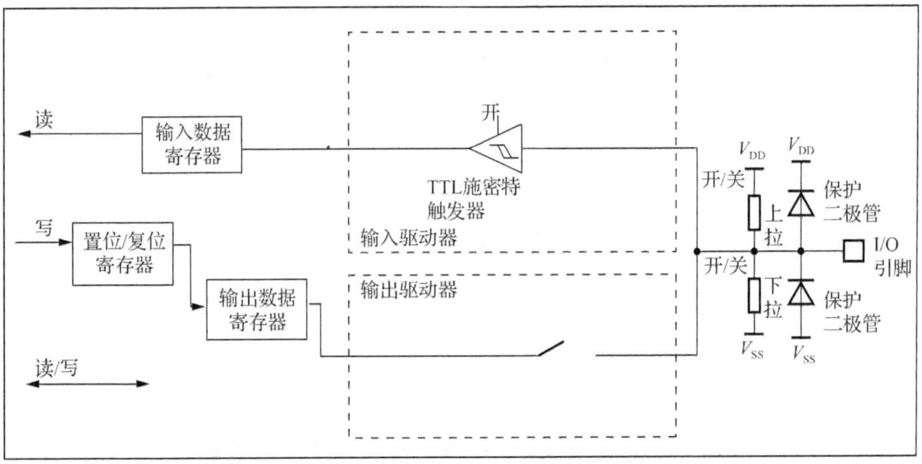

图 2.3.5　I/O 端口位输入配置示意图

1）输出缓冲器被关闭。

2）施密特触发器输入被打开。

3）根据 GPIOx_PUPDR 寄存器中的值决定是否打开上拉和下拉电阻。

4）输入数据寄存器每隔 1 个 AHB1 时钟周期对 I/O 引脚上的数据进行一次采样。

5）通过对输入数据寄存器的读访问可获取 I/O 状态。

任务实施

1．任务分析

本任务要求实现按键控制 LED 灯的亮灭与蜂鸣器的发声/不发声，使用到了按键、LED 与蜂鸣器 3 个元器件，因此需要配置 3 个 I/O 端口。微控制器通过检测按键是否按下来控制 LED 与蜂鸣器，因此与按键相连接的 I/O 端口配置为输入模式。LED 与蜂鸣器作为被控制部分，其 I/O 端口设置为输出模式，输出端口输出高/低电平来控制 LED 灯的亮灭与蜂鸣器的发声和不发声。

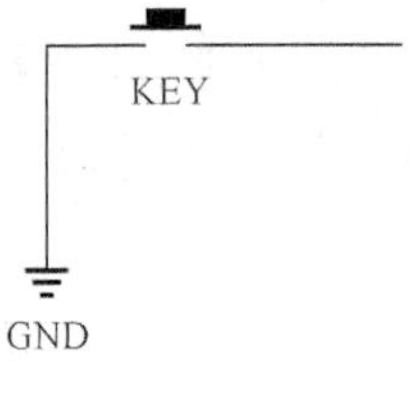

图 2.3.6　按键电路

本任务的按键电路如图 2.3.6 所示。

从图 2.3.6 中可以看到，按键的一端接地（GND），另一端连接微控制器端口。因此在检测按键时，当按键被按下时，应该检测到低电平；当按键未被按下时，应该检测到高电平。

2．任务准备

计算机（Windows 7 及以上操作系统）1 台、微控制器核心板 1 块、LED 灯 1 只、有源蜂鸣器 1 个、ST-Link 仿真器 1 个、杜邦线若干。

3．硬件连接

本任务接线方法如表 2.3.1 所示。

表 2.3.1　本任务接线方法

微控制器核心板	外设
+3.3V 电源	LED 正极、蜂鸣器正极
PF8	蜂鸣器负极
PF9	LED 负极
PE4	按键一端
GND	按键另一端

4. 软件配置

下面开始在开发环境中进行配置。新建项目工程后，选择相应的微控制器引脚，此处选择 PE4 引脚与按键相连接，且该引脚选择为输入模式，如图 2.3.7 所示。具体配置如下。

1）GPIO mode：Input mode。

2）GPIO Pull-up/ Pull-down：Pull-up。

基础配置完成后，即可使用自动代码生成功能。

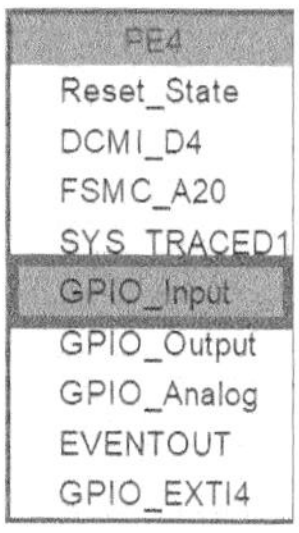

图 2.3.7　GPIO 输入模式

5. 编写程序代码

视频：按键控制 LED 灯程序设计-GPIO

本任务中涉及对输入端口的检测判断，因此在程序中需要使用相关的判断结构。C 语言中的判断语句包括 if 语句、if-else 语句、switch 语句。这里使用的是 if 语句。一个 if 语句由一个布尔表达式后跟一个或多个语句组成。C 语言中 if 语句的语法如下。

```
if(boolean_expression)
{
        /* 如果布尔表达式为真将执行的语句 */
}
```

如果布尔表达式为真，则 if 语句内的代码将被执行；如果布尔表达式为假，则 if 语句结束后的第一组代码（大括号内）将被执行。C 语言把任何非零和非空的值假定为真，把零或 null 假定为假。

按键控制声光报警的流程如下。

1）检测引脚 PE4 的输入是否为低电平，即按键是否被按下。若为低电平则进入下一步。延时 10ms。

2）再次检测引脚 PE4 的输入是否为低电平。若为低电平则进入下一步，否则返回上一步。

3）控制引脚 PF8、PF9 翻转电平。默认 PF8 输出低电平，引脚 PF9 输出高电平（蜂鸣器不发声，LED 灯灭）。

4）重复步骤 1）（循环），这样就实现了按键控制声光报警的效果。

本任务的代码如下。

```
if(HAL_GPIO_ReadPin(GPIOE, key_Pin) == GPIO_PIN_RESET)
```

```
{
        HAL_Delay(10);  //延时函数,延时 10ms
        if(HAL_GPIO_ReadPin(GPIOE, key_Pin) == GPIO_PIN_RESET)
        {
            while(HAL_GPIO_ReadPin(GPIOE, key_Pin) == GPIO_PIN_RESET);
            HAL_GPIO_TogglePin(GPIOF, LED_Pin|BEEP_Pin);
            //电平翻转函数
        }
}
```

6．下载及运行程序

代码无问题后，可进行程序下载及运行，若无报错情况，即可实现按键控制声光报警的效果。

任务评价

任务评价表如表 2.3.2 所示。

表 2.3.2　任务评价表

评价内容	分值	自评评分	小组互评评分	老师评分
硬件准备及连线	20			
工程文件建立及软件配置	20			
编写程序代码	20			
下载及运行程序，实现按键控制声光报警	40			
总分	100			

任务拓展

本任务实现了用按键控制声光报警的简单效果，请大家思考如何实现以下效果。

1）使用一个按键打开声光报警，使用另一个按键关闭声光报警。

2）使用多个按键，按下不同按键时实现不同的功能。

任务 2.4　实现“中断”功能

任务目标

1）了解什么是中断。

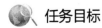

2）了解嵌套向量中断控制器（NVIC）及其使用方法。

3）了解外部中断/事件控制器（EXTI）及其使用方法。

4）掌握开发环境中中断的配置。

5）通过编程，使用按键外部中断控制 LED 灯的亮灭。

知识准备

知识 2.4.1　中断

“中断”从字面上的意思可以理解为从中间断开，那么具体什么是中断，我们用生活中的例子来说明可能会更加通俗易懂。例如，当你正在家中看电视时，突然门铃响了，这时你去打开门，然后和门外的人交谈，交谈完后关上门，回来继续看电视，这就是生活中的“中断”现象，也就是指正常的工作过程被外部的事件打断了。

在微控制器中，中断是指：对于 CPU 来说，当 CPU 在正常处理事件 A 时，突然发生了另一事件 B（中断发生）需要 CPU 去处理，这时 CPU 就会暂停处理事件 A（中断响应），转而去处理事件 B（中断服务）。当事件 B 处理完以后，再回到事件 A 原来中断的地方继续执行事件 A（中断返回）。这一整个过程称为中断。

当处于中断过程 B 时，如果发生了另一个中断级别更高的中断事件 C，则 CPU 又会中断当前的事件 B 转而去处理事件 C，完毕后再回到事件 B 的断点继续处理。这称为中断的嵌套。中断的嵌套涉及中断的优先级问题。

引起中断发生的事件称为中断源。生活中很多事件能引起中断，如有人按门铃、手机铃响、水烧开、足球比赛开始了等诸如此类的事件，当然微控制器中也有一些能引起中断的中断源。

知识 2.4.2　微控制器中的 NVIC

嵌套向量中断控制器（nested vectored interrupt controller，NVIC），可以简单解释为用于管理中断的器件。在微控制器中，NVIC 包含以下特性。

1）STM32F407 系列微控制器具有 82 个可屏蔽中断通道。

2）16 个可编程优先级（使用了 4 位中断优先级）。

3）低延迟异常和中断处理。

4）电源管理控制。

5）系统控制寄存器的实现。

NVIC 和处理器内核接口紧密配合，可以实现低延迟的中断处理和晚到中断的高效处理。

这里我们还是以生活中的例子来说明 NVIC 的含义。设想一下，你正在看书，此时电话铃响了，同时又有人按了门铃，你该先做什么呢？如果你正在等一个很重要的电话，那么你一般是不会去理会门铃的；反之，如果你正在等一个重要的客人，那么可能就不会去理会电话了。如果不是这两者（既不等电话，也不等人上门），你可能会按照习惯去处理。总之，这里存在一个优先级的问题，微控制器中也是如此，即也有优先级的问题。优先级的问题不仅仅发生在两个中断同时产生的情况，也发生在一个中断已产生，又有一个中断产生的情况。例如，你正在接电话时有人按门铃的情况，或者你正开门与人交谈，又有电话响了的情况。请大家想想你们会怎么做呢。

这个例子中提到了一个重点——优先级。在微控制器中，优先级又分为响应优先级（subpriority）与抢占优先级（preemption priority），抢占优先级与响应优先级的区别如下。

1）高抢占优先级中断可以打断正在进行的低抢占优先级中断。

2）抢占优先级相同的中断，高响应优先级中断不可以打断低响应优先级中断。

抢占优先级相同的中断，在两个中断同时发生的情况下，响应优先级高的先被执行。如果两个中断的抢占优先级和响应优先级都一样，则执行先发生的中断。中断管理常用函数如表 2.4.1 所示。

表 2.4.1　中断管理常用函数

函数名	功能描述
HAL_NVIC_SetPriorityGrouping()	设置 4 位二进制数的优先级分组策略
HAL_NVIC_SetPriorit()	设置某个中断的抢占优先级与响应优先级
HAL_NVIC_EnableIRQ()	启用某个中断
HAL_NVIC_DisableIRQ()	禁用某个中断
HAL_NVIC_GetPriorityGrouping()	返回当前的优先级分组策略
HAL_NVIC_GetPriority()	返回某个中断的抢占优先级与响应优先级数值
HAL_NVIC_GetPendingIRQ()	检查某个中断是否被挂起
HAL_NVIC_SetPendingIRQ()	设置某个中断的挂起标志，表示发生了中断
HAL_NVIC_ClearPendingIRQ()	清除某个中断的挂起标志

知识 2.4.3　微控制器中的 EXTI

外部中断/事件控制器（external interrupt/event controller，EXTI）有两个功能：一个是产生中断，另一个是产生事件。对于同一个中断源，外部中断需要编写中断服务函数才能完成中断后的结果，需要 CPU 参与的，属于软件层面；而事件中断是依靠脉冲发生器产生一个脉冲，由硬件自动完成这个事件产生的结果，属于硬件层面。

外部中断/事件控制器包含多达 23 个用于产生事件/中断请求的边沿检测器。每根输入线都可单独进行配置，以选择类型（中断或事件）和相应的触发事件（上升沿触发、下降沿触发或边沿触发）。每根输入线还可单独屏蔽。挂起寄存器用于保持中断请求的状态线。外部中断/事件控制器框图如图 2.4.1 所示。

STM32F4 系列微控制器能够处理外部或内部事件来唤醒内核（WFE）。唤醒事件可通过以下方式产生。

1）在外设的控制寄存器使能一个中断，但不在 NVIC 中使能，同时使能 Cortex™-M4F 系统控制寄存器中的 SEVONPEND 位。当 MCU 从 WFE 恢复时，需要清除相应外设的中断挂起位和外设 NVIC 中断通道挂起位（在 NVIC 中断清除挂起寄存器中）。

2）配置一个外部或内部 EXTI 线为事件模式。当 CPU 从 WFE 恢复时，因为对应事件线的挂起位没有被置位，不必清除相应外设的中断挂起位或 NVIC 中断通道挂起位。

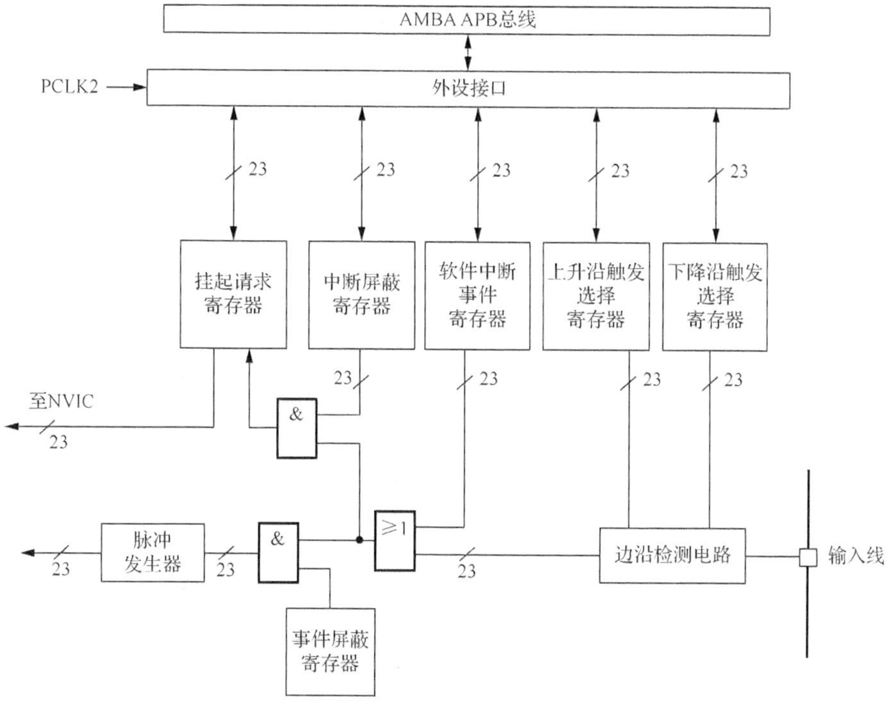

图 2.4.1　外部中断/事件控制器框图

其具体的功能说明如下：要产生中断，必须先配置好并使能中断线。根据需要的边沿检测设置 2 个触发寄存器，同时在中断屏蔽寄存器的相应位写“1”使能中断请求。当外部中断线上出现选定信号沿时，便会产生中断请求，对应的挂起位也会置“1”。在挂起寄存器的对应位写“1”，将清除该中断请求。

要产生事件，必须先配置好并使能事件线。根据需要的边沿检测设置 2 个触发寄存器，同时在事件屏蔽寄存器的相应位写“1”允许事件请求。当事件线上出现选定信号沿时，便会产生事件脉冲，对应的挂起位不会置“1”。

通过在软件中对软件中断/事件寄存器写“1”，也可以产生中断/事件请求。外部中断/事件 GPIO 映射如图 2.4.2 所示。

另外，EXTI 线连接方式如下。

1）EXTI 线 0～15 连接到 GPIO 端口。

2）EXTI 线 16 连接到 PVD 输出。

3）EXTI 线 17 连接到 RTC 闹钟事件。

4）EXTI 线 18 连接到 USB OTG FS 唤醒事件。

5）EXTI 线 19 连接到以太网唤醒事件。

6）EXTI 线 20 连接到 USB OTG HS（在 FS 中配置）唤醒事件。

7）EXTI 线 21 连接到 RTC 入侵和时间戳事件。

8）EXTI 线 22 连接到 RTC 唤醒事件。

随着计算机技术的应用，人们发现，中断技术不仅解决了快速主机与慢速 I/O 设备的数据传送问题，而且还具有如下优点。

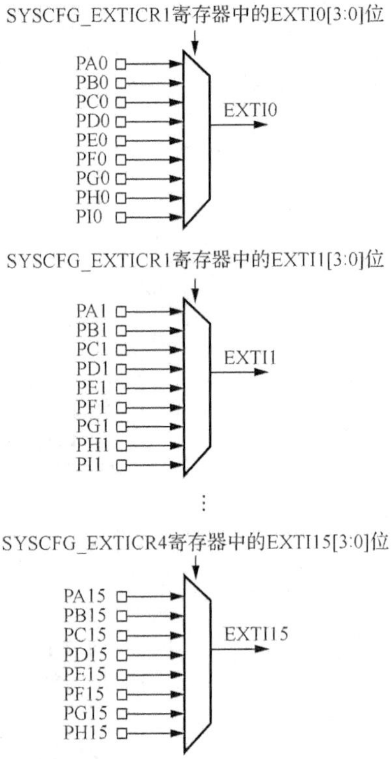

视频：外部中断概述与映射关系

图 2.4.2　外部中断/事件 GPIO 映射

1）分时操作。CPU 可以分时为多个输入输出设备服务，提高了计算机的利用率。

2）实时响应。CPU 能够及时处理应用系统的随机事件，大大地增强了系统的实时性能。

3）可靠性高。CPU 具有处理设备故障及掉电等偶发性事件的能力，从而使系统的可靠性有了提高。外部中断相关函数如表 2.4.2 所示。

表 2.4.2　外部中断相关函数

函数名	功能描述
_HAL_GPIO_EXTI_GET_IT()	检查某个外部中断线是否有挂起的中断
_HAL_GPIO_EXTI_CLEAR_IT()	清除某个外部中断线的挂起标志位
_HAL_GPIO_EXTI_GET_FLAG()	检查事件标志位
_HAL_GPIO_EXTI_CLEAR_ FLAG()	清除事件标志位
_HAL_GPIO_EXTI_GENERATE_SWIT()	在某个外部中断线上产生软中断
HAL_GPIO_EXTI_IRQHandler()	外部中断服务例程中调用的处理函数
HAL_GPIO_EXTI_Callback()	外部中断处理的回调函数

任务实施

1．任务分析

根据任务要求，使用按键外部中断控制 LED 灯的亮灭，具体要求如下：程序开始运行时 LED1 作为指示灯常亮，当按下按键时，进入中断程序，LED2 亮；当再次按下按键时，LED2 熄灭，并以此循环。

2．任务准备

计算机（Windows 7 及以上操作系统）1 台、微控制器核心板 1 块、LED 灯 1 只、按键 1 个、ST-Link 仿真器 1 个、杜邦线若干。

3．硬件连接

本任务接线方法如表 2.4.3 所示。

表 2.4.3　本任务接线方法

微控制器核心板	外设
+3.3V 电源	LED1、LED2 正极
PF8	LED1 负极
PF9	LED2 负极
PE4	按键一端
GND	按键另一端

4．软件配置

首先新建项目工程。本任务使用了 3 个元器件、2 个 LED 灯与 1 个按键，因此使用了微控制器上的 3 个 I/O 端口。与 LED 相连接的 I/O 端口为输出模式，与按键相连接的 I/O 端口为中断模式，如图 2.4.3 所示。

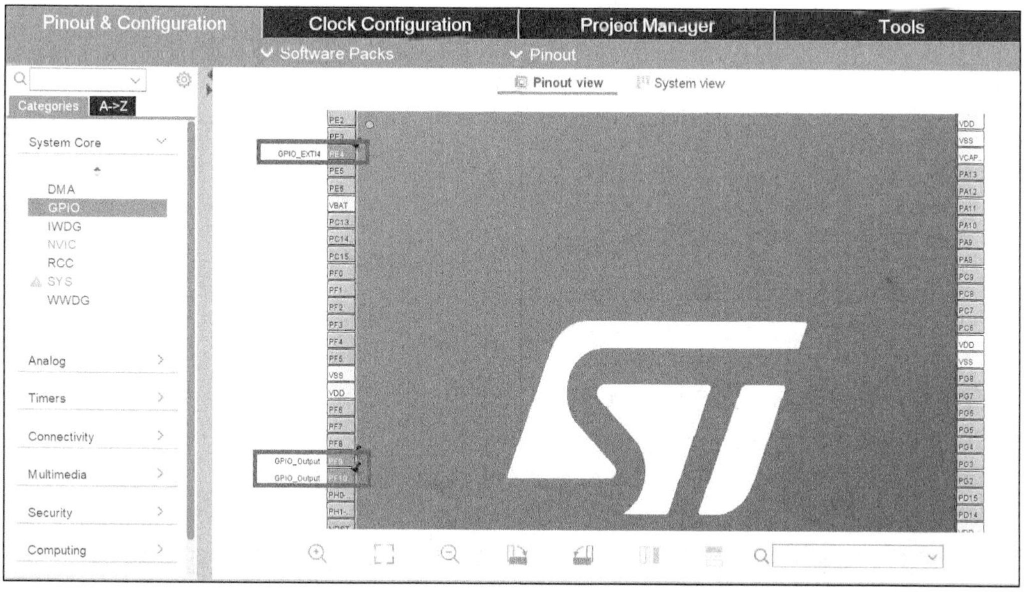

图 2.4.3　引脚配置

在微控制器中，每个 GPIO 端口对应一个 EXTI 中断线，而 PE4 引脚对应的则是

GPIO_EXTI4 中断线。

对于选择中断模式的 GPIO 端口，在配置引脚端口模式（GPIO mode）时有以下几种类型。

1）external interrupt mode with rising edge trigger detection：上升沿触发的外部中断模式。

2）external interrupt mode with falling edge trigger detection：下降沿触发的外部中断模式。

3）external interrupt mode with rising/falling edge trigger detection：上升/下降沿触发的外部中断模式。

4）external event mode with rising edge trigger detection：上升沿触发的外部事件模式。

5）external event mode with falling edge trigger detection：下降沿触发的外部事件模式。

6）external event mode with rising/falling edge trigger detection：上升/下降沿触发的外部事件模式。

在本任务中，当按下按键时，微控制器检测到的电平为低电平，因此选择外部中断下降沿触发模式。

在配置完引脚后，需要使能相应的 EXIT 中断线（选中“Enabled”复选框），即将该中断线打开，如图 2.4.4 所示。

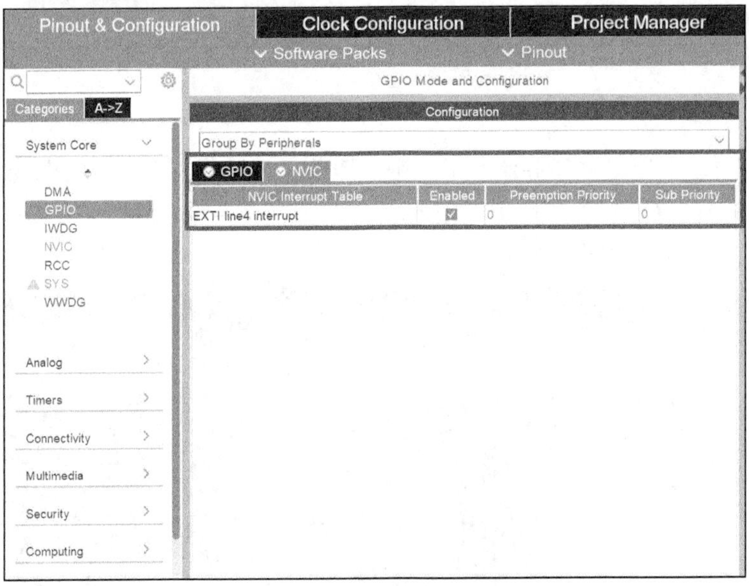

图 2.4.4　中断使能

在使能选项后是抢占优先级与响应优先级选项。本任务中的抢占优先级与响应优先级使用默认值，不另外设置。

提示：在微控制器中，CPU 判断优先级的方法如下。

1）先判断抢占优先级，数字越小，优先级越高。

2）若抢占优先级相同，则判断子优先级；同样，数字越小，优先级越高。

5．编写程序代码

在配置完引脚且使用自动生成代码功能后，可以在 stm32f4xx_it.c 中找到中断执行程序，如图 2.4.5 方框中所示。

一般来说，我们不直接在里面添加代码，而是使用中断回调函数。

提示： 在 STM32CubeIDE 中，想要查找某个函数的具体声明，只需要右击该函数，在弹出的快捷菜单中选择“Open Declaration”选项。

通过打开 HAL_GPIO_EXTI_IRQHandler()中断服务函数的具体声明，即可跳转到 stm32f4xx_hal_gpio.c，并在其中找到相关的中断函数，如图 2.4.6 所示。

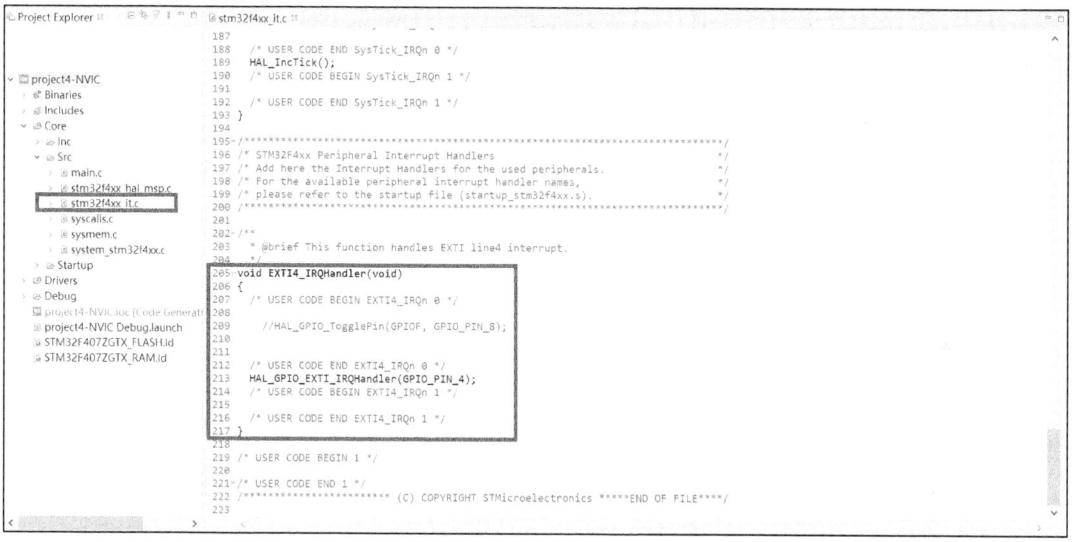

图 2.4.5　中断执行程序示意图

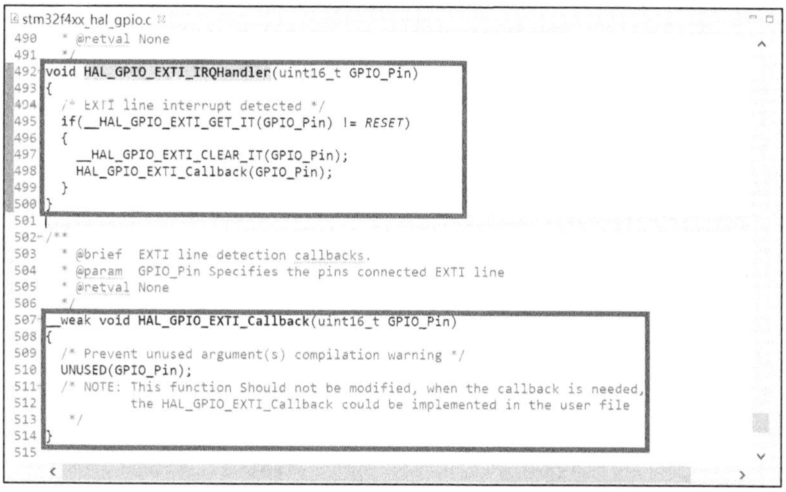

图 2.4.6　中断回调函数示意图

在图 2.4.6 中，HAL_GPIO_EXTI_IRQHandler()函数的主要作用是判断中断线序号，清除中断标志位，然后调用中断回调函数。HAL_GPIO_EXTI_Callback()就是中断回调函数，大家注意在中断回调函数中有这样一句注释：

```
/* NOTE: This function Should not be modified, when the callback is needed,
```

```
the HAL_GPIO_EXTI_Callback could be implemented in the user file
*/
```

这是 HAL 库给出的官方提示，该提示的解释如下：当需要回调时，该函数不应被修改，我们可以在用户文件中重新定义中断回调函数。__weak 是一个弱化标识，带有弱化标识的函数就是一个弱化函数，编译器在编译时会忽略这样一个弱化函数，而去执行其他函数；UNUSED(GPIO_Pin)是一个防止报错的定义，当传进来的 GPIO 端口号没有做任何处理时，编译器也不会报出警告。当同时有多个中断使能时，STM32CubeIDE 会自动地将几个中断的服务函数整合在一起并调用一个回调函数，也就是无论有几个中断，只需要重写一个回调函数并判断传进来的端口号即可。

接下来在 stm32f1xx_it.c 文件或 main.c 文件中添加 HAL_GPIO_EXTI_ Callback()回调函数。回调函数的结构如下。

```
void HAL_GPIO_EXTI_Callback(uint16_t GPIO_Pin)
{
执行代码块
}
```

其中，GPIO_Pin 是指配置为中断模式的 I/O 端口。接着，用户在执行代码块部分编写自己的中断代码即可。

在本任务中，实现中断控制功能的流程基本如下。

1）配置连接按键的微控制器 I/O 端口为中断模式。

2）使能相应的中断线。

3）在 main.c 文件中添加编写的中断回调函数。

4）编译、下载程序。

5）主程序运行，当检测到按键被按下时，执行中断回调函数；未检测到按键被按下时，执行主程序。

6）重复 5)（循环），这样就实现了中断控制效果。

本任务的中断函数代码如下。

```
void HAL_GPIO_EXTI_Callback(uint16_t GPIO_Pin)
{
    switch(GPIO_Pin)
        {
    case GPIO_PIN_4:
        HAL_GPIO_TogglePin(GPIOF, GPIO_PIN_9);
        break;
    default:
        break;
        }
}
```

while 循环中的代码如下。

```
HAL_GPIO_WritePin(GPIOF, GPIO_PIN_10, GPIO_PIN_RESET);
```

这里使用了 C 语言中的 switch 判断语句。switch 常与 case、break、default 一起使用，其功能就是控制流程流转。

switch 语句的典型语法如下。

```
switch ( 变量表达式 )
{
    case 常量 1:语句;break;
    case 常量 2:语句;break;
    case 常量 3:语句;break;
    ...
    case 常量 n:语句;break;

    default:语句;break;
}
```

当变量表达式所表达的量与其中一个 case 语句中的常量相符时，就执行此 case 语句后面的语句，并依次执行后面所有 case 语句中的语句，除非遇到 break，跳出 switch 语句为止。如果变量表达式的量与所有 case 语句的常量都不相符，则执行 default 语句中的语句。

switch 语句在使用中必须要遵循一些规则，包括变量表达式只能是整型类型或枚举类型，这些类型包括 int、char 等。对于其他类型，则必须使用 if 语句；switch()的参数类型不能为实型；case 中的常量必须与变量表达式具有相同的数据类型；case 常量必须是唯一性的表达式，也就是说，不允许两个 case 具有相同的值。

6．下载及运行程序

代码编写完成后经过编译、下载到微控制器中，加电运行后可成功实现任务要求的中断控制实验。

任务评价

任务评价表如表 2.4.4 所示。

表 2.4.4 任务评价表

评价内容	分值	自评评分	小组互评评分	老师评分
硬件准备及连线	20			
工程文件建立及软件配置	20			
编写外部中断程序代码	20			
下载及运行程序，使用按键控制 LED 灯亮灭	40			
总分	100			

任务拓展

1）使用 2 个按键与 2 个 LED 灯，当按下按键 1 时，进入按键 1 的中断回调函数，LED1

亮；当按下按键 2 时，进入按键 2 的中断回调函数，LED2 亮。

2）使用 2 个按键与 2 个 LED 灯，当按下按键 1 时，进入按键 1 的中断回调函数，LED1 亮，此时再按下按键 2，LED2 不亮；当按下按键 2 时，进入按键 2 的中断回调函数，LED2 亮，此时再按下按键 1，LED1 亮。

任务 2.5 定时器控制 LED 灯定时闪烁

任务目标

1）了解定时器的基本工作原理及应用。
2）掌握开发环境中的定时器配置。
3）编写定时器程序代码，控制 LED 灯定时闪烁。

知识准备

知识 定时器

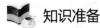

定时器是一种用于定时、计数的器件，是微控制器中一个较为基本的外设，可以提供定时、计数、脉冲宽度调制、输入捕获和输出比较等多种应用。定时器可以根据功能的不同，分为通用定时器、基本定时器和高级定时器。STM32F4 系列微控制器包含 14 个定时器，其中有 2 个高级定时器、10 个通用定时器和 2 个基本定时器。各个定时器的区别如表 2.5.1 所示。

表 2.5.1 定时器区别

定时器种类	位数	计数器模式	产生 DMA 请求	捕获/比较通道	互补输出	特殊应用场景
高级定时器（TIM1、TIM8）	16	向上，向下，向上/下	可以	4	有	带可编程死区的互补输出
通用定时器（TIM2、TIM5）	32	向上，向下，向上/下	可以	4	无	通用。定时计数，PWM 输出，输入捕获，输出比较
通用定时器（TIM3、TIM4）	16	向上，向下，向上/下	可以	4	无	通用。定时计数，PWM 输出，输入捕获，输出比较
通用定时器（TIM9～TIM14）	16	向上	没有	2	无	通用。定时计数，PWM 输出，输入捕获，输出比较
基本定时器（TIM6、TIM7）	16	向上，向下，向上/下	可以	0	无	主要应用于驱动 DAC

注：DMA——direct memory access，直接存储器访问。
PWM——pulse width modulation，脉冲宽度调制。

在各个定时器中，通用定时器相对来说数量较多，使用范围较广，因此本任务以通用定时器 TIM2～TIM5 为例，详细解释其工作原理。

1．TIM2～TIM5 简介

通用定时器包含一个 16 位或 32 位自动重载计数器，该计数器由可编程预分频器驱动。它们可用于多种用途，包括测量输入信号的脉冲宽度（输入捕获）或生成输出波形（输出比较和 PWM）。使用定时器预分频器和 RCC（reset and clock control，复位与时钟控制）预分频器，可将脉冲宽度和波形周期从几微秒调制到几毫秒。

这些定时器彼此完全独立，不共享任何资源。

2．TIM2～TIM5 主要特性

通用 TIM*x* 定时器具有以下特性。

1）通用定时器包含一个 16 位（TIM3 和 TIM4）或 32 位（TIM2 和 TIM5）递增、递减和递增/递减自动重载计数器。

2）16 位可编程预分频器，用于对计数器时钟频率进行分频（即运行时修改），分频系数介于 1～65536。

3）多达 4 个独立通道，可用于以下情况。

① 输入捕获。

② 输出比较。

③ PWM 生成（边沿和中心对齐模式）。

④ 单脉冲模式输出。

4）使用外部信号控制定时器且可实现多个定时器互连的同步电路。

5）发生如下事件时，生成中断/DMA 请求。

① 更新：计数器上溢/下溢、计数器初始化（通过软件或内部/外部触发）。

② 触发事件（计数器启动、停止、初始化或通过内部/外部触发计数）。

③ 输入捕获。

④ 输出比较。

6）支持定位用增量（正交）编码器和霍尔传感器电路。

7）外部时钟触发输入或逐周期电流管理。

3．TIM2～TIM5 功能说明

（1）时基单元

可编程定时器的主要模块由一个 16 位/32 位定时器及其相关的自动重装寄存器组成，该定时器可采用递增方式计数。定时器的时钟可通过预分频器进行分频。定时器、自动重载寄存器和预分频器寄存器可通过软件进行读写。即使在定时器运行时，也可执行读写操作。

时基单元包括以下内容。

1）定时器寄存器（TIMx_CNT）。有递增计数、递减计数、中心对齐计数 3 种模式。计数器是由预分频器的时钟 CK_CNT 驱动的，需要使能才有效，使能后的一个时钟周期生效（在设置预装载值时，数值需要减 1）。

2）预分频器寄存器（TIMx_PSC）。预分频器可对定时器时钟频率进行分频，分频系数介于 1～65536。

3）自动重载寄存器（TIMx_ARR）。自动重载寄存器是预装载的。对自动重载寄存器执行写入或读取操作时会访问预装载寄存器。预装载寄存器的内容既可以直接传送到影子寄存器，也可以在每次发生更新事件（UEV）时传送到影子寄存器，这取决于 TIMx_CR1 寄存器中的自动重载预装载使能位（ARPE）。当定时器达到上溢值（或者在递减计数时达到下溢值）并且 TIMx_CR1 寄存器中的 UDIS 位为 0 时，将发送更新事件。该更新事件也可由软件产生。

（2）定时器模式

通用定时器有递增计数、递减计数和中心对齐（递增/递减计数）3 种模式（图 2.5.1）。

1）递增计数模式：在递增计数模式下，定时器从 0 计数到自动重载值（TIMx_ARR 寄存器的内容），然后重新从 0 开始计数并生成定时器上溢事件。

2）递减计数模式：在递减计数模式下，定时器从自动重载值（TIMx_ARR 寄存器的内容）开始递减计数到 0，然后重新从自动重载值开始计数并生成定时器下溢事件。

3）中心对齐模式（递增/递减计数）：在中心对齐模式下，定时器从 0 开始计数到自动重载值（TIMx_ARR 寄存器的内容）-1，生成定时器上溢事件；然后从自动重载值开始向下计数到 1 并生成定时器下溢事件。之后从 0 开始重新计数。

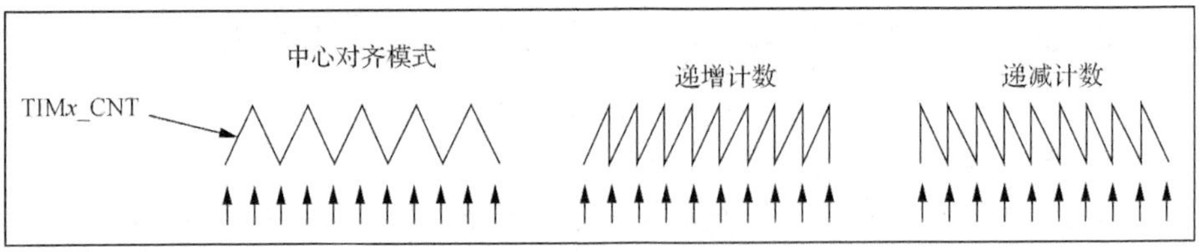

图 2.5.1　3 种计数模式示意图

通用定时器能够正常工作首先要有一个时钟，从图 2.5.2 中可以看到时钟的来源有 4 个部分。

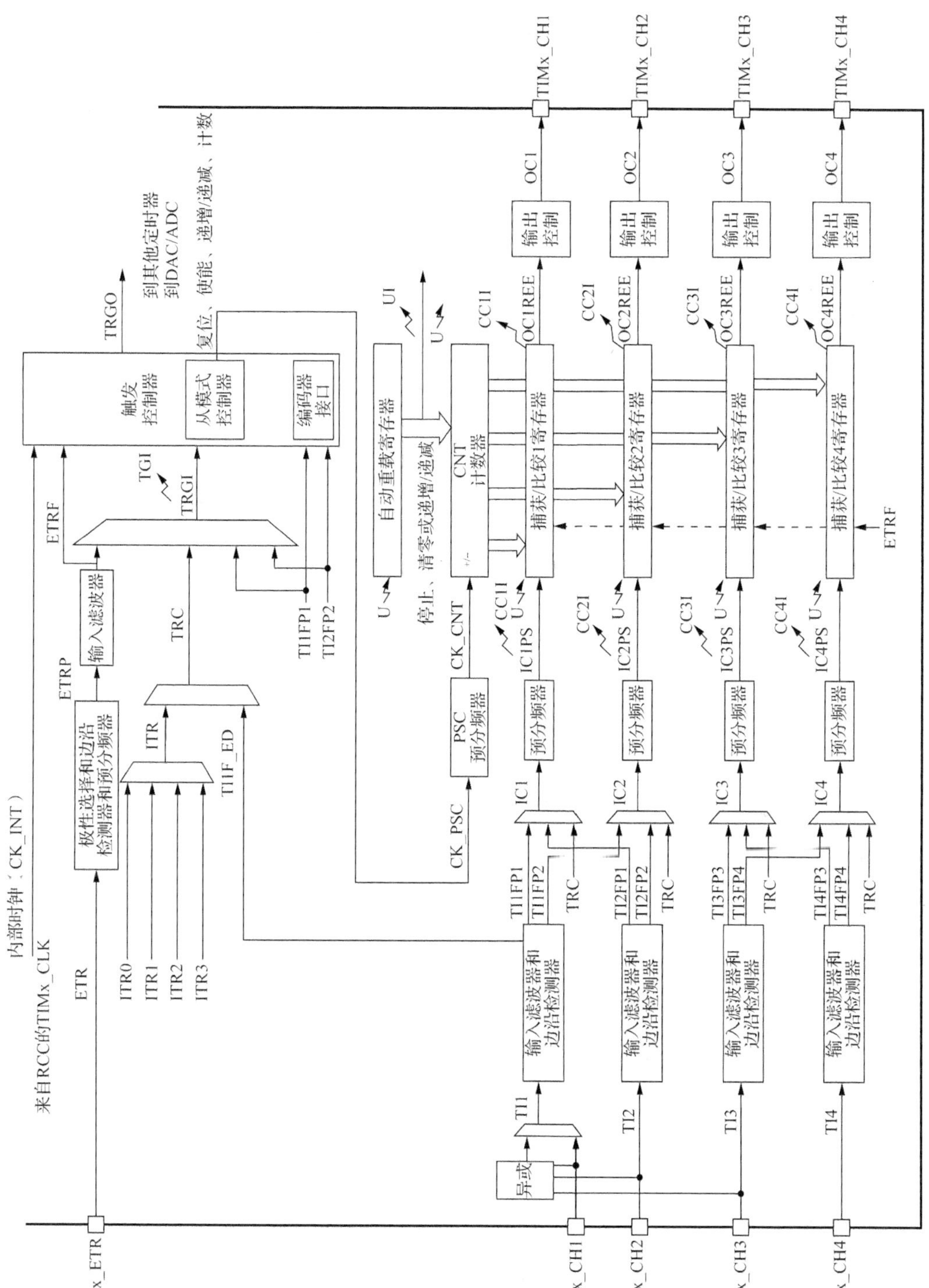

图 2.5.2　通用定时器框图

1）第一部分是来自 RCC 的内部时钟（CK_INT）。

2）第二部分是来自 TIMx_ETR 的外部触发输入。

3）第三部分来自内部触发输入（ITRx），使用一个定时器作为另一个定时器的预分频器。

4）第四部分来自外部输入脚，TIMx_CH1 与 TIMx_CH2 产生的 TI1FP1、TI2FP2。

有了时钟后，时钟会通过 PSC 预分频器产生一个 CK_CNT 时钟。

任务实施

1. 任务分析

本任务要求使用通用定时器实现 LED 灯定时闪烁的效果。因此需要配置时钟。

2. 任务准备

计算机（Windows 7 及以上操作系统）1 台、微控制器核心板 1 块、LED 灯 1 只、ST-Link 仿真器 1 个、杜邦线若干。

3. 硬件连接

本任务接线方法如表 2.5.2 所示。

表 2.5.2　本任务接线方法

微控制器核心板	外设
+3.3V 电源	LED 正极
PF9	LED 负极

4. 软件配置

首先新建项目工程，由于本节未使用 I/O 端口，因此不需要对 I/O 端口进行配置，接下来在如图 2.5.3 所示的位置选择 RCC 来进行配置。

图 2.5.3　RCC 位置示意图

RCC 的具体配置界面如图 2.5.4 所示。

1）high speed clock（HSE）：高速外部时钟。

2）low speed clock（LSE）：低速外部时钟。

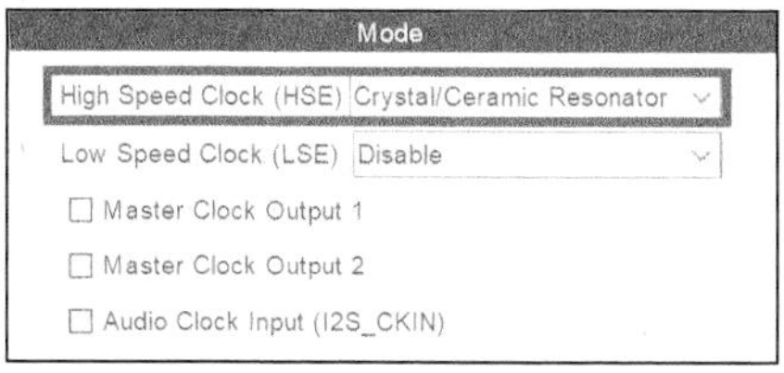

图 2.5.4　RCC 模式选择

外部时钟配置的可选类型有 Disable、BYPASS Clock Source（旁路时钟源）、Crystal/Ceramic Resonator（石英/陶瓷晶振）3 种类型。其中 Disable 表示关闭；BYPASS Clock Source 表示使用外部时钟源；Crystal/Ceramic Resonator 表示使用外部晶振。

在本任务中，使用外部晶振，因此选择高速外部时钟（HSE）选项中的 Crystal/Ceramic Resonator。

确定好时钟的来源后，需要配置芯片内部的多个时钟线，进入 Clock Configuration 界面，可以根据时钟树直观地配置时钟，如图 2.5.5 所示。

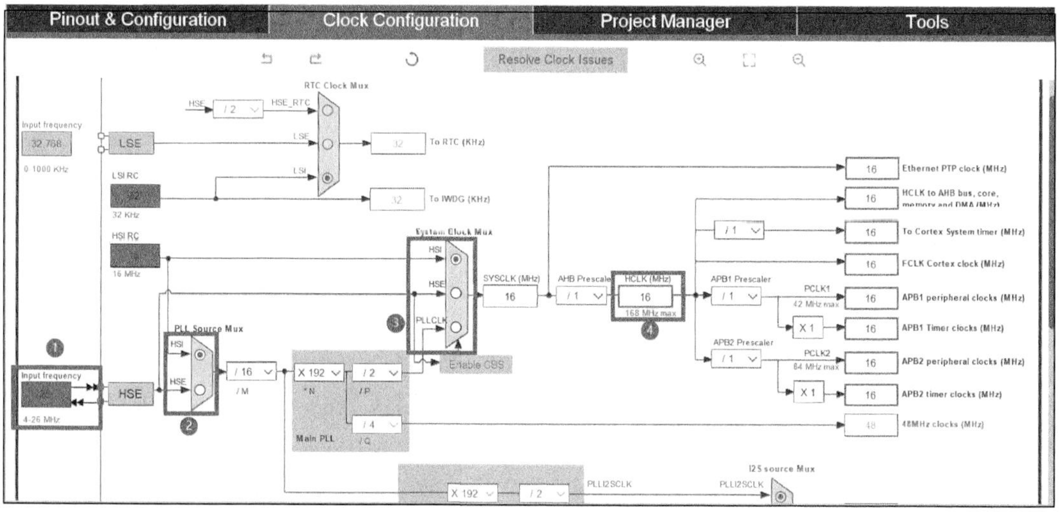

图 2.5.5　时钟树配置示意图

此时的时钟树还是在系统的默认状态，即系统此时选择的是 HSI 作为时钟来源。从图 2.5.5 第 3 个方框中可以看到，系统时钟 SYSCLK 可来源于 3 个时钟源。

1）HSI：高速内部时钟，RC 振荡器，频率为 16MHz，精度不高。

2）HSE：高速外部时钟，可接石英/陶瓷谐振器，或者接外部时钟源，频率范围为 4～26MHz。谐振器和负载电容必须尽可能地靠近振荡器的引脚，以尽量减小输出失真和起振稳定时间。负载电容值必须根据所选振荡器的不同做适当调整。

3）PLLCLK 时钟：PLL 为锁相环倍频输出。STM32F4 系列微控制器有两个 PLL。

① 主 PLL（PLL）由 HSE 或 HSI 提供时钟信号，并具有两个不同的输出时钟。

- 第一个输出 PLLP 用于生成高速的系统时钟（最高 168MHz）。
- 第二个输出 PLLQ 用于生成 USB OTG FS 的时钟（48MHz），随机数发生器的时钟和 SDIO 时钟。

② 专用 PLL（PLLI2S）用于生成精确时钟，从而在 I2S 接口实现高品质音频性能。

LSE 时钟：LSE 的晶振是 32.768 kHz 低速外部（LSE）晶振或陶瓷谐振器，可作为实时时钟外设（RTC）的时钟源来提供时钟/日历或其他定时功能，具有功耗低且精度高的优点。

在 STM32F4 系列微控制器中共有 5 个时钟源，除上述讲到的 HSI、HSE、PLL、LSE 外，还有 LSI。LSI 表示低速内部时钟，RC 振荡器，频率为 32kHz，提供低功耗时钟。主要供独立“看门狗”（IWDG）和自动唤醒单元使用。如果独立“看门狗”已通过硬件选项字节或软件设置的方式启动，那么 LSI 振荡器将强制打开且不可禁止。在 LSI 振荡器稳定后，时钟将提供给 IWDG。

在系统复位后，默认系统时钟为 HSI。在直接使用 HSI 或通过 PLL 使用时钟源来作为系统时钟时，该时钟源无法停止。只有在目标时钟源已就绪时（时钟在启动延迟或 PLL 锁相后稳定时），才可从一个时钟源切换到另一个。如果选择尚未就绪的时钟源，则切换在该时钟源就绪时才会进行。

对于微控制器中的每个时钟源来说，在未被使用时，都可单独打开或关闭，以降低功耗。在 STM32F4 系列微控制器中共有两个微控制器时钟输出（MCO）引脚，该引脚可为其他微控制器提供时钟源，从而节约成本，改善电磁干扰（electromagnetic interference，EMI）。

1）MCO1。用户可通过可配置的预分配器（1～5）向 MCO1 引脚（PA8）输出 4 个不同的时钟源。

① HSI 时钟。

② LSE 时钟。

③ HSE 时钟。

④ PLL 时钟。

所需的时钟源通过 RCC 时钟配置寄存器（RCC_CFGR）中的 MCO1PRE[2:0]和 MCO1[1:0]位选择。

2）MCO2。用户可通过可配置的预分配器（1～5）向 MCO2 引脚（PC9）输出 4 个不同的时钟源。

① HSE 时钟。

② PLL 时钟。

③ 系统时钟（SYSCLK）。

④ PLLI2S 时钟。

所需的时钟源通过 RCC 时钟配置寄存器（RCC_CFGR）中的 MCO2PRE[2:0]和 MCO2 位选择。

对于不同的 MCO 引脚，必须将相应的 GPIO 端口在复用功能模式下进行设置。

MCO 输出时钟不得超过 100MHz（最大 I/O 速度）。

接下来开始配置时钟。我们采用的是外部晶振，本任务中使用的是 8MHz 的晶振，因此要在图 2.5.5 中的方框①处，将数字改为“8”。在方框②处，选择“HSE”，右方“/M”设置为 4 分频，“*N”设置为“×168”。在方框③处，System Clock Mux 时钟来源选择“PLLCLK”。在方框④处，AHB 分频器设置 1 分频（不分频），得到 168MHz 的主频时钟，HCLK 为 168MHz。

在 STM32F4 系列微控制器中，不同的定时器挂载在不同的时钟线上。

1）APB1 时钟线上有通用定时器 TIM2～TIM5、通用定时器 TIM12～TIM14 及基本定时器 TIM6、TIM7。除此以外，挂载在该时钟线上的设备还有电源接口、备份接口、CAN、USB、IIC1、IIC2、UART2、UART3、SPI2 等。

2）APB2 时钟线上有高级定时器 TIM1、TIM8 及通用定时器 TIM9～TIM11。除此以外，还有 UART1、SPI1、ADC1、ADC2、GPIO*x*(PA～PE)等。

本任务中，使用的通用定时器 TIM4 挂载在时钟线 APB1 上，根据刚才对时钟的配置可以知道时钟线 APB1 的频率为 84MHz，如图 2.5.6 所示。

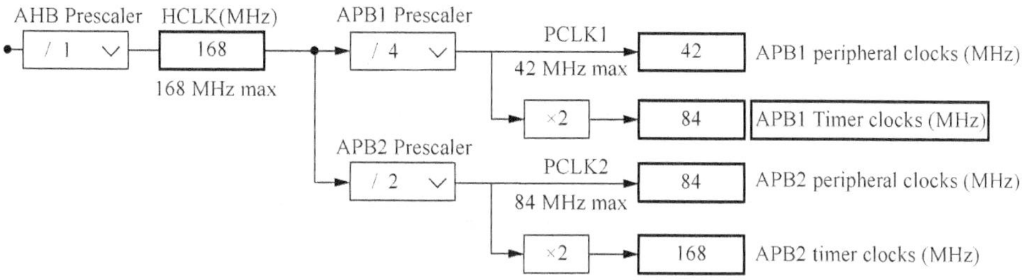

图 2.5.6　APB1 时钟频率示意图

设置好时钟后开始设置定时器，在如图 2.5.7 所示的方框处选择相应的定时器。

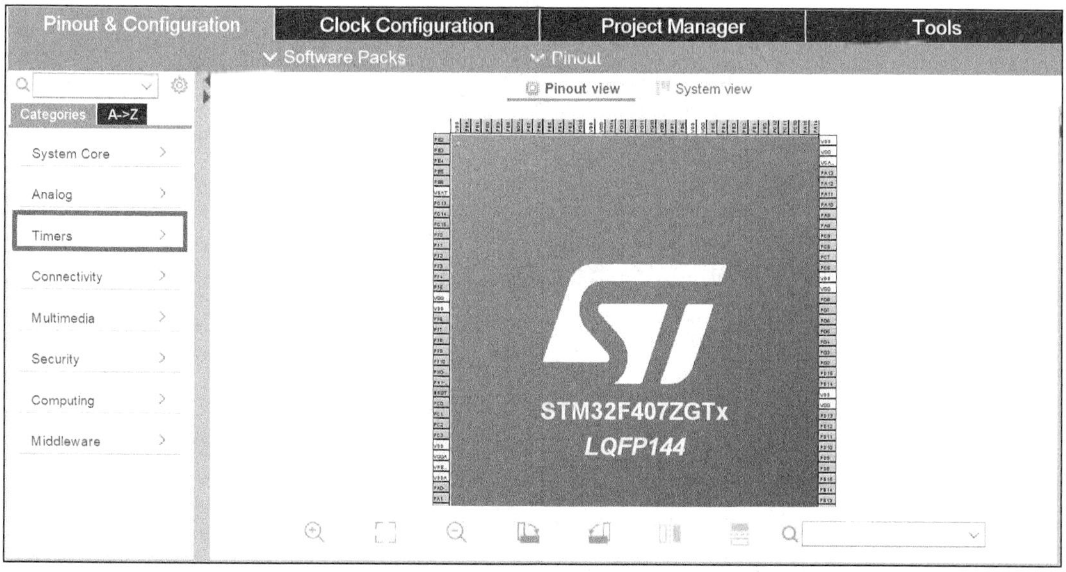

图 2.5.7　定时器位置示意图

此处选择 TIM4 来进行演示。

在定时器模式界面，我们仅在如图 2.5.8 所示方框处进行选择，单击“Clock Source”

下拉按钮，在弹出的下拉列表中选择“Internal Clock”选项。

然后在配置界面进行参数设置，如图 2.5.9 所示。

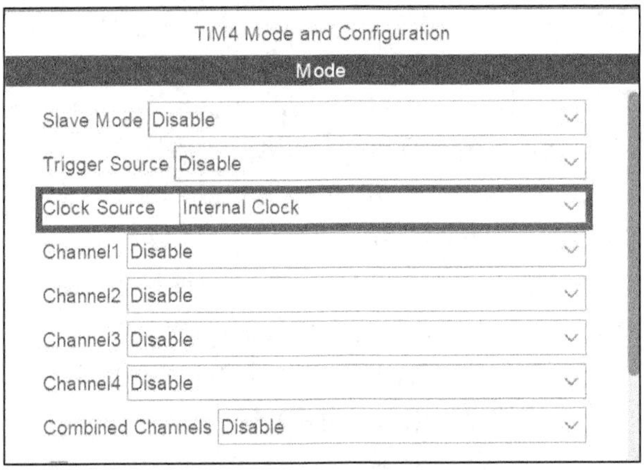

图 2.5.8　定时器时钟源选择示意图

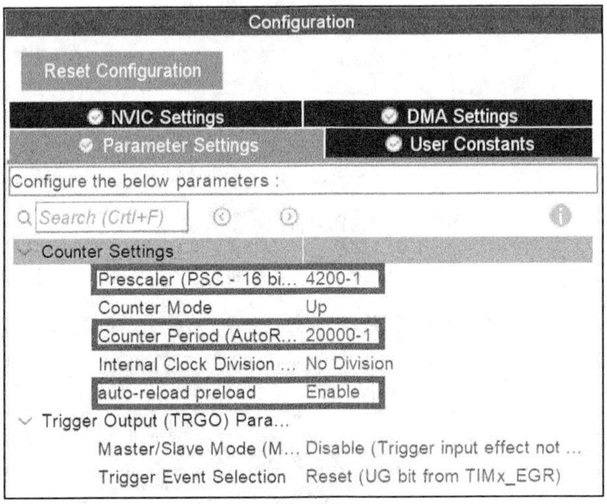

图 2.5.9　定时器配置示意图

为什么要设置如图 2.5.9 所示的数字呢？因为根据任务要求，LED 灯要实现定时 1s 闪烁，所以通过中断溢出公式：

$$T_{out} = [(ARR+1)(PSC+1)]/T_{clk} \tag{2.5.1}$$

得到较为合理的设置数值。式中，T_{out} 表示中断溢出时间，这里为 1s；ARR 表示 Counter Period 的设置数值；PSC 表示 Prescaler 的设置数值；T_{clk} 表示定时器挂载的时钟线的频率，这里为 84MHz。

“auto-reload preload”配置为“Enable”（使能）状态，以使定时器不停产生 500ms 的定时器中断，其他参数保持默认设置即可。

由于使用到了中断，还需要使能相应的中断，如图 2.5.10 所示。

在本任务中，还使用到了 LED 灯，LED 灯的配置可以参照前面的项目任务，此处不再赘述。配置完成后使用自动代码生成功能。

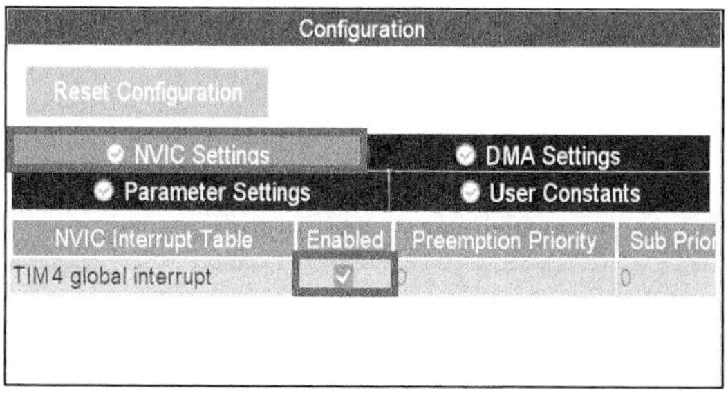

图 2.5.10　打开中断示意图

5．编写定时器程序代码

在本任务中，使用定时器中断的基本步骤如下。

1）配置时钟线，使能定时器时钟，配置 NVIC。

2）在程序中打开定时器。

3）编写定时器中断服务函数。

4）运行 while 循环。

步骤 1）在上一步已操作完成，因此接下来要完成步骤 2）～4），即对应的代码编写。

首先需要在编写定时器启动代码程序中打开定时器，使用到了如下库函数：

```
HAL_TIM_Base_Start_IT(&htim4);
```

该函数的作用仅仅是打开定时器，但不会进入定时器中断。

下面编写定时器中断函数。首先打开 stm32f4xx_it.c 文件，在其中找到相应的中断服务函数，根据任务分析，本任务使用的是 TIM4，因此中断服务函数如下：

```
void TIM4_IRQHandler(void)
```

找到函数后即可在该函数中编写代码。本任务代码如下。

```
void TIM4_IRQHandler(void)
{
  /* USER CODE BEGIN TIM4_IRQn 0 */
  HAL_GPIO_TogglePin(GPIOF,GPIO_PIN_9);
  /* USER CODE END TIM4_IRQn 0 */
  HAL_TIM_IRQHandler(&htim4);
  /* USER CODE BEGIN TIM4_IRQn 1 */
  /* USER CODE END TIM4_IRQn 1 */
}
```

提示：也可找到相应的中断回调函数原型重新编写代码。

6．下载及运行程序

代码编写完成后，需要进行编译与下载，若程序代码无报错情况，微控制器加电运行后即可实现定时器中断效果。

任务评价

任务评价表如表 2.5.3 所示。

表 2.5.3　任务评价表

评价内容	分值	自评评分	小组互评评分	老师评分
硬件准备及连线	20			
工程文件建立及软件配置	20			
编写定时器程序代码	20			
下载及运行程序，使用定时器控制 LED 灯定时闪烁	40			
总分	100			

任务拓展

当设置定时器中断时间为 500ms 时，计算相应参数。

任务 2.6　定时器 PWM 控制 LED 灯自动调光

任务目标

1）了解定时器中的 PWM 基础知识。

2）掌握开发环境中的 PWM 配置。

3）使用定时器 PWM 控制 LED 灯自动调光。

知识准备

知识　PWM

PWM 是一种模拟控制方式，根据相应载荷的变化来调制晶体管基极或 MOS 管栅极的偏置，来实现晶体管或 MOS 管导通时间的改变，从而实现开关稳压电源输出的改变。这种方式能使电源的输出电压在工作条件变化时保持恒定，是利用微处理器的数字信号对模拟电路进行控制的一种非常有效的技术，广泛应用在测量、通信，以及功率控制与变换的许多领域中。

PWM 的基本原理如下：控制方式就是对逆变电路开关器件的通断进行控制，使输出端得到一系列幅值相等但宽度不一致的脉冲，用这些脉冲来代替正弦波或所需要的波形。也就是在输出波形的半个周期中产生多个脉冲，使各脉冲的等值电压为正弦波形，所获得的波形输出平滑且低次谐波少。按一定的规则对各脉冲的宽度进行调制，既可改变逆变电路输出电压的大小，也可改变输出频率。

STM32F4 系列微控制器中除了基本定时器 TIM6 和 TIM7。其他的定时器都可以用来产生 PWM 输出。其中高级定时器 TIM1 和 TIM8 可以同时产生 7 路的 PWM 输出。通用定时器也能同时产生 4 路 PWM 输出，这样，微控制器最多可以同时产生 30 路 PWM 输出。

PWM 有以下两种工作模式。

1）PWM 模式 1（递增计数）：计数器从 0 计数加到自动重装载值（TIM*x*_ARR），然后重新从 0 开始计数，并且产生一个计数器溢出事件。

2）PWM 模式 2（递减计数）：计数器从自动重装载值（TIM*x*_ARR）减到 0，然后重新从重装载值（TIM*x*_ARR）开始递减，并且产生一个计数器溢出事件。

图 2.6.1 所示为一个简单的 PWM 原理示意图。在图 2.6.1 中，我们假定定时器工作在递增计数 PWM 模式，当 CNT 值小于 CCR*x* 时（CNT 为锯齿形线段），即在 0～t_1 范围内，I/O 端口输出低电平“0”；当 CNT 值大于等于 CCR*x* 时，即在 t_1～t_2 范围内，I/O 端口输出高电平“1”；当 CNT 达到 ARR 值时，重新归零，然后重新向上计数，依次循环。改变 CCR*x* 的值，就可以改变 PWM 输出的占空比及 ARR 的值，也可以改变 PWM 输出的频率，这就是 PWM 输出的原理。

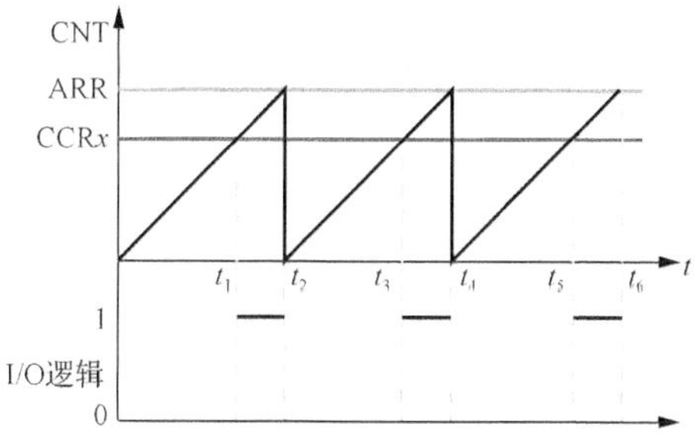

图 2.6.1　PWM 原理示意图

视频：定时器 PWM 输出介绍

在寄存器中，PWM 的工作过程如图 2.6.2 所示。

以图 2.6.2 中通道一为例，说明 PWM 的工作过程。在图 2.6.2 中，TIM*x*_CCMR1 寄存器的作用为设置输出模式控制器，OC1M[2:0]位共有两种模式，分别是“110”（PWM 模式 1）与“111”（PWM 模式 2）。PWM 模式 1 在递增计数模式下，只要 TIM*x*_CNT< TIM*x*_CCR1，通道 1 便为有效状态，否则为无效状态；在递减计数模式下，只要 TIM*x*_CNT> TIM*x*_CCR1，通道 1 便为无效状态（OC1REF=“0”），否则为有效状态（OC1REF=“1”）。PWM 模式 2 在递增计数模式下，只要 TIM*x*_CNT<TIM*x*_CCR1，通道 1 便为无效状态，否则为有效状态；在递减计数模式下，只要 TIM*x*_CNT>TIM*x*_CCR1，通道 1 便为有效状态，否则为无效状态。TIM*x*_CCER 寄存器的 CC1P 位为设置输入/捕获通道的输出极性，“0”为高电平有效，“1”为低电平有效；TIM*x*_CCER:CC1E 位控制输出使能电路，信号由此输出到对应引脚，“0”为关闭使能，“1”为开启使能。

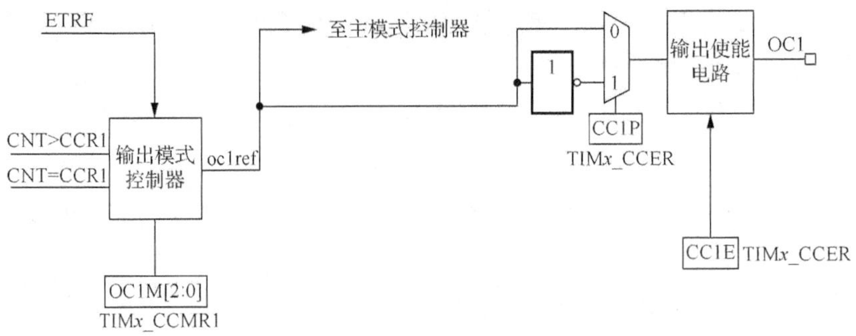

图 2.6.2　PWM 的工作过程

任务实施

1．任务分析

本任务要求实现 LED 灯的自动调光。在本任务中使用到了 LED 灯，因此需要对与 LED 灯相连接的微控制器端口进行配置。其次自动调光使用了定时器的 PWM 功能，需要在软件中对 RCC 时钟进行配置。

2．任务准备

计算机（Windows 7 及以上操作系统）1 台、微控制器核心板 1 块、LED 灯 1 只、ST-Link 仿真器 1 个、杜邦线若干。

3．硬件连接

本任务接线方法如表 2.6.1 所示。

表 2.6.1　本任务接线方法

微控制器核心板	外设
+3.3V 电源	LED 正极
PF9	LED 负极

4．软件配置

新建工程后，首先根据使用的微控制器配置 RCC 时钟，然后在如图 2.6.3 所示的方框①中选择相应的定时器，接着在方框②中选择通道及模式。

微控制器中每个定时器的通道数、作用不完全一样。大部分定时器的通道可用于以下模式。

1）Input Capture direct mode：输入捕获直接模式。

2）Output Compare No Output：输出比较无输出。

3）Output Compare CH1：输出比较 CH1。

4）PWM Generation No Output：PWM 生成无输出。

5）PWM Generation CH1：PWM 生成 CH1。

6）Forced Output CH1：强制输出 CH1。

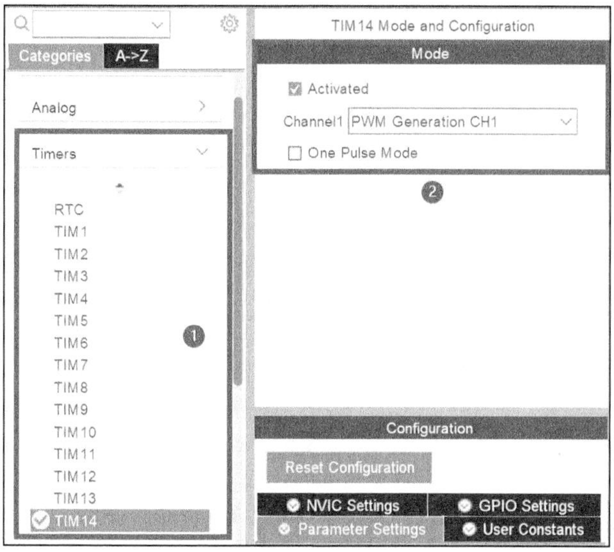

图 2.6.3　PWM 配置示意图

PWM 频率的计算公式如下。

$$PWM_f = \frac{TIM_f}{(PSC+1)(ARR+1)} \tag{2.6.1}$$

式中，PWM_f 表示 PWM 的频率；TIM_f 表示 TIM 的频率；PSC 表示 Prescaler 的设置数值；ARR 表示 Counter Period 的设置数值。

根据式（2.6.1）可以设置相关参数，得到 PWM 的频率。然后，就可以在如图 2.6.4 所示的界面配置 PWM 参数。

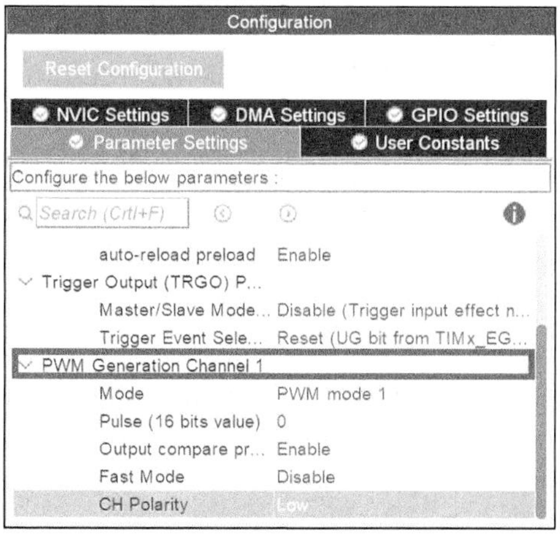

图 2.6.4　PWM 配置示意图

counter settings（计数器设置）可以参考其他任务中的相关内容。在图 2.6.4 中，方框下方为需要配置的内容，具体如下。

1）Mode：有 PWM mode 1 与 PWM mode 2，这里选择 PWM mode 1。

2）Pulse（占空比值）：保持默认。

3）Fast Mode：PWM 脉冲快速模式，保持默认。

4）CH Polarity：PWM 极性，因为本任务中 LED 是低电平点亮，所以这里把极性设置为 low。

RCC 时钟配置完成后需对微控制器的 PF9 引脚进行配置。

配置完成后即可使用自动代码生成功能。

5．编写 PWM 程序代码

首先要在主函数 main()中打开定时器的 PWM 通道，在 HAL 库中对应的代码为

```
HAL_TIM_PWM_Start(htim, Channel)
```

函数中的 htim 为设置相应的定时器；Channel 为设置定时器通道。根据任务分析，本任务使用的是 TIM14，因此本任务中的函数为

```
HAL_TIM_PWM_Start(&htim14, TIM_CHANNEL_1);
```

本任务中的主函数代码如下。

```
int main(void)
{
  uint16_t pwm_Val = 0;     //定义变量存储占空比的值
  uint8_t dir = 1;          //定义 LED 灯自动调光。1 为由暗到亮;0 为由亮到暗
  HAL_Init();
  SystemClock_Config();
  MX_GPIO_Init();
  MX_TIM14_Init();
  HAL_TIM_PWM_Start(&htim14, TIM_CHANNEL_1);          //打开定时器通道
  while(1)
  {
      HAL_Delay(10);
      if(dir)
          pwm_Val++;
      else
          pwm_Val--;
      if(pwm_Val > 300)
    //300 为自行设置的占空比的值,一个周期的值为配置时的 ARR 值
    //占空比 Pulse=300/ARR
          dir = 0;
      if(pwm_Val == 0)
          dir = 1;
      TIM14->CCR1 = pwm_Val;                    //更改 CCR1 的值来改变 PWM 的占空比
```

```
    }
}
```

提示：TIM14->CCR1 = pwm_Val 语句也可以用以下 HAL 库函数等效代替。

```
__HAL_TIM_SET_COMPARE(_HANDLE_,_CHANNEL_,_COMPARE_);
```

_HANDLE_为定时器序号，_CHANNEL_为通道号，_COMPARE_为占空比的值。那么本任务代码为

```
__HAL_TIM_SET_COMPARE(&htim14, TIM_CHANNEL_1, pwm_Val);
```

6．下载及运行程序

代码编写完成后，需要进行编译与下载，若程序代码无报错情况，微控制器加电运行后即可实现 LED 灯自动调光效果。

任务评价

任务评价表如表 2.6.2 所示。

表 2.6.2　任务评价表

评价内容	分值	自评评分	小组互评评分	老师评分
硬件准备及连线	20			
工程文件建立及软件配置	20			
编写 PWM 程序代码	20			
下载及运行程序，使用 PWM 控制 LED 灯自动调光	40			
总分	100			

任务拓展

如何使用按键控制 LED 亮度的增减？

项目3 数据通信与显示

>>>>

◎ 项目导读

能够接收并理解用户发出的指令是嵌入式设备正常工作的前提。用户与设备之间需要进行通信才能实现数据的交换。为便于用户了解数据的通信情况，一般通过显示设备对数据进行展示。

◎ 学习目标

通过对本项目的学习，要求达成以下学习目标。

知识目标	能力目标	思政要素和职业素养目标
1．理解串行通信、并行通信的工作原理及使用。 2．掌握微控制器定时器输入捕获的基本原理及功能	能合作完成使用串行接口与上位机通信、驱动液晶显示屏显示字符、读取传感器数据等任务	1．培养踏实认真、不怕失败、勇于探索的科学精神 2．勇于进行创新设计，提升创新能力。
对接 1+X 证书《传感网应用开发职业技能等级标准》（中级）——“有线组网通信”工作领域		

任务 3.1

微控制器与 PC 通过串口通信

任务目标

1）了解微控制器串口的基础知识。

2）掌握开发环境中的串口配置。

3）实现微控制器与 PC 通过串口进行通信。

知识准备

知识 3.1.1　串行通信

串行接口（serial interface）简称串口，也称串行通信接口（通常指 COM 接口），是采用串行通信方式的扩展接口。串口作为微控制器的重要外部接口，同时也是软件开发的重要调试手段，其重要性不言而喻。现在，所有的微控制器都会带有串口。

一般情况下，设备之间的通信方式可以分成并行通信和串行通信两种。并行通信即并行数据传输，是以计算机的字长，通常是以 8 位、16 位或 32 位为传输单位，一次传送一个字长的数据。它适合于外设与 CPU 之间的近距离信息交换。在相同频率下，并口传输的效率是串口的几倍。串行通信即串行数据传输，是指使用一条数据线，将数据一位一位地依次传输，每一位数据占据一个固定的时间长度。只需要一对传输线就可以实现双向通信，从而大大降低了成本，特别适用于计算机与计算机、计算机与外设之间的远距离通信。它们的区别如表 3.1.1 所示。

表 3.1.1　并行通信与串行通信的对比

项目	并行通信	串行通信
传输原理	数据各个位同时传输	数据按位顺序传输
优点	速度快	占用引脚资源少
缺点	占用引脚资源多	速度相对较慢

串行通信的分类如下。

（1）按照数据传送方向划分

1）单工：只支持数据在一个方向上传输，如图 3.1.1（a）所示。

2）半双工：允许数据进行双向传输。但是在某一时刻，只允许数据在单方向上传输，不能同时传输，这实际上是一种切换方向的单工通信。它不需要独立的接收端和发送端，两个端口可以合并为一个端口使用，如图 3.1.1（b）所示。

3）全双工：允许数据同时在两个方向上传输。因此，全双工通信是两个单工通信方式的结合，需要有各自独立的接收端和发送端，如图 3.1.1（c）所示。

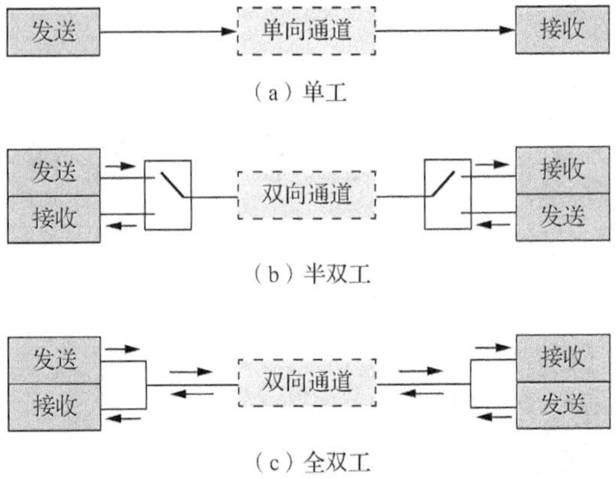

图 3.1.1　串行通信分类

（2）按照通信方式划分

1）同步通信：带时钟同步信号传输，如 SPI、IIC 通信接口。

2）异步通信：不带时钟同步信号，如 UART、单总线。

在同步通信中，接收、发送设备双方会使用一根信号线进行信号传输。发送端在发送串行数据的同时会提供一个时钟信号，并按照一定的约定（如统一规定在时钟信号的上升沿或下降沿将数据发送出去）。接收端会根据发送端提供的时钟信号及约定来接收数据。

同步通信把许多字符组成一个数据组，或称为数据帧，每帧的开始用同步字符来指示。同步通信要求在传输线路上始终保持连续的字符位流，若计算机没有数据传输，则线路上要用专用的“空闲”字符或同步字符填充。同步通信传送信息的位数几乎不受限制，通常一次通信传输的数据有几十到几千字节，通信效率较高。但是，它要求在通信中保持精确的同步时钟，所以其发送器和接收器比较复杂，成本也较高，一般用于对速度要求高的传输，当然这种通信对时序的要求也更高。

同步通信一般有以下几种数据格式。

1）单同步字符格式，传送一帧数据仅使用一个同步字符。当接收端收到并识别出一个完整的同步字符后，就连续接收数据。一帧数据结束，进行 CRC 校验，如同步字符，数据 CRC1、CRC2。

2）双同步字符格式，这是利用两个同步字符进行同步，如同步字符 1、同步字符 2，数据 CRC1、CRC2。

3）同步数据链路控制规程所规定的数据格式，如标识符 01111110，地址符 8 位，数据 CRC1、CRC2。

异步通信中不使用时钟信号进行数据同步，是直接在数据信号中加入用于同步的信号位（如起始位与停止位），或者将主题数据进行打包，以数据帧的格式传输数据。通信中还需要双方约定好数据的传输速率（也就是波特率）等，以便更好地同步。常用的波特率包括 4800bit/s、9600bit/s、115200bit/s 等。

在同步通信中，数据信号所传输的内容绝大部分是有效数据，而异步通信中则会包含数据帧的各种标识符，所以同步通信效率高，但是同步通信双方的时钟允许误差小，时钟稍有出错就可能导致数据错乱，异步通信双方的时钟允许误差较大。

这里举一个例子，相信大家能更好地理解同步通信与异步通信。假设，快递员打电话给你说快递即将派送，过了一会儿你俩同时到达取件地，那么在这个时刻你俩面对面地进行了快递的交接，这就是“同步”；如果快递员先到取件地，而你没到，或者你先到取件地，而快递员还没来，那么这就造成了双向传输的阻塞。因为快递员还需要派送其他件，所以决定不等你，将快递放在门卫处，你到达取件地后，再去门卫处取快递，这就是“异步”。常见的串行通信接口如表 3.1.2 所示。

表 3.1.2　常见的串行通信接口

通信标准	引脚说明	通信方式	通信方向
UART（通用异步收发器）	TXD 表示发送端；RXT 表示接收端；GND 表示共地	异步通信	全双工
USART（通用同步异步收发器）	TXD 表示发送端；RXT 表示接收端；GND 表示共地	同步/异步通信	全双工
1-wire（单总线）	DQ 表示发送/接收端	异步通信	半双工
SPI	SCK 表示同步时钟；MISO 表示主机输入，从机输出；MOSI 表示主机输出，从机输入	同步通信	全双工
IIC	SCK 表示同步时钟；SDA 表示数据输入/输出端	同步通信	半双工

知识 3.1.2　微控制器中的串口

微控制器的串口有以下两种：UART 与 USART。

1. UART

(1) UART 简介

UART 引脚分为数据发送引脚（TXD）与数据接收引脚（RXD）。具体与外设的连接方法如图 3.1.2 所示。

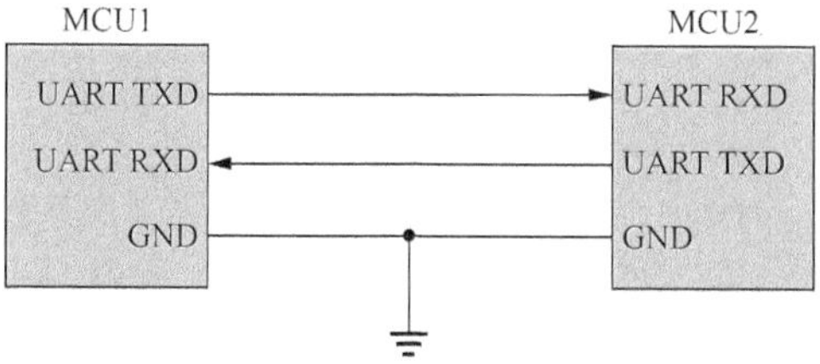

图 3.1.2　UART 引脚的连接方法

图 3.1.2 为两个微控制器之间的连接，两个微控制器的 GND 共地，同时 TXD 和 RXD 交叉连接，即 MCU1 的 RXD 连接 MCU2 的 TXD，MCU2 的 RXD 连接 MCU1 的 TXD。这样两个微控制器之间可以进行 TTL 电平通信。

图 3.1.3 所示为微控制器与 PC（或上位机）相连，除 GND 相连接外，其不能直接交叉连接。尽管 PC 和芯片都有 TXD 和 RXD 引脚，但是通常情况下 PC（或上位机）使用的是 RS232 接口或 USB 接口，因此不能直接交叉连接。这是因为，微控制器需要的是 TTL 电平，而 PC 端输出的是 RS232 的电平或 USB 的协议数据。

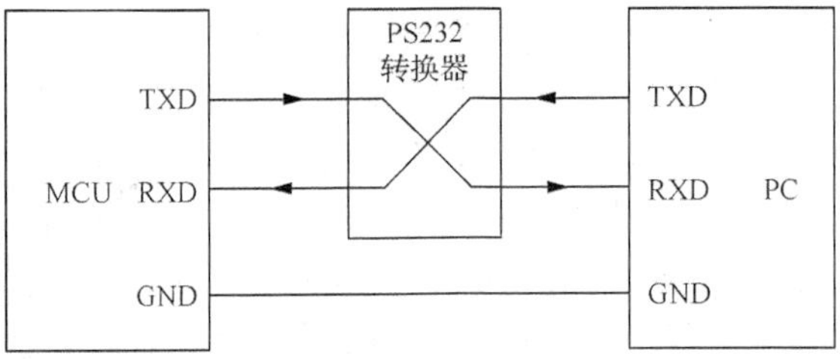

图 3.1.3 微控制器与 PC 通信

TTL 电平是处理器控制的设备内部各部分之间通信的标准技术，在 STM32F4 系列的微控制器中以 3.3V 作为逻辑 1，0V 作为逻辑 0。所以，如果想要实现微控制器与 PC 之间的串口通信，芯片的输出端就要符合 TTL 的电平，那么需要使用 USB 转 TTL 转换器。

微控制器串口与 PC 串口通信应该遵循下面的连接方式：在微控制器串口与 PC 给出的 RS232 接口之间，连接电平转换电路，如图 3.1.4 所示。

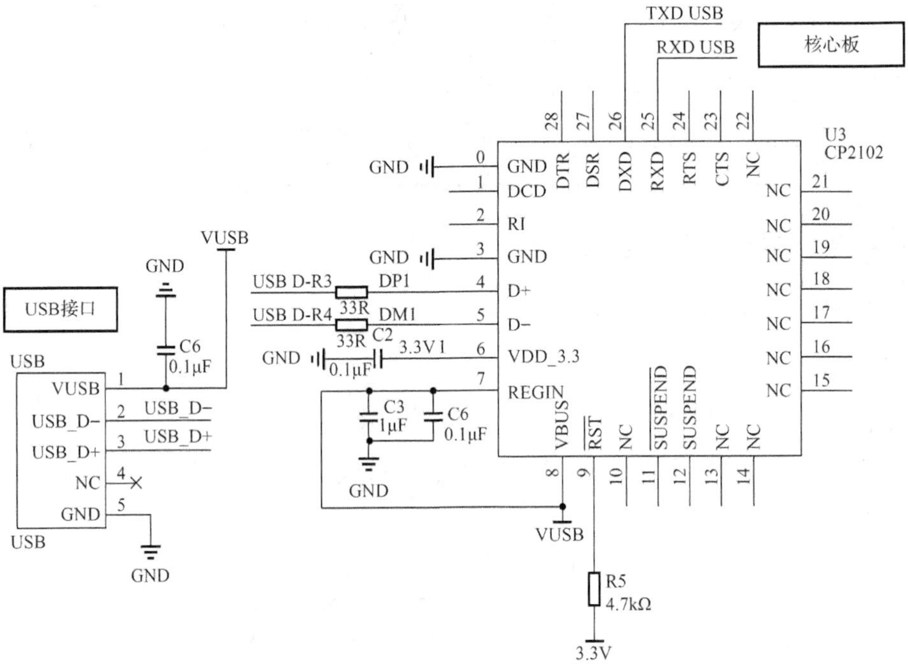

图 3.1.4 USB 转 TTL

（2）UART 的特点

UART 的特点具体如下。

1）全双工异步通信。

2）分数波特率发生器系统，提供精确的波特率。发送和接收共用的可编程波特率，最高可达 4.5Mbit/s。

3）可编程的数据字长度（8 位或 9 位）。

4）可配置的停止位（支持 1 位或 2 位停止位）。

5）可配置的使用 DMA 多缓冲器通信。

6）单独的发送器和接收器使能位。

7）检测标志：①接收缓冲器；②发送缓冲器空；③传输结束标志。

8）多个带标志的中断源，触发中断。

9）其他：校验控制，4 个错误检测标志。

UART 的通信过程如图 3.1.5 所示。

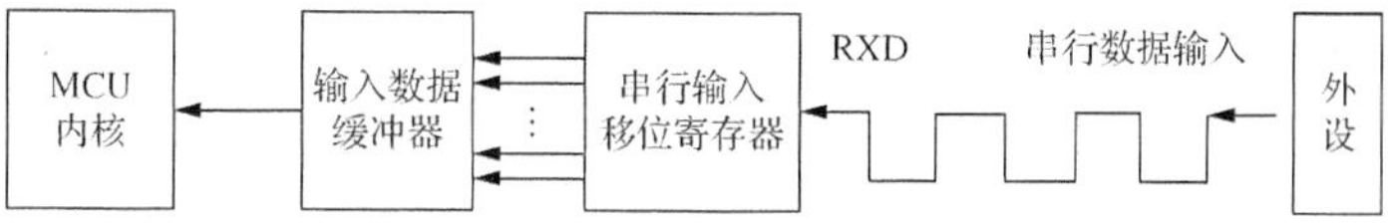

（a）数据接收过程

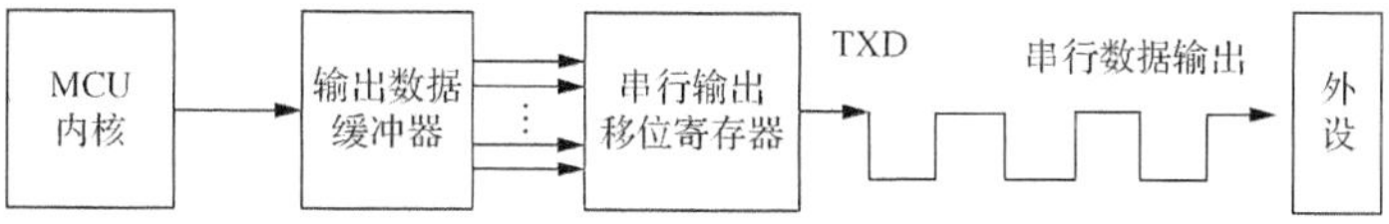

（b）数据发送过程

图 3.1.5　UART 的通信过程

（3）UART 参数

数据在串口中的通信是通过发送设备的 TXD 接口传输到接收设备的 RXD 接口，通信双方的数据包格式要约定一致，才能正常收发数据。

STM32 微控制器中串口异步通信需要定义的参数包括启动位、数据位、奇偶校验位、停止位、波特率设置。UART 串口通信的数据包以帧为单位，常用的帧结构为 1 位启动位+8 位数据位+1 位奇偶校验位（可选）+1 位停止位，如图 3.1.6 所示。

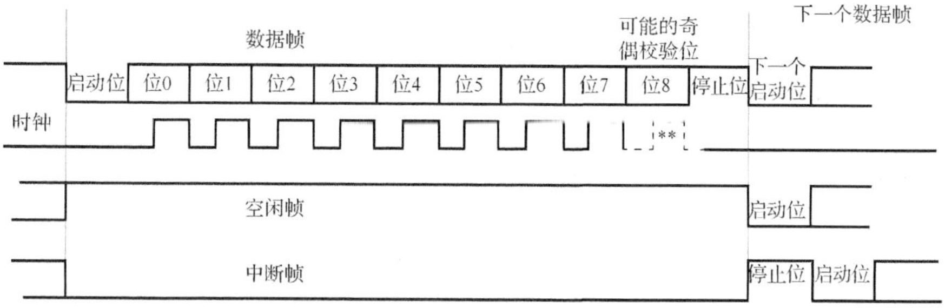

（a）9位字长（M位置1），1位停止位

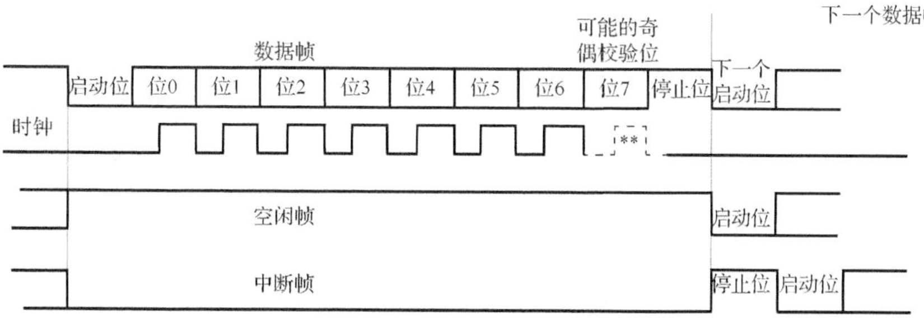

（b）8位字长（M位复位），1位停止位

图 3.1.6　常用的帧结构

注：图中**为 LBCL 位控制最后一个数据时钟脉冲。

空闲帧可理解为整个帧的周期内电平均为 1（停止位的电平也是 1），该字符后是下一个数据帧的起始位。中断帧可理解为在一个帧的周期内接收到的电平均为 0。发送器在中断帧的末尾插入 1 位或 2 位停止位（逻辑 1 位），以确认启动位。

发送和接收由通用波特率发生器驱动，发送器和接收器的使能位分别置 1 时将生成相应的发送时钟和接收时钟。

2．USART

（1）USART 简介

USART 能够灵活地与外设进行全双工数据交换，满足外设对工业标准 NRZ 异步串行数据格式的要求。USART 通过小数波特率发生器提供了多种波特率。它不仅支持同步单向通信和单线半双工通信，还支持 LIN（local interconnect network，局域互联网络）、智能卡协议与 IrDA（Infrared Data Association，红外数据协会）SIR ENDEC 规范，以及调制解调器操作（CTS/RTS）。另外，它支持多处理器通信。通过配置多个缓冲区，使用 DMA 可实现高速数据通信。

（2）USART 的特点

USART 的特点具体如下。

1）全双工异步通信。

① NRZ 标准格式（标记/空格）。

② 可配置为 16 倍过采样或 8 倍过采样，因而为速度容差与时钟容差的灵活配置提供了可能。

③ 小数波特率发生器系统——通用可编程收发波特率（有关最大 APB 频率时的波特率值，请参见相关数据手册）。

④ 数据字长度可编程（8 位或 9 位）。

⑤ 停止位可配置——支持 1 位或 2 位停止位。

⑥ LIN 主模式同步停止符号发送功能和 LIN 从模式停止符号检测功能——对 USART 进行 LIN 硬件配置时可生成 13 位停止符号和检测 10/11 位停止符号。

⑦ 用于同步发送的发送器时钟输出。

⑧ IrDA SIR 编码解码器：正常模式下，支持 3/16 位持续时间。

⑨ 智能卡仿真功能：智能卡接口支持符合 ISO 7816-3 标准中定义的异步协议智能卡，在智能卡工作模式下，支持 0.5 位或 1.5 位停止位。

2）单线半双工通信。

① 使用 DMA 实现可配置的多缓冲区通信：使用 DMA 在预留的 SRAM 缓冲区中收/发字节。

② 发送器和接收器具有单独使能位。

③ 传输检测标志：接收缓冲区已满、发送缓冲区为空、传输结束标志。

④ 奇偶校验控制：发送奇偶校验位、检查接收的数据字节的奇偶性。

⑤ 4 个错误检测标志：溢出错误、噪声检测、帧错误、奇偶校验错误。

⑥ 10 个具有标志位的中断源：CTS 变化、LIN 停止符号检测、发送数据寄存器为空、发送完成、接收数据寄存器已满、接收到线路空闲、溢出错误、帧错误、噪声错误、奇偶

校验错误。

⑦ 多处理器通信：如果地址不匹配，则进入静默模式。

⑧ 从静默模式唤醒（通过线路空闲检测或地址标记检测）。

⑨ 两个接收器唤醒模式：地址位（MSB，第 9 位），线路空闲。

（3）USART 功能

接口通过 3 个引脚从外部连接到其他设备（图 3.1.7 中的 TX、RX、SW_RX）。任何 USART 双向通信均需要至少 2 个引脚，即接收数据输入引脚（RX）和发送数据输出引脚（TX）。

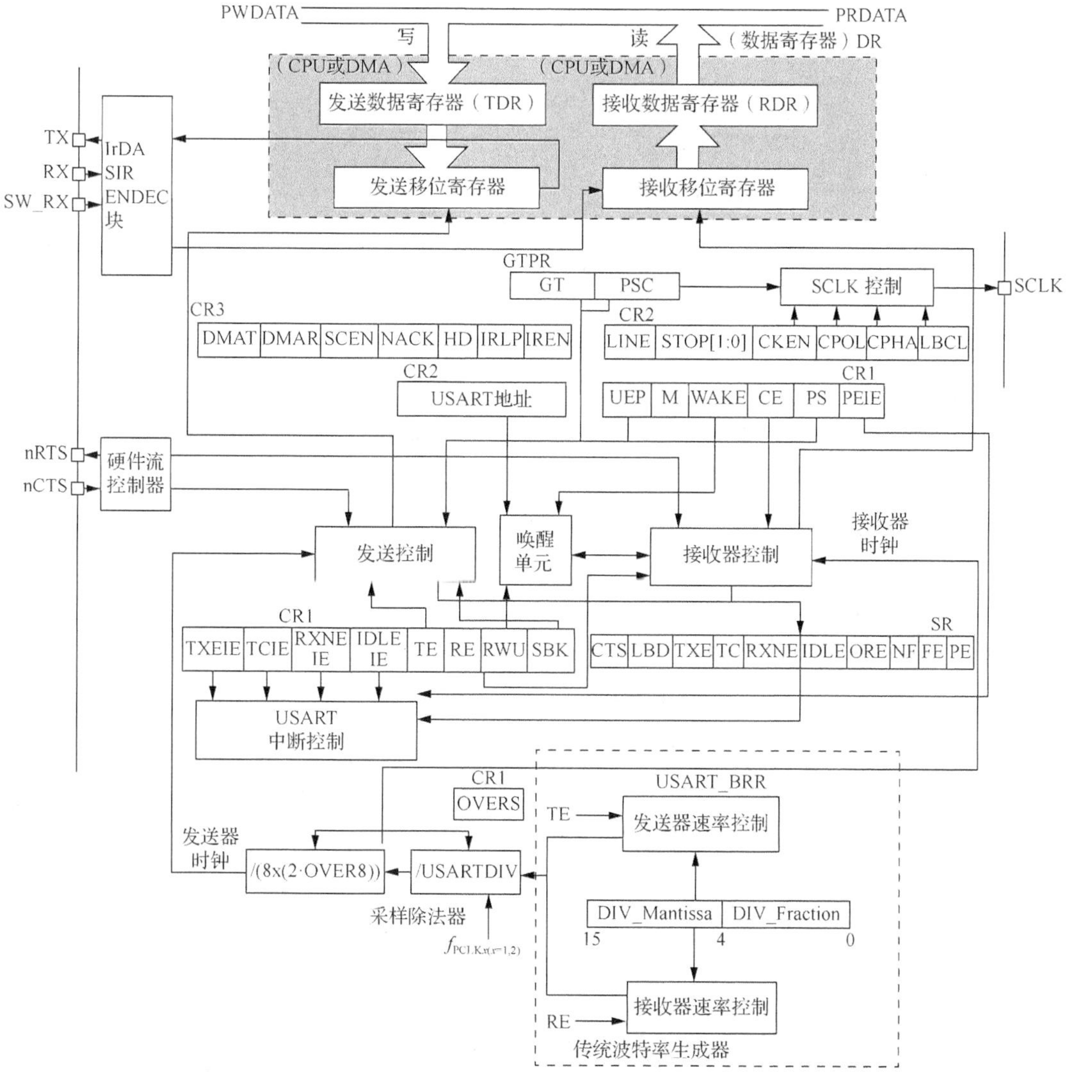

图 3.1.7　USART 框图

1）RX：接收数据输入引脚就是串行数据输入引脚。过采样技术可区分有效输入数据和噪声，从而用于恢复数据。

2）TX：发送数据输出引脚。如果关闭发送器，则该输出引脚模式由其 I/O 端口配置决定。如果使能了发送器但没有待发送的数据，则 TX 引脚处于高电平。在单线和智能卡模式下，该 I/O 端口用于发送和接收数据（USART 电平下，随后在 SW_RX 上接收数据）。

正常 USART 模式下，通过这些引脚以帧的形式发送和接收串行数据。

1）发送或接收前保持空闲线路。

2）起始位。

3）数据（字长 8 位或 9 位），最低有效位在前。

4）用于指示帧的传输已完成 0.5 位（在智能卡模式下接收数据时使用）、1 位（这是停止位数量的默认值）、1.5 位（在智能卡模式下发送和接收数据时使用）、2 位（正常 USART 模式、单线模式和调制解调器模式支持该值）停止位。

5）该接口使用小数波特率发生器：带 12 位尾数和 4 位小数。

6）状态寄存器（USART_SR）。

7）数据寄存器（USART_DR）。

8）波特率寄存器（USART_BRR）：带 12 位尾数和 4 位小数。

9）智能卡模式下的保护时间寄存器（USART_GTPR）。

在同步模式下连接时，需要以下引脚。

SCLK：发送器时钟输出。该引脚用于输出发送器数据时钟，以便按照 SPI 主模式进行同步发送（起始位和结束位上无时钟脉冲，可通过软件向最后一个数据位发送时钟脉冲）。RX 上可同步接收并行数据。这一点可用于控制带移位寄存器的外设（如 LCD 驱动器）。时钟相位和极性可通过软件编程。在智能卡模式下，SCLK 可向智能卡提供时钟。

在硬件流控制模式下需要以下引脚。

1）nCTS：“清除以发送”用于在当前传输结束时阻止数据发送（高电平时）。

2）nRTS：“请求以发送”用于指示 USART 已准备好接收数据（低电平时）。

波特率计算：

虽然本任务使用的是库函数，但是也需要了解微控制器的波特率的计算公式：

$$\mathrm{Tx/Rx} = \frac{f_{\mathrm{ck}}}{16 \times \mathrm{USARTDIV}}(\mathrm{Bd}) \tag{3.1.1}$$

式中，f_{ck} 表示外设的输入时钟频率（PCLK1 用于 USART2、3、4、5 或 PCLK2 用于 USART1）；USARTDIV 表示对串口时钟频率 f_{ck} 的分频值；16 表示 1bit 数据的采样次数。将这个表达式的分子、分母倒过来，可以得到分频后的周期、分频波特率与传输时间的关系分别为

$$\mathrm{T1} = \frac{1}{f_{\mathrm{ck}} / \mathrm{USARTDIV}} = \frac{1}{f_{\mathrm{ck1}}} \tag{3.1.2}$$

$$\frac{1}{\mathrm{Tx} / \mathrm{Rx}} = 16 \times \mathrm{T1} \tag{3.1.3}$$

式中，f_{ck1} 为分频后的新频率；波特率的倒数为 1bit 的传输时间，等于 16 个新分频的周期。

每一位的传输时间只有 1/TX_baud，这个总时间除以 16，所以每采样一次的时间正好是 T1，即新分频后的周期。初始的串口时钟信号来自于 APBx，APBx 时钟信号需要经过分频才会等于 T1，所以才需要分频值 USARTDIV。

任务实施

1．任务分析

本任务要求微控制器通过串口与 PC 通信，同时点亮一个 LED 灯用作指示系统运行。

根据任务要求可知，在本任务中需要使用串口与 LED，因此需要对串口与 LED 进行配置，其中微控制器与 LED 相连接的端口需配置为输出模式以控制 LED 的亮灭，串口则在软件中进行选择配置。所有配置完成后即可编写相应的代码。

2．任务准备

计算机（Windows 7 及以上操作系统）1 台、微控制器核心板 1 块、LED 灯 1 只、单片机数据线 1 根、ST-Link 仿真器 1 个、杜邦线若干。

3．硬件连接

本任务部分接线方法如表 3.1.3 所示。

表 3.1.3　本任务部分接线方法

微控制器核心板	外设
+3.3V 电源	LED 正极
PF9	LED 负极
TXD	CH340G-TXD
RXD	CH340G-RXD

4．软件配置

首先新建一个空白工程，配置好 RCC 时钟，接着配置串口，大家可在如图 3.1.8 所示的方框中找到微控制器中的所有串口。

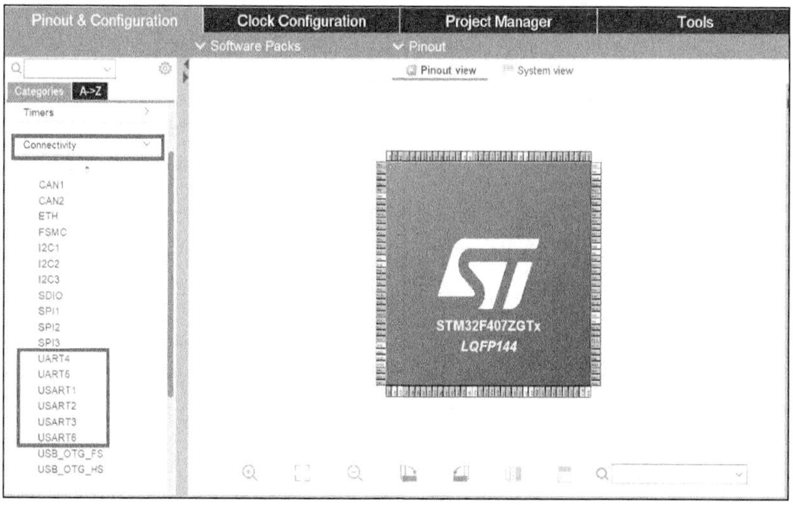

图 3.1.8　串口位置示意图

本任务中使用的微控制器分别有 2 个 UART 和 4 个 USART。需要使用哪一个串口，就单击相应的串口。这里选择 USART1 进行配置。单击“USART1”按钮后，会弹出如图 3.1.9 所示的串口模式配置界面。

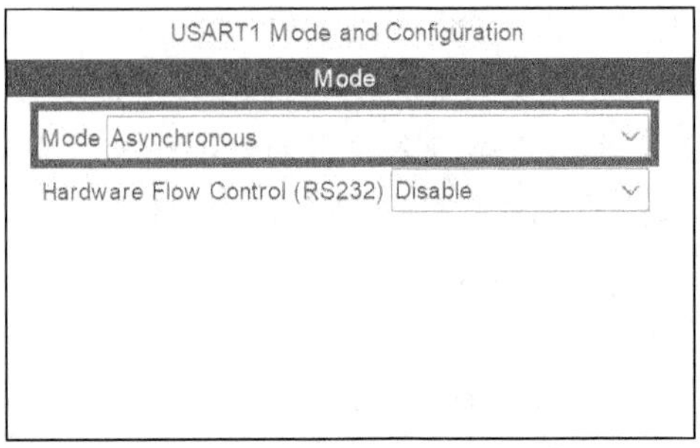

图 3.1.9　串口模式配置界面

这里可选择的模式有以下几种。

1）Asynchronous：异步。

2）Synchronous：同步。

3）Single Wire（Half-Duplex）：单线（半双工）。

4）Multiprocessor Communication：多处理器通信。

5）IrDA：红外线数据协会。

6）LIN：局域互联网络。

7）SmartCard：智能卡。

8）SmartCard with Card Clock：带卡时钟的智能卡。

在本任务中，仅选择异步模式，其余设置均采用默认设置。在模式选择好后，大家可以看见如图 3.1.10 所示的串口参数配置界面。

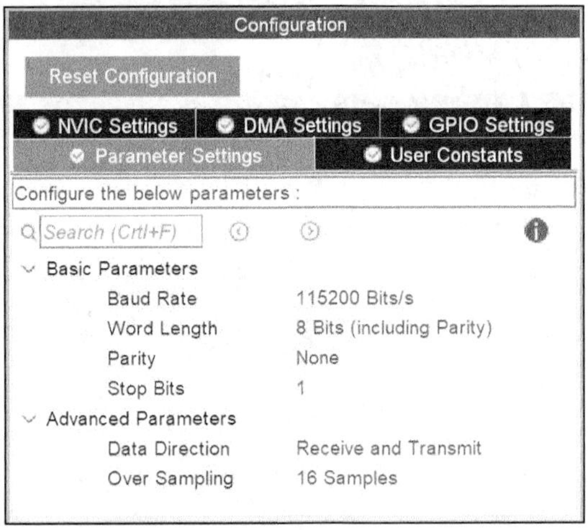

图 3.1.10　串口参数配置界面

Reset Configuration 选项，可将初始化配置全部复位。

Parameter Settings 界面展示了一些配置的参数，包括波特率、字节长度、标志位等。

其余的设置界面保持默认状态即可。配置好后，我们可以发现软件已自动设置好了相应的引脚，如图 3.1.11 所示。

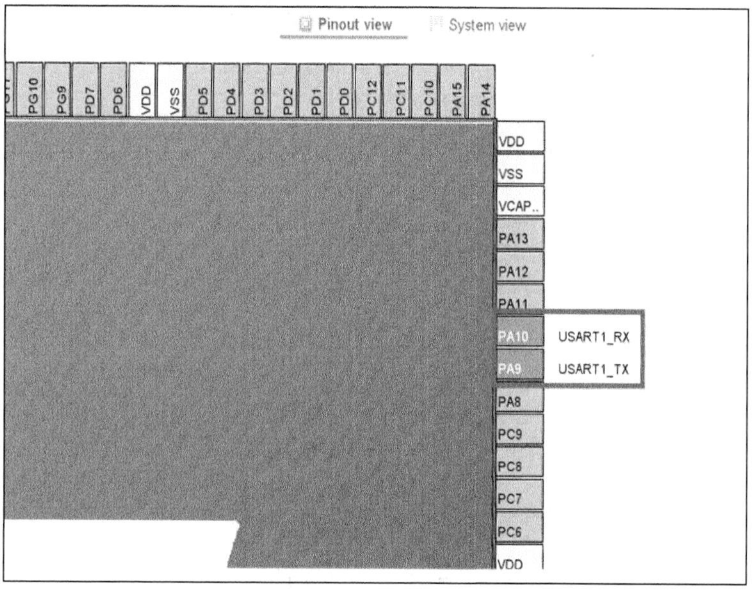

图 3.1.11　串口引脚示意图

接下来使用自动生成代码功能，完成以后开始编写程序代码。

视频：串行通信控制流水灯程序设计

5．编写串口通信程序代码

根据任务分析，可以总结出使用串口输出信息的基本流程如下。

1）设置对应串口，配置相关参数。

2）编写程序代码。

3）编译、下载程序。

4）打开串口调试助手观察程序运行状态。

根据任务要求要实现微控制器与 PC 通信，即微控制器要能发送数据到 PC 端，首先需要定义发送的数据：

```
char str[12] = "Hello CQVIE\n"
```

在 C 语言中有以下几种基本的变量类型。

1）char：通常是 1 字节（8 位），这是一个字符类型。

2）int：整型，4 字节，取值范围为-2147483648～+2147483647。

3）float：单精度浮点值。

4）double：双精度浮点值。

5）void：表示类型的缺失。

变量其实是程序可操作的存储区的名称。C 语言中每个变量都有特定的类型，类型决定了变量存储的大小和布局，该范围内的值都可以存储在内存中，运算符可应用于变量上。变量的名称可以由字母、数字和下画线字符组成且必须以字母或下画线开头。C 语言会区分大小写，因此在 C 语言中大写字母和小写字母是不同的。

提示：在 C 语言中，默认的基础数据类型均为 signed，如果要定义无符号类型，必须显式地在变量类型前加 unsigned。例如，char 与 unsigned char 在内存中都是一个字节，大小为 8 位，都能表示 256 个数字，但 char 的最高位为符号位，因此 char 能表示的数据范围是-128～+127；unsigned char 没有符号位，因此能表示的数据范围是 0～255。

在 HAL 库中，用于串口发送数据的函数为

```
HAL_UART_Transmit(huart, pData, Size, Timeout)
```

函数的功能是为串口发送指定长度的数据。如果超时没发送完成，则不再发送，返回超时标志（HAL_TIMEOUT）。具体参数含义如下。

1）huart：串口号，如 huart1、huart2 等。

2）pData：需要发送的数据，uint8_t 类型。

3）Size：发送数据的大小（即字节数），uint16_t 类型。

4）Timeout：最大发送时间，发送数据超过该时间退出发送，uint32_t 类型。

代码编写完成后即可开始编译、检验代码是否完整、无错。

6．下载及运行程序

程序代码经过编译且无报错后即可被下载到微控制器，接着打开串口调试助手观察程序运行情况。本任务程序在运行后实现了输出效果，如图 3.1.12 所示。

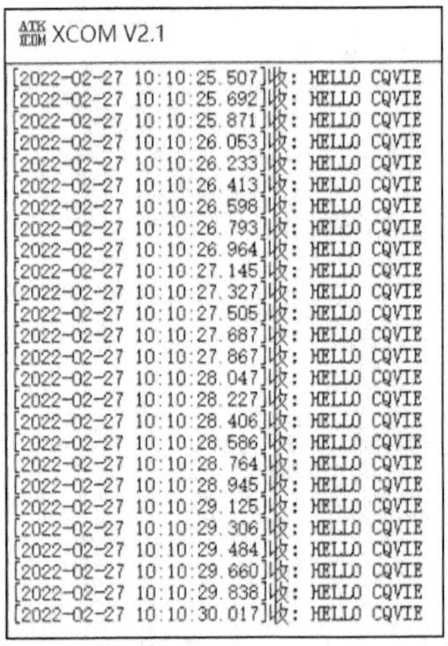

图 3.1.12　串口调试效果示意图

如果大家没有串口调试助手，那么可以通过软件自带的功能显示串口数据。首先，按照如图 3.1.13 所示的顺序选择相应选项。其次，软件会弹出如图 3.1.14 所示的对话框。

在图 3.1.14 中，有 3 个类别需要选择，分别如下。

1）Connection Type：用于选择连接的类型，包括 Local（本地）、Serial Port（串口）、MPU Serial Port、Telnet、SSH 等。

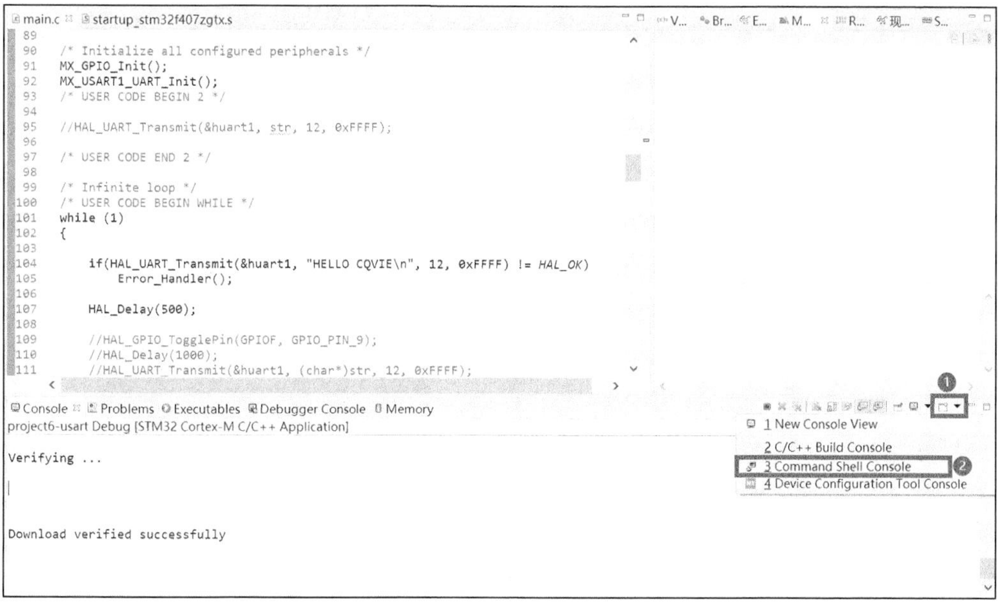

图 3.1.13　软件串口控制台

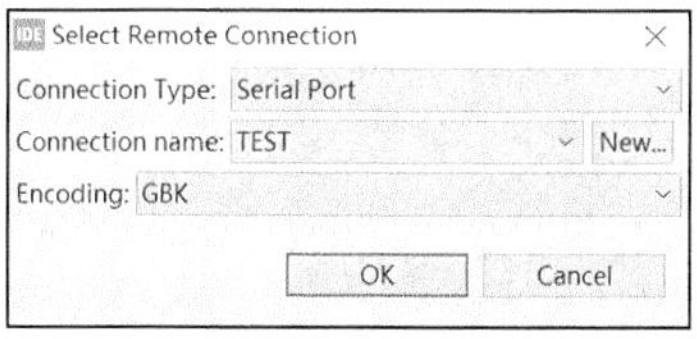

图 3.1.14　选择远程连接

2）Connection name：用于设置连接名称及相关具体参数。单击“New”按钮后，可以对相关参数进行设置，包括串口号、波特率、数据位等，具体如图 3.1.15 所示。

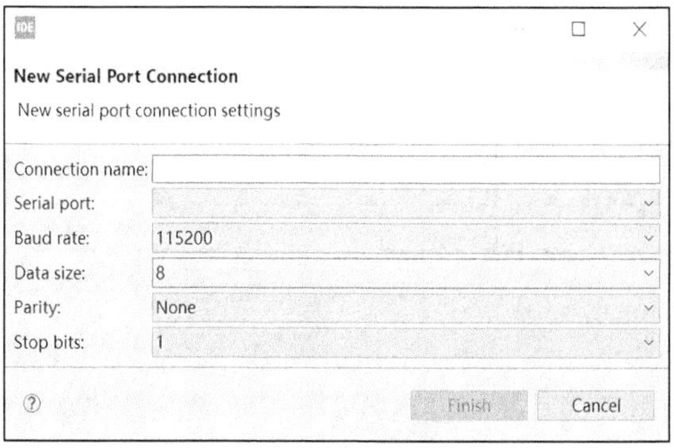

图 3.1.15　串口连接参数设置

3）Encoding：用于选择编码格式，包括 GBK、UTF-8 等。

最后，将程序下载、编译、烧录到微控制器之后，即可在如图 3.1.16 所示方框的位置查看到串口发送的数据。

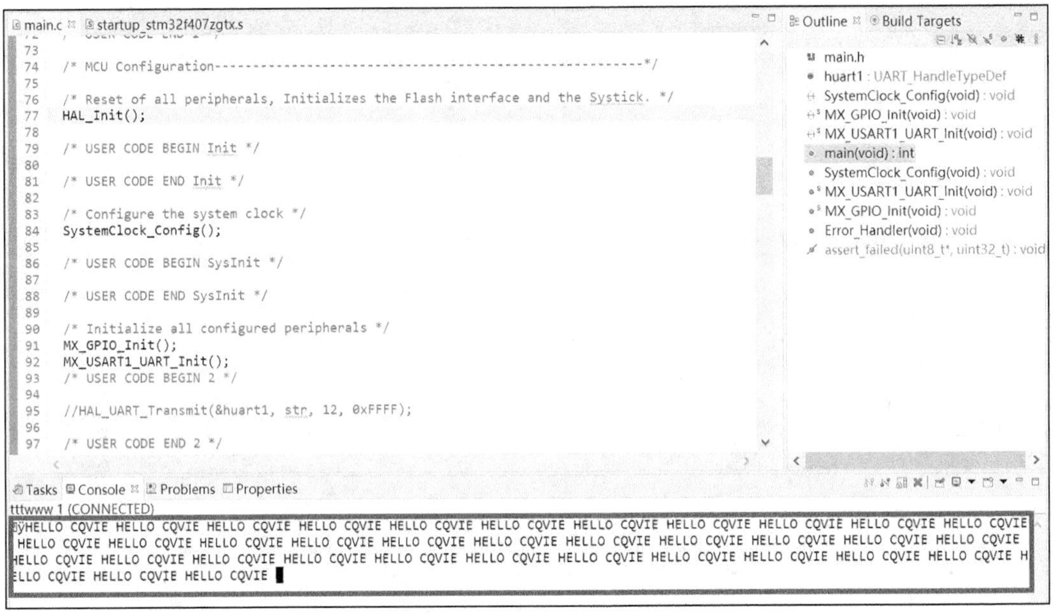

图 3.1.16　Console 串口显示

任务评价

任务评价表如表 3.1.4 所示。

表 3.1.4　任务评价表

评价内容	分值	自评评分	小组互评评分	老师评分
硬件准备及连线	20			
工程文件建立及软件配置	20			
编写串口通信程序代码	20			
下载及运行程序，实现微控制器与 PC 的串口通信	40			
总分	100			

任务拓展

本任务实现了通过串口向计算机发送数据，那么请大家思考如何实现通过串口接收计算机发送的数据并返回计算机。

任务 3.2 通过串口输出 RTC 时间

任务目标

1）认识 RTC。

2）掌握开发环境中 RTC 的配置。

3）使用 RTC 并通过串口输出时间。

知识准备

知识 3.2.1 RTC

RTC 实质是一个当微控制器主电源掉电时，还能继续运行的定时器。RTC 是一个独立的 BCD 定时器/计数器（32 位），并且只能向上计数。RTC 提供一个日历时钟、两个可编程闹钟中断，以及一个具有中断功能的周期性可编程唤醒标志。RTC 还包含用于管理低功耗模式的自动唤醒单元。

两个 32 位寄存器包含二进制编码的十进制（BCD）格式的秒、分钟、小时（12 或 24 小时制）、星期几、日期、月份和年份。此外，其还可提供二进制格式的亚秒值，系统可以自动将月份的天数补偿为 28、29（闰年）、30 和 31，并且可以进行夏令时补偿。其他 32 位寄存器还包含可编程的闹钟亚秒、秒、分钟、小时、星期几和日期。此外，还可以使用数字校准功能对晶振精度的偏差进行补偿。

加电复位后，所有 RTC 寄存器都会受到保护，以防止可能发生的非正常写访问。无论器件状态如何（运行模式、低功耗模式或处于复位状态），只要电源电压保持在工作范围内，RTC 便不会停止工作。

在 STM23F4 系列微控制器中，RTC 单元的主要特性如下。

1）包含亚秒、秒、分钟、小时（12/24 小时制）、星期几、日期、月份和年份的日历。

2）软件可编程的夏令时补偿。

3）两个具有中断功能的可编程闹钟。可通过任意日历字段的组合驱动闹钟。

4）自动唤醒单元，可周期性地生成标志以触发自动唤醒中断。

5）参考时钟检测：可使用更加精确的第二时钟源（50Hz 或 60Hz）来提高日历的精确度。

6）利用亚秒级移位特性与外部时钟实现精确同步。

7）可屏蔽中断/事件：

① 闹钟 A。

② 闹钟 B。

③ 唤醒中断。

④ 时间戳。

⑤ 入侵检测。

8）数字校准电路（周期性计数器调整）。

① 精度为 5×10^{-6}。

② 精度为 9.5×10^{-7}，在数秒钟的校准窗口中获得。

9）用于事件保存的时间戳功能（1 个事件）。

10）入侵检测：2 个带可配置过滤器和内部上拉的入侵事件。

11）20 个备份寄存器（80 字节）。发生入侵检测事件时，将复位备份寄存器。

如图 3.2.1 所示的 RTC 框图，其部分功能具体如下。

（1）时钟和预分频器

RTC 时钟源（RTCCLK）通过时钟控制器，可以从 LSE 时钟、LSI 时钟及 HSE 时钟三者中选择（通过 RCC BDCR 寄存器选择）。如果选择 HSE 时钟或 LSI 时钟，那么在发生主电源 V_{DD} 掉电时，这两个时钟来源都会受到影响，没有办法保证 RTC 的正常工作。因此，这里选择 LSE 时钟，即外部以 32.768kHz 晶振作为时钟源（RTCCLK）的频率 f_{RTCCLK}，而 RTC 时钟核心要求提供 1Hz 的时钟频率 f_{ck_spre}，所以要设置 RTC 的可编程预分频器。可编程预分频器 RTC_PRER）分为 2 个部分。

1）一个通过 RTC_PRER 寄存器的 PREDIV_A 位配置的 7 位异步预分频器。

2）一个通过 RTC_PRER 寄存器的 PREDIV_S 位配置的 15 位同步预分频器。

异步预分频器输出时钟频率为 f_{ck_apre}，同步预分频器输出时钟频率为 f_{ck_spre}。

f_{ck_apre} 计算公式为

$$f_{ck\_apre}=\frac{f_{RTCCLK}}{PREDIV\_A+1} \tag{3.2.1}$$

f_{ck_apre} 用于为二进制 RTC_SSR 亚秒递减计数器提供时钟频率。当该计数器计数到 0 时，会使用 PREDIV_S 的内容重载 RTC_SSR。

f_{ck_spre} 计算公式为

$$f_{ck\_spre}=\frac{f_{RTCCLK}}{(PREDIV\_S+1)(PREDIV\_A+1)} \tag{3.2.2}$$

f_{ck_spre} 用于为日历计数单元提供时钟频率；PREDIV_A 和 PREDIV_S 分别为 RTC 的异步和同步分频器分频值，在使用两个预分频器时，推荐设置较大的 7 位异步预分频器（PREDIV_A）的值，以最大限度地降低功耗。要设置为 32768 分频，只需要设置 PREDIV_A=0X7F，即 128 分频；PREDIV_S=0XFF，即 256 分频，从而得到 1Hz 的 f_{ck_spre}。

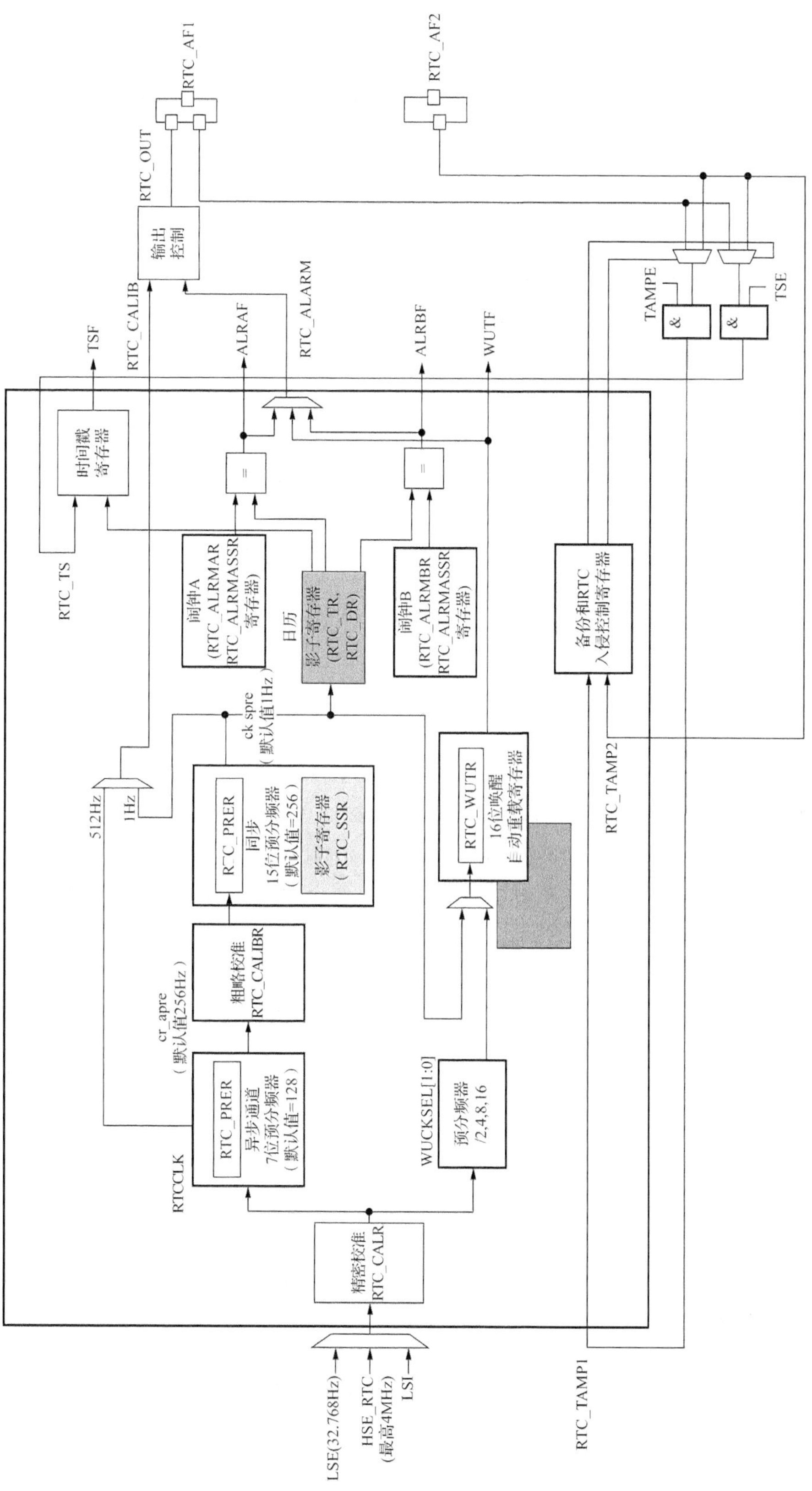
LSE(32.768Hz)
HSE_RTC
(最高4MHz)
LSI
精密校准
RTC_CALR
RTCCLK
RTC_PRER
异步通道
7位预分频器
（默认值=128）
cr_apre
（默认值256Hz）
粗略校准
RTC_CALIBR
RTC_PRER
同步
15位预分频器
（默认值=256）
影子寄存器
（RTC_SSR）
512Hz
1Hz
ck_spre
（默认值1Hz）
WUCKSEL[1:0]
预分频器
/2,4,8,16
RTC_WUTR
16位唤醒
自动重载寄存器
RTC_TS
时间戳
寄存器
闹钟A
(RTC_ALRMAR
RTC_ALRMASSR
寄存器)
日历
影子寄存器
(RTC_TR,
RTC_DR)
闹钟B
(RTC_ALRMBR
RTC_ALRMASSR
寄存器)
备份和RTC
入侵控制寄存器
TSF
RTC_CALIB
ALRAF
RTC_ALARM
ALRBF
WUTF
输出
控制
RTC_OUT
RTC_AF1
RTC_AF2
TAMPE
TSE
&
RTC_TAMP1
RTC_TAMP2

图 3.2.1　RTC 框图

（2）RTC 和日历

RTC 日历时间和日期寄存器可通过与 PCLK1（APB1 时钟）同步的影子寄存器来访问。这些时间和日期寄存器也可以被直接访问，这样可避免等待同步的持续时间。其中，RTC_SSR、RTC_TR 及 RTC_DR 分别对应如下内容。

1）RTC_SSR 对应于亚秒。

2）RTC_TR 对应于时间。

3）RTC_DR 对应于日期。

每隔 2 个 RTCCLK 周期，当前日历值便会复制到影子寄存器中，并置位 RTC_ISR 寄存器的 RSF 位。我们可以读取 RTC_TR 和 RTC_DR，得到当前时间和日期信息。需要注意的是，时间和日期都是以 BCD 码的格式存储的，读出后需要转换一下才可以得到十进制的数据。

（3）可编程闹钟

RTC 单元提供两个可编程闹钟，即闹钟 A 和闹钟 B。通过 RTC_CR 寄存器的 ALRAE 和 ALRBE 位置“1”来使能可编程闹钟功能。当日历的亚秒、秒、分、小时、日期分别与闹钟寄存器 RTC_ALRMASSR/RTC_ALRMAR 和 RTC_ALRMBSSR/RTC_ALRMBR 中的值匹配时，则可以产生闹钟（需要适当配置）。

知识 3.2.2 “看门狗”

在嵌入式系统中，微控制器的工作不可避免地会受到来自外界的电磁干扰，造成程序的异常，从而陷入死循环。程序的正常运行一旦被中断，会造成整个系统陷入停滞状态，发生不可预料的后果。因此，为了对微控制器运行状态进行实时监测，便产生了一种专门用于监测微控制器运行状态的模块或芯片，俗称“看门狗”（watch dog）。

简单地说，“看门狗”的本质就是定时计数器。如果程序正常运行，会周期性地“喂狗”，即重新写入计数器的值，计数器重新累加。如果在一定时间内，没有接收到“喂狗”信号（表示微控制器程序已经无法正常运行），便实现微控制器的自动复位重启（发送复位信号）。

STM32F4 系列微控制器内置两个“看门狗”——独立“看门狗”（IWDG）与窗口“看门狗”（WWDG）。独立“看门狗”由内部专门的 32kHz 低速时钟 LSI 驱动，在主时钟发生故障时，仍然能保持工作状态，适合应用于除需要“看门狗”作为主程序外，还能够完全独立工作，并且对时间精度要求较低的场合。窗口“看门狗”使用的是外部总线 APB1 分频的时钟，通过可配置的时间窗口检测应用程序非正常的过迟或过早操作，最适合要求“看门狗”在精确计时窗口起作用的应用程序。

在软件中，配置“看门狗”的位置位于 Pinout&configuration 界面中的 System Core 栏目下。

配置独立“看门狗”时，首先，激活该功能，如图 3.2.2 中方框①所示；然后，在方框②中配置如下内容。

1）IWDG counter clock prescaler：IWDG 时钟预分频系数。

2）IWDG down-counter reload value：IWDG 计数器重装载值。

配置窗口“看门狗”如图 3.2.3 所示。

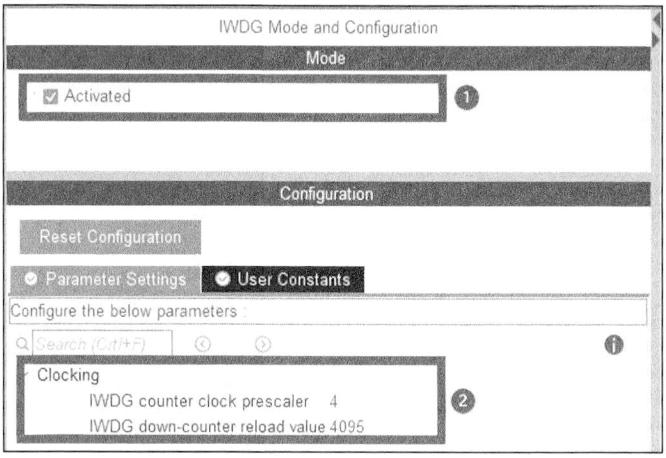

图 3.2.2　配置独立“看门狗”

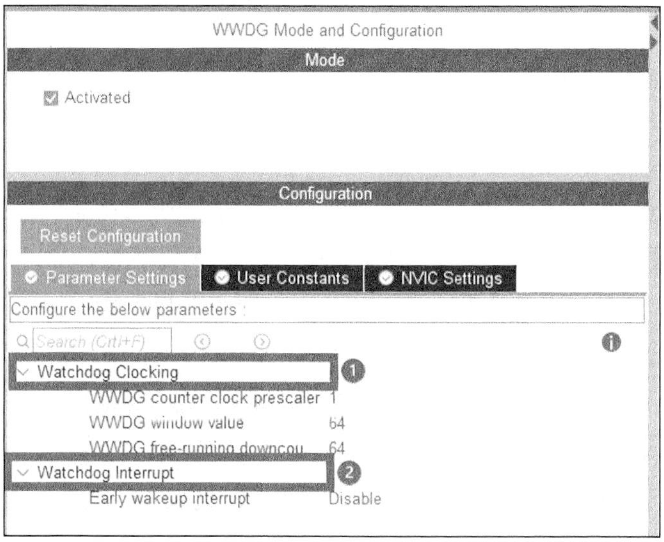

图 3.2.3　配置窗口“看门狗”

1）在方框①（Watchdog Clocking）中配置如下内容。

① WWDG counter clock prescaler：WWDG 时钟预分频系数。

② WWDG window value：WWDG 上窗口值。

③ WWDG free-running downcounter value：WWDG 计数器值。

2）在方框②（Watchdog Interrupt）中配置如下内容。

Early wakeup interrupt：设置“看门狗”提前唤醒中断。

任务实施

1. 任务分析

本任务要求通过串口输出 RTC 时间，根据任务要求可知，本任务需使用串口与时钟，因此需要对串口与时钟进行配置。

2．任务准备

计算机（Windows 7 及以上操作系统）1 台、微控制器核心板 1 块、单片机数据线 1 根、ST-Link 仿真器 1 个、杜邦线若干。

3．软件配置

首先新建空白工程，根据任务分析，还应配置 RCC。配置 RCC 时，除要设置 HSE 为外部晶振外，还要设置 LSE 为外部晶振。在时钟树配置页面选择 LSE 为 RTC 的时钟来源，如图 3.2.4 所示。

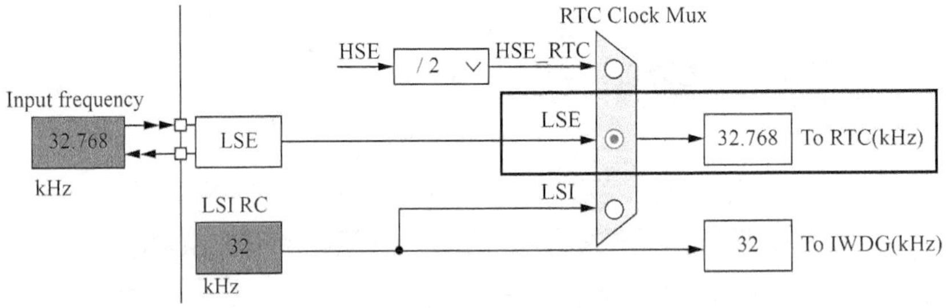

图 3.2.4　RTC 来源选择

1）配置 RTC。在图 3.2.5 中，在方框①所示的位置找到 RTC 并单击，然后在方框②中选中对应的复选框，激活时钟源；在方框③中选中对应的复选框，激活日历功能。在方框③下方，还可以选择使能闹钟 A\B 及唤醒等功能，用户可根据实际情况选择。

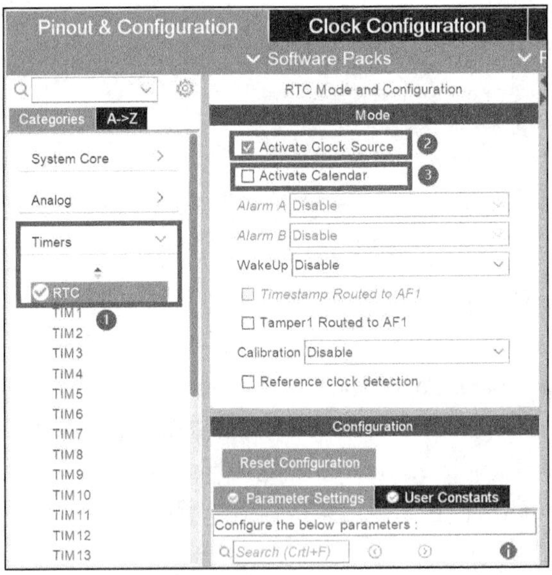

图 3.2.5　RTC 模式设置

2）设置 RTC 的相关参数，如图 3.2.6 所示。

如图 3.2.6 所示，在方框①中可设置日历的当前时间，包括数据格式、小时、分钟、秒。在方框②中可设置日历的当前日期，包括年、月、日、星期。因为软件中的年份（Year）

是以 2000 年为起点计算的，所以 Year 变量可以填写的数字限制为 0～99 的数。

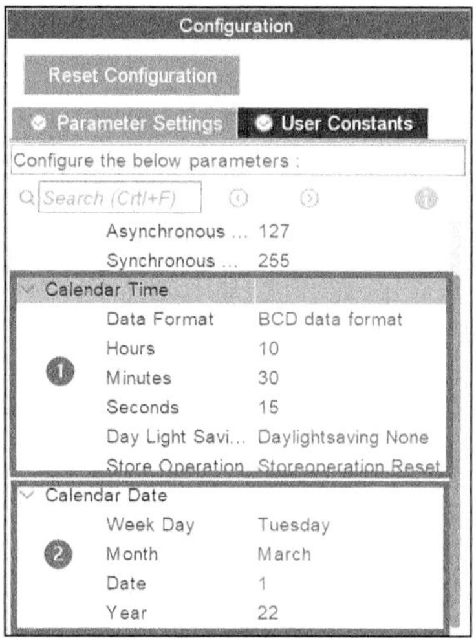

图 3.2.6　RTC 参数设置

各项配置完成后即可使用自动代码生成功能，接下来开始编写程序代码。

视频：RTC 常用 HAL 库函数

4．编写 RTC 程序代码

本任务中与 RTC 相关的库函数如下：

```
HAL_RTC_GetDate(&hrtc, &GetData, Format)//该函数的作用为获取日期
HAL_RTC_GetTime(&hrtc, &GetTime, Format) //该函数的作用为获取时间
```

进行 C/C++开发时，通常使用 printf()函数输出调试信息，但是在 STM32CubeIDE 中，使用 printf()函数不能直接输出到串口上，这时就需要对 printf()函数的输出进行重定向。在 C 语言中，printf()函数默认的输出设备是显示器，如果要实现在串口上显示，则必须重新定义标准库函数中的相关函数。例如，使用 printf()函数输出到串口，则需要将 putchar()函数中的输出指向串口，该过程称为重定向。重定义如下代码：

```
#include "stdio.h"   //添加头文件

#ifdef __GNUC__
#define PUTCHAR_PROTOTYPE int __io_putchar(int ch)
PUTCHAR_PROTOTYPE
{
  HAL_UART_Transmit(&huart1, (uint8_t*)&ch, 1, 0xffff);
  return ch;
}
#endif
//本例中使用串口 1,大家可根据自身情况修改串口号
```

提示： printf()函数的调用格式为 printf("格式化字符串",参量表)。格式化字符串包含 3 种对象，分别如下。

1）字符串常量。

2）格式控制字符串。

3）转义字符。

本任务的部分代码如下。

首先，定义两个结构体以获取日期和时间：

```
RTC_DateTypeDef GetData;    //获取日期结构体
RTC_TimeTypeDef GetTime;    //获取时间结构体
```

在 stm32f4xx_hal_rtc.h 头文件中可以看到 RTC 的时间和日期读写操作函数。从操作函数中可以看到，时间和日期是以结构体的形式读写的（RTC_DateTypeDef 与 RTC_TimeTypeDef）。所以在程序中需要提前声明这两个结构体变量存储读取的时间和日期数据。

提示： C 语言中的结构体（Struct）从本质上讲是一种自定义的数据类型，只是这种数据类型比较复杂，是由 int、char、float 等基本类型组成的，可以将它称为复杂数据类型或构造数据类型。

其次，在 while 循环中添加如下代码：

```
        /* 得到 RTC 当前时间 */
        HAL_RTC_GetTime(&hrtc, &GetTime, RTC_FORMAT_BIN);
        /* 得到 RTC 当前日期 */
        HAL_RTC_GetDate(&hrtc, &GetData, RTC_FORMAT_BIN);
        printf(" HELLO CQVIE\r\n");
        /* 显示时间的格式为: hh:mm:ss */
        printf("%02d/%02d/%02d\r\n",2000+GetData.Year,GetData.Month,
GetData.Date);
        printf("%02d:%02d:%02d\r\n",GetTime.Hours,GetTime.Minutes,
GetTime.Seconds);
        printf("\r\n");
        HAL_Delay(1000);
```

需要注意的是，要先读取时间，再读取日期。如果先读取日期再读取时间，那么有可能会导致读取的时间不准确，一直为原来设置的时间。

提示： 在 C 语言中，%d 是输出十进制整数，d 是 decimal 的缩写。本任务中的“%02d”的意思是，将数字按宽度为 2，采用右对齐方式输出，如果数据位数不到 2 位，则左边补 0。“\r”代表回车，“\n”代表换行。

5. 下载及运行程序

代码编写完成后，经过编译、下载到微控制器中，通过串口输出，其效果如图 3.2.7 所示。

图 3.2.7　串口输出效果示意图

任务评价

任务评价表如表 3.2.1 所示。

表 3.2.1　任务评价表

评价内容	分值	自评评分	小组互评评分	老师评分
硬件准备及连线	20			
工程文件建立及软件配置	20			
编写 RTC 程序代码	20			
下载及运行程序，实现串口输出 RTC 时间	40			
总分	100			

任务拓展

每次断电后，微控制器 RTC 时间会重置，如何修改代码使其断电后时间不重置呢？

任务 3.3

定时器的输入捕获

任务目标

1）了解定时器中输入捕获的工作原理。

2）掌握开发环境中输入捕获的配置方法。

3）通过编程实现定时器捕获 PWM 信号并通过串口进行显示。

知识准备

知识 输入捕获

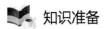

定时器的输入捕获模式可以用于测量脉冲宽度或频率。简单地说，输入捕获是指用计数器（定时器）来记录某一个脉冲高电平的时间，或者只捕获脉冲的上升沿或下降沿，这需要根据具体事例进行分析。这里以测量脉宽为例，简要说明输入捕获高电平脉宽的测量原理，如图 3.3.1 所示。

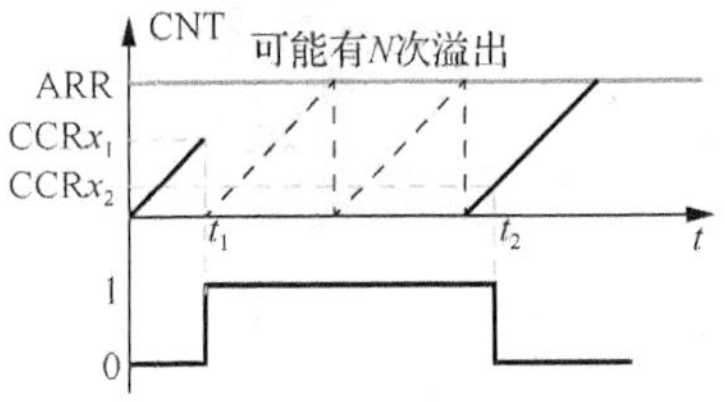

图 3.3.1 输入捕获高电平脉宽的测量原理

图 3.3.1 所示为输入捕获高电平脉宽的测量原理。假设定时器工作在向上计数模式，图 3.3.1 中 t_1～t_2 就是需要测量的高电平时间。具体的测量方法如下：首先，设置定时器通道 x 为上升沿捕获，在 t_1 时刻，捕获到当前的 CNT 值；其次，立即清零 CNT，并设置通道 x 为下降沿捕获，t_2 时刻发生捕获事件，得到此时的 CNT 值，记为 CCRx_2。这样，根据定时器的计数频率，可以算出 t_1～t_2 的时间，从而得到高电平脉宽。

在 t_1～t_2 内，可能产生 N 次定时器溢出（定时器溢出即定时器的时间加到最大值后为 0 了，图 3.3.1 中的 ARR 即是最大值），这就要求对定时器溢出进行处理，防止高电平太长，导致数据不准确。如图 3.3.1 所示，在 t_1～t_2 内，CNT 计数的次数为 N·ARR+CCRx_2，得到该计数次数，再乘以 CNT 的计数周期，即可得到 t_2-t_1 的时间长度，即高电平持续时间。

STM32F4 系列微控制器的定时器，除了 TIM6 和 TIM7，其他定时器都有输入捕获功能。简单地说，微控制器中的输入捕获是指通过检测 TIM*x*_CH*x* 上的边沿信号，在边沿信号发生跳变（如上升沿/下降沿）时，将当前定时器的值（TIM*x*_CNT）存放到对应通道的捕获/比较寄存器（TIM*x*_CCR*x*）中，完成一次捕获。同时，还可以配置捕获时是否触发中断/DMA 等。

任务实施

1. 任务分析

本任务要求实现定时器的输入捕获，具体要求如下：控制一个定时器输出 PWM，使用另一个定时器捕获前一个定时器输出的 PWM 信号，并通过串口显示。同时使用 1 个 LED 用作系统运行状态指示灯。根据任务要求可知，本任务需使用定时器串口、LED，因此需对串口、LED 与定时器进行配置。

2. 任务准备

计算机（Windows 7 及以上操作系统）1 台、微控制器核心板 1 块、LED 灯 1 只、单片机数据线 1 根、ST-Link 仿真器 1 个、杜邦线若干。

3．硬件连接

本任务接线方法如表 3.3.1 所示。

表 3.3.1　本任务接线方法

微控制器核心板	外设
+3.3V 电源	LED 正极
PF9	LED 负极

4．软件配置

1）新建空白工程后，配置 RCC 时钟，然后配置定时器的输入捕获模式，如图 3.3.2 所示。PWM 的设置参考之前项目的相关内容。

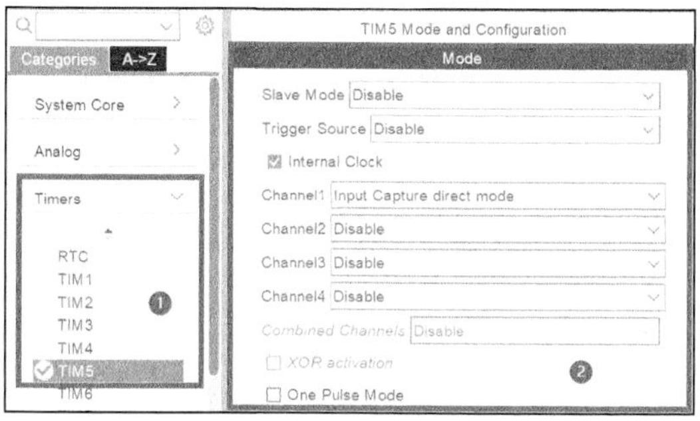

图 3.3.2　输入捕获位置及模式选择

在图 3.3.2 中，在方框①处选择对应的定时器，在方框②处选择对应的通道及输入捕获模式。

2）配置具体参数，如图 3.3.3 所示。

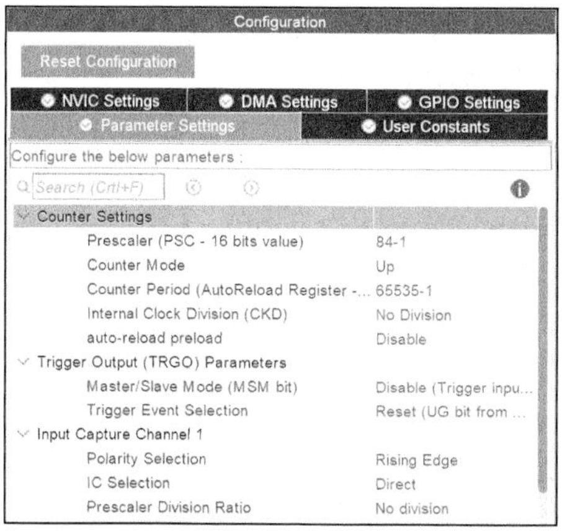

图 3.3.3　输入捕获参数配置

此处可根据实际情况设置定时器的分频系数，本任务中设置的定时器频率为 1MHz，时间为 1μs。

本任务中还使用到了串口与 LED，因此也需对串口与 LED 进行配置，配置流程可参考之前项目的相关内容。各项设置完成后即可使用自动代码生成功能。

5．编写 PWM 信号捕获程序代码

基础配置代码生成后，开始编写用户代码，流程如下。

1）打开定时器通道，打开串口。

2）使能定时器输入捕获和更新中断。

3）编写中断服务函数。

部分代码如下：

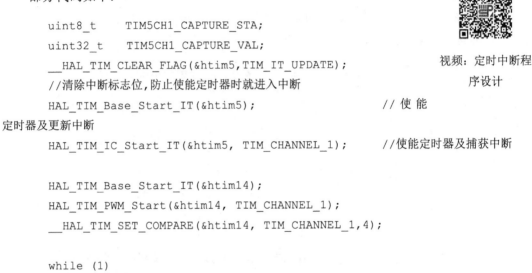

视频：定时中断常用 HAL 库函数

视频：定时中断程序设计

```
uint8_t     TIM5CH1_CAPTURE_STA;
uint32_t    TIM5CH1_CAPTURE_VAL;
__HAL_TIM_CLEAR_FLAG(&htim5,TIM_IT_UPDATE);
//清除中断标志位,防止使能定时器时就进入中断
HAL_TIM_Base_Start_IT(&htim5);                  // 使 能
定时器及更新中断
HAL_TIM_IC_Start_IT(&htim5, TIM_CHANNEL_1);     //使能定时器及捕获中断

HAL_TIM_Base_Start_IT(&htim14);
HAL_TIM_PWM_Start(&htim14, TIM_CHANNEL_1);
__HAL_TIM_SET_COMPARE(&htim14, TIM_CHANNEL_1,4);

while (1)
{
 if(TIM5CH1_CAPTURE_STA&0X80)                   //成功捕获到了一次高电平
 {
     temp=TIM5CH1_CAPTURE_STA&0X3F;
     temp*=65536;                               //溢出时间总和
     temp+=TIM2CH1_CAPTURE_VAL;                 //得到总的高电平时间
     printf("HIGH:%.f  us\r\n",temp);           //打印
     TIM5CH1_CAPTURE_STA=0;                     //开启下一次捕获
 }
}
void HAL_TIM_PeriodElapsedCallback(TIM_HandleTypeDef *htim)
//更新中断（溢出）发生时执行
{
    if((TIM5CH1_CAPTURE_STA&0X80)==0)           //还未成功捕获
    {
```

```
        if(TIM5CH1_CAPTURE_STA&0X40)              //已经捕获到高电平
        {
            if((TIM5CH1_CAPTURE_STA&0X3F)==0X3F)  //高电平太长
            {
                TIM5CH1_CAPTURE_STA|=0X80;        //标记成功捕获了一次
                TIM5CH1_CAPTURE_VAL=0XFFFF;
            }
            else
                TIM5CH1_CAPTURE_STA++;
        }
    }
}

void HAL_TIM_IC_CaptureCallback(TIM_HandleTypeDef *htim)
{
    if((TIM5CH1_CAPTURE_STA&0X80)==0)             //还未成功捕获
    {
        if(TIM5CH1_CAPTURE_STA&0X40)              //捕获到一个下降沿
        {
            TIM5CH1_CAPTURE_STA|=0X80;            //标记成功捕获到一次高电平脉宽
            TIM5CH1_CAPTURE_VAL=HAL_TIM_ReadCapturedValue(&htim5,TIM_
CHANNEL_1);
            //获取当前的捕获值
             __HAL_TIM_SET_CAPTUREPOLARITY(&htim5, TIM_CHANNEL_1, TIM_
INPUTCHANNELPOLARITY_RISING);
        }else
        {
            TIM5CH1_CAPTURE_STA=0;
            TIM5CH1_CAPTURE_VAL=0;
            TIM5CH1_CAPTURE_STA|=0X40;
            __HAL_TIM_SET_COUNTER(&htim5,0);
            __HAL_TIM_SET_CAPTUREPOLARITY(&htim5, TIM_CHANNEL_1, TIM_
INPUTCHANNELPOLARITY_FALLING);
        }
    }
}
```

6. 下载及运行程序

代码编写完成后，经过编译，无报错后下载到微控制器中。打开串口调试助手，将微控制器加电运行，观察状态。若 LED 灯正常运行，并能在串口调试助手上显示出捕获的

PWM 信号，则说明本任务成功完成。

任务评价

任务评价表如表 3.3.2 所示。

表 3.3.2　任务评价表

评价内容	分值	自评评分	小组互评评分	老师评分
硬件准备及连线	20			
工程文件建立及软件配置	20			
编写 PWM 信号捕获程序代码	20			
下载及运行程序，实现 PWM 信号捕获	40			
总分	100			

任务拓展

使用定时器的输入捕获模式检测按下的按键时间。

任务 3.4　人体红外检测及显示

任务目标

1）了解 IIC 的工作原理。
2）了解液晶显示器 LCD1602 的工作原理。
3）了解 PCF8574 芯片的工作原理。
4）掌握开发环境中的 IIC 配置。
5）通过编程实现人体红外检测。

知识准备

知识 3.4.1　IIC

IIC（也可写作 I^2C）总线，是一种串行通信总线，使用多主从架构，其是由飞利浦公司在 20 世纪 80 年代为了让主板、嵌入式系统或手机连接低速周边设备而研发的。

随着大规模集成电路技术的发展，把 CPU 和一个单独工作系统所必需的 ROM、RAM、I/O 端口、ADC、DAC 等外围电路集成在一个单片内而制成单片机或微控制器越来越方便。目前，世界上有许多公司生产微控制器，微控制器的品种也有很多。其中包括各种字长的 CPU，各种容量的 ROM、RAM 及功能各异的 I/O 接口电路等。但是，微控制器的品种规格仍然有限，所以只能选用某种微控制器来进行扩展。扩展的方法有如下两种：一种是并行总线，另一种是串行总线。串行总线的连线少，结构简单，往往不用专门的母板和插座而直接用导线连接各个设备，因此，采用串行线可大大简化系统的硬件设计。飞利浦公司早在几十年前就推出了 IIC 总线，利用该总线可实现多主机系统所需的裁决和高低速设备同步等功能，因此其是一种高性能的串行总线。

IIC 总线一般有两根信号线：一根是双向的串行数据线（serial data line，SDA），另一根是串行时钟线（serial clock line，SCL）。所有接到 IIC 总线设备上的 SDA 都接到总线的 SDA 上，各设备的 SCL 接到总线的 SCL 上。

IIC 总线上允许连接多个微处理器及各种外围设备，如存储器、LED 及 LCD 驱动器、ADC 及 DAC 等（图 3.4.1）。为了保证数据可靠地传送，在某一个时刻总线只能由某一台主机控制，各微处理器应该在总线空闲时发送启动数据，为了妥善解决多台微处理器同时发送启动数据的传送（总线控制权）冲突，以及决定由哪一台微处理器控制总线的问题，IIC 总线允许连接不同传送速率的设备。多台设备之间时钟信号的同步过程称为同步化。

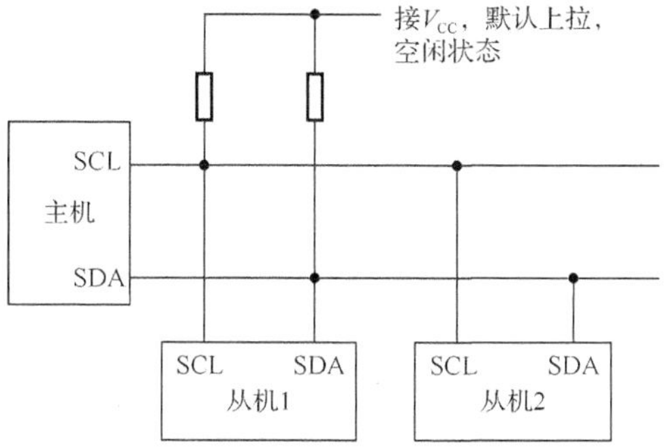

图 3.4.1　IIC 连接示意图

IIC 总线有 3 种类型的信号，即开始信号、结束信号和应答（acknowledge，ACK）信号。

1）开始信号：SCL 为高电平时，SDA 由高电平跳变为低电平。

2）结束信号；SCL 为高电平时，SDA 由低电平跳变为高电平。

3）应答信号：接收数据的外设在接收到数据后，向发送数据的控制器发送应答信号表示接收到数据，控制器向外设发送数据后等待控制器的应答信号，当接收到应答信号后，根据应答信号做出相应的判断。

IIC 起始、停止时序如图 3.4.2 所示。

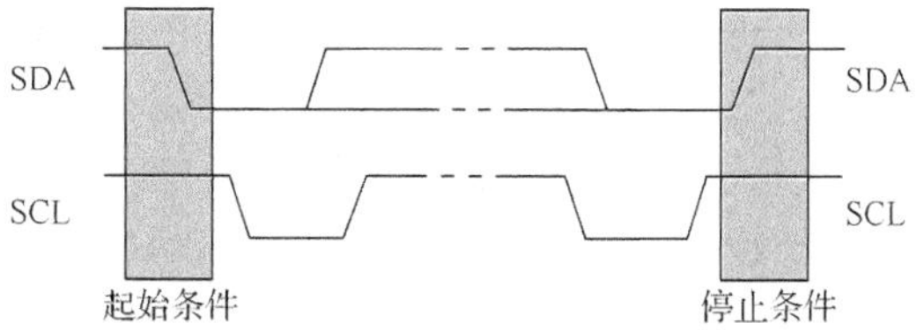

图 3.4.2　IIC 起始、停止时序

应答响应具体如下：发送器每发送 1 字节，就在第 9 个时钟脉冲期间释放数据线，由接收器反馈一个应答信号（图 3.4.3）。当应答信号为低电平时，规定为有效应答位（ACK 简称应答位），表示接收器已经成功地接收了该字节；当应答信号为高电平时，规定为非应答位（NACK），表示接收器没有成功地接收该字节。对反馈有效应答位 ACK 的要求是，接收器在第 9 个时钟脉冲之前的低电平期间将 SDA 线拉低，并且确保在该时钟的高电平期间为稳定的低电平。如果接收器是主控器，那么在它收到最后 1 字节后，发送一个 NACK 信号，以通知被控发送器结束数据发送，并释放 SDA 线，以便主控接收器发送一个停止信号。

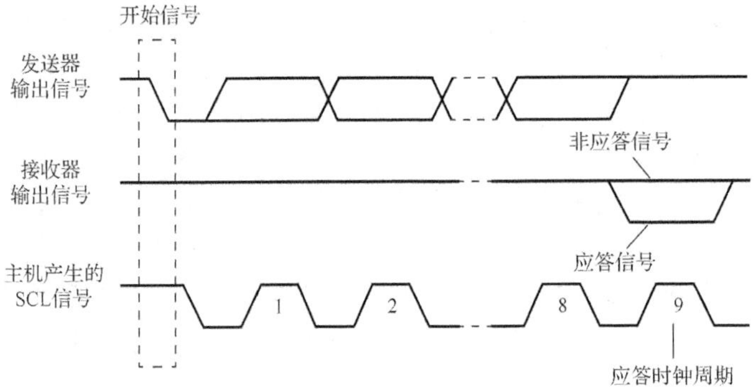

图 3.4.3　IIC 总线应答响应示意图

知识 3.4.2　微控制器中的 IIC

微控制器中的 IIC 总线接口用作微控制器和 IIC 串行总线之间的接口。它提供多主模式功能，可以控制所有 IIC 总线特定的序列、协议、仲裁和时序，并且支持标准和快速模式，还与 SMBus 2.0 兼容，可以用于多种用途，包括 CRC 生成和验证、SMBus（system management bus，系统管理总线）及 PMBus（power management bus，电源管理总线）。根据器件的不同，可利用 DMA 功能来减轻 CPU 的工作量。

提示： SMBus 是 1995 年由 Intel 公司提出的，应用于移动 PC 和桌面 PC 系统中的低速率通信。使用 SMBus 的系统，设备之间发送和接收消息都通过 SMBus，而不是使用单独的控制线，这样可以节省设备的引脚数。

1. IIC 的主要特性

IIC 的主要特性如下。

1）并行总线到 IIC 总线协议的转换器（图 3.4.4）。

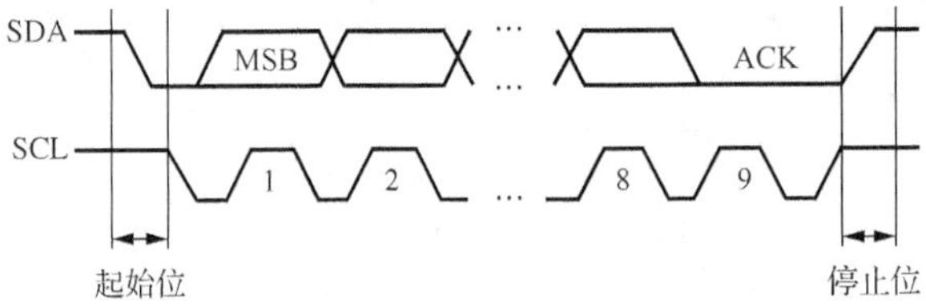

图 3.4.4　IIC 总线协议示意图

2）多主模式功能：同一接口既可用作主模式，也可用作从模式。

① IIC 的主模式特性具体如下。

a. 时钟生成。

b．起始位和停止位生成。

② IIC 的从模式特性具体如下。

a．可编程 IIC 地址检测。

b．双寻址模式，可对 2 个从地址应答。

c．停止位检测。

3）7 位/10 位寻址及广播呼叫的生成和检测。

4）支持不同的通信速度。具体如下。

① 标准速度（高达 100kHz）。

② 快速速度（高达 400kHz）。

5）适用于 STM32F42×××与 STM32F43×××的可编程数字噪声滤波器。

6）状态标志。具体如下。

① 发送/接收模式标志。

② 字节传输结束标志。

③ IIC 忙碌标志。

7）错误标志。具体如下。

① 主模式下的仲裁丢失情况。

② 地址/数据传输完成后的应答失败。

③ 检测误放的起始位和停止位。

④ 禁止时钟延长后出现的上溢/下溢。

8）2 个中断向量。具体如下。

① 一个中断由成功的地址/数据字节传输事件触发。

② 一个中断由错误状态触发。

9）可选的时钟延长。

10）带 DMA 功能的 1 字节缓冲。

11）可配置的 PEC（packet error checking，数据包错误校验）生成或验证。具体如下。

① 在 Tx 模式下，可将 PEC 值作为最后 1 字节进行传送。

② 针对最后接收字节的 PEC。

12）SMBus 2.0 兼容性。具体如下。

① 25ms 时钟低电平超时延迟。

② 10ms 主器件累计时钟低电平延长时间。

③ 25ms 从器件累计时钟低电平延长时间。

④ 具有 ACK 控制的硬件 PEC 生成/验证。

⑤ 支持地址解析协议（address resolution protocal，ARP）。

13）PMBus 兼容性。

微控制器中的 IIC 接口除接收和发送数据外，还可以从串行格式转换为并行格式，反之亦然。中断由软件使能或禁止。该接口通过数据引脚（SDA）和时钟引脚（SCL）连接到 IIC 总线。它可以连接到标准（高达 100kHz）或快速（高达 400kHz）IIC 总线。

IIC 接口在工作时可选用如下 4 种模式之一，即从发送器、从接收器、主发送器、主接收器。默认情况下，它以从模式工作。接口在生成起始位后会自动由从模式切换为主模式，并在出现仲裁丢失或生成停止位时从主模式切换为从模式，从而实现多主模式功能。

2．IIC 通信流程

在主模式下，IIC 接口会启动数据传输并生成时钟信号。串行数据传输始终是在出现起始位时开始，在出现停止位时结束。起始位和停止位均在主模式下由软件生成。

在从模式下，该接口能够识别其自身地址（7 或 10 位）及广播呼叫地址。广播呼叫地址检测可由软件使能或禁止。数据和地址均以 8 位/字节传输，最高有效位（most significant bit，MSB）在前。起始位后紧随地址字节（7 位地址占据 1 字节，10 位地址占据 2 字节）。地址始终在主模式下传送。在字节传输 8 个时钟周期后是第 9 个时钟脉冲，在此期间接收器必须向发送器发送一个应答位。IIC 框图如图 3.4.5 所示。

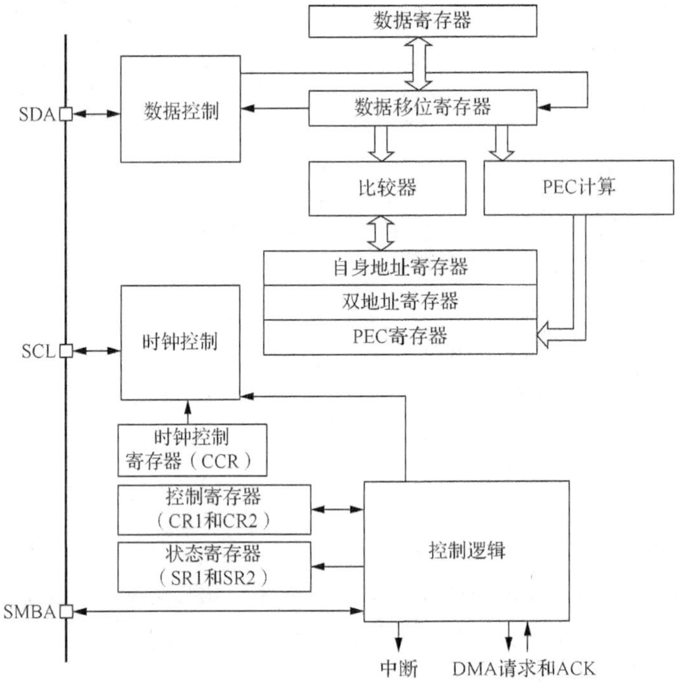

图 3.4.5　IIC 框图

提示：MSB——二进制中代表最高值的比特位，这一位对数值的影响最大。最低有效位（least significant bit，LSB)——二进制中代表最低值的比特位。例如，在二进制的 1001（十进制的 9）中，最左边的 1 即是 MSB，对数值影响最大，若 1 变为 0，则该数值为 0001（十进制的 1)，变化幅度从 9 降至 1；而最右边的“1”是 LSB，对数值影响较小，若 1 变为 0，则该数值为 1000（十进制的 8)，变化幅度从 9 降至 8。

知识 3.4.3　液晶显示器 LCD1602

LCD 为平面超薄的显示设备，是由一定数量的彩色或黑白像素组成的，放置于光源或反射面前方。

LCD 主要是以电流刺激液晶分子产生点、线、面配合背部灯管构成画面的。IPS（in-plane

switching，面内转换）显示模式、TFT-LCD（thin film transistor-LCD，薄膜晶体管液晶显示器）、SLCD（splice liquid crystal display，拼接专用液晶屏）都属于 LCD 的子类。其工作原理是，在电场的作用下，利用液晶分子的排列方向发生变化，使外光源透光率改变（调制），完成电-光转换，再利用 R、G、B 三原色信号的不同激励，通过 R、G、B 三原色滤光膜，完成时域和空间域的彩色重显。

早在 19 世纪末，奥地利植物学家就发现了液晶，即液态的晶体，也就是说，一种物质同时具备了液体的流动性和类似晶体的某种排列特性。在电场的作用下，液晶分子的排列会产生变化，从而影响它的光学性质，这种现象称为电光效应。利用液晶的电光效应，英国科学家在 21 世纪制造了第一块 LCD。今天的 LCD 中广泛采用的是定线状液晶，如果人们从微观的角度观看，会发现它特别像棉花棒。与传统的 CRT（cathode ray tube，阴极射线管）显示器相比，LCD 不但体积小、厚度薄（14.1in①的整机厚度可做到只有 5cm）、质量轻、耗能少（1～10μW/cm^2）、工作电压低（1.5～6V）且无辐射、无闪烁，并能直接与 CMOS（complementary metal oxide semiconductor，互补金属氧化物半导体）集成电路匹配。由于优点众多，LCD 从 1998 年开始进入台式机应用领域。液晶产品其实早就存在于人们的生活中，如电子表、计算器、掌上游戏机等。常见的 LCD 分为 TN-LCD（twisted nematic-LCD，扭曲向列型液晶显示器）、STN-LCD（super twisted nematic-LCD，超扭曲向列型液晶显示器）、DSTN-LCD（double layer super twisted nematic-LCD，双层超扭曲向列型液晶显示器）和 TFT-LCD 这 4 种。

LCD1602 液晶显示器是被广泛使用的一种字符型液晶显示模块（图 3.4.6）。它是由字符型液晶显示屏、控制驱动主电路及其扩展驱动电路，以及少量电阻、电容元件和结构件等装配在 PCB（printed circuit board，印制电路板）上而组成的，是一种专门用来显示字母、数字、符号等的点阵型液晶模块。1602 是指显示内容为 16×2 的显示模式，即可以显示 2 行，每行 16 个字符。LCD1602 的引脚功能如表 3.4.1 所示。

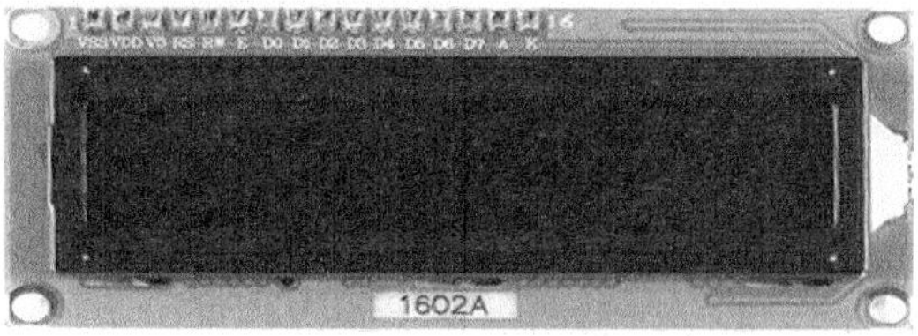

图 3.4.6　LCD1602 实物

表 3.4.1　LCD1602 的引脚功能

编号	符号	引脚说明	编号	符号	引脚说明
1	V_{SS}	电源地	9	D2	数据
2	V_{DD}	电源正极	10	D3	数据
3	V_L	液晶显示偏压	11	D4	数据
4	RS	数据/命令选择	12	D5	数据
5	R/W	读/写选择	13	D6	数据

① 1in（英寸）≈2.54cm。

续表

编号	符号	引脚说明	编号	符号	引脚说明
6	E	使能信号	14	D7	数据
7	D0	数据	15	BLA	背光源正极
8	D1	数据	16	BLK	背光源负极

LCD1602 液晶模块的读/写操作、显示屏和光标的操作都是通过指令编程来实现的（其中，“1”为高电平，“0”为低电平），LCD1602 控制指令集如表 3.4.2 所示。

表 3.4.2 LCD1602 控制指令集

序号	指令	RS	R/W	D7	D6	D5	D4	D3	D2	D1	D0
1	清屏	0	0	0	0	0	0	0	0	0	1
2	光标复位	0	0	0	0	0	0	0	0	1	×
3	输入方式设置	0	0	0	0	0	0	0	1	1/D	S
4	显示开关控制	0	0	0	0	0	0	1	D	C	B
5	光标或字符移位控制	0	0	0	0	0	1	S/C	R/L	×	×
6	功能设置	0	0	0	0	1	DL	N	F	×	×
7	字符发生存储器地址设置	0	0	0	1	字符发生存储器地址					
8	数据存储器地址设置	0	0	1	显示数据存储器地址						
9	读忙标志或地址	0	1	BF	计数器地址						
10	写入数据至 CGRAM 或 DDRAM	1	0	要写入的数据内容							
11	从 CGRAM 或 DDRAM 中读取数据	1	1	读取的数据内容							

LCD1602 与微控制器的连接有两种方式：一种是直接控制方式，另一种是间接控制方式。

1. 直接控制方式

LCD1602 的 8 根数据线和 3 根控制线——E、RS 和 R/W 与微控制器相连后即可正常工作。一般应用中只需要在 LCD1602 中写入命令和数据，因此可将 LCD1602 的 R/W（读/写）选择控制端直接接地，这样可节省 1 根数据线。另外，V_L 引脚是液晶对比度调试端，通常连接一个 10kΩ 的电位器即可实现对比度的调整；也可采用将一个适当大小的电阻从该引脚接地的方法进行调整，不过电阻的大小应通过调试决定。

2. 间接控制方式

间接控制方式也称为四线制工作方式，是指利用驱动芯片所具有的 4 位数据总线的功能，将电路接口简化的一种方式。为了减少接线数量，只采用引脚 D4～D7 与微控制器进行通信，先传数据或命令的高 4 位，再传低 4 位。采用四线并口通信，可以减少对微控制器 I/O 端口的需求。本任务采用的是使用驱动芯片进行间接控制方式。

知识 3.4.4 PCF8574T 芯片

PCF8574T 芯片（图 3.4.7）是 CMOS 电路，它通过两条双向总线可使大多数 MCU 实现远程 I/O 扩展。该器件包含一个 8 位准双向口和一个总线接口。PCF8574T 芯片电流消耗很低，并且输出锁存。它具有大电流驱动能力，可直接驱动 LED。它还带有一种中断接线，可与 MCU 的中断逻辑相连。通过 INT 发送中断信号，远端 I/O 端口不必经过总线通信即可通知 MCU 是否有数据从端口输入。

PCF8574T 芯片的每个 I/O 端口都可单独用作输入或输出。输入通过读模式将数据传送到微控制器，输出通过写模式将数据发送到端口。PCF8574T 芯片的功能框图如图 3.4.8 所示。

图 3.4.7　PCF8574T 芯片实物

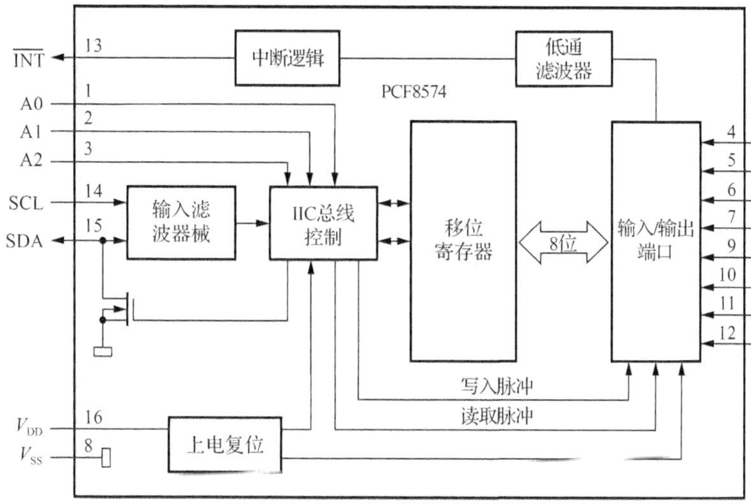

图 3.4.8　PCF8574T 芯片的功能框图

通过查询 PCF8675T 芯片的数据手册可知，其地址如图 3.4.9 所示。

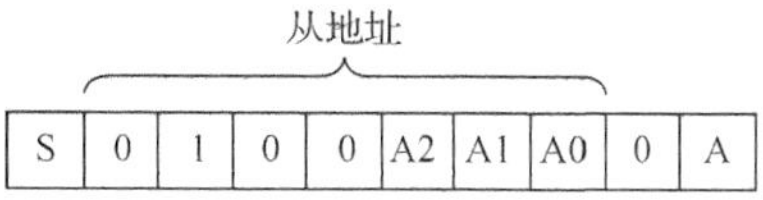

图 3.4.9　PCF8574T 地址

在图 3.4.9 中，A0、A1、A2 全部为低电平，设备地址为 0x40；A2、A1 为低电平，A0 为高电平，设备地址为 0x42。在本任务中，A0、A1、A2 均为高电平，因此设备地址为 0x4E。

微控制器发送给 PCF8574T 芯片的数据格式如表 3.4.3 所示。

表 3.4.3　数据格式

D7	D6	D5	D4	BG	E	R/W	RS
				1 背光开 0 背光关	1 使能开 0 使能关	1 读 0 写	1 数据 0 命令

根据表 3.4.3，写命令，即输入 RS=0，R/W=0，E=1（高脉冲）；写数据，即输入 RS=1，R/W=0，E=1（高脉冲）。

任务实施

1．任务分析

本任务要求实现人体红外检测并显示。根据任务要求，可将任务分为两部分：一部分为红外检测，另一部分为显示。其中，红外检测部分可参考之前任务的相关内容。

2．任务准备

计算机（Windows 7 及以上操作系统）1 台、微控制器核心板 1 块、LCD1602A 显示器 1 块、PCF8574T 芯片 1 块、ST-Link 仿真器 1 只、杜邦线若干。

3．硬件连接

本任务接线方法如表 3.4.4 所示。

表 3.4.4　本任务接线方法

微控制器核心板	PCF8574T 芯片	LCD1602A 显示器
	P0	RS
	P1	R/W
	P2	E
	P4	D4
	P5	D5
	P6	D6
	P7	D7
PB6	SCL	
PB7	SDA	

4．软件配置

（1）新建空白工程并配置 RCC

本任务用到了 IIC，因此需要先配置 IIC，可在如图 3.4.10 所示的位置找到 IIC 选项。

从图 3.4.10 中可以看出，本任务使用的微控制器有 3 个 IIC 接口。选择好某一个 IIC 后，微控制器上相应的引脚颜色即会变成绿色，并会标注出引脚的属性，如图 3.4.10 中右方所示。

（2）在图 3.4.11 中方框所示的位置进行配置

1）在方框①处选择 IIC 的模式为“I2C”。另外两种模式分别为：①SM Bus-Alter-mode（即 SM 总线转换模式）；②SM Bus-two-wire-interface（即 SM 总线双线接口）。

2）在方框②处配置主机参数，在方框③处配置从机参数。一般情况，参数选择默认即可，配置完成后即可使用自动生成代码功能。

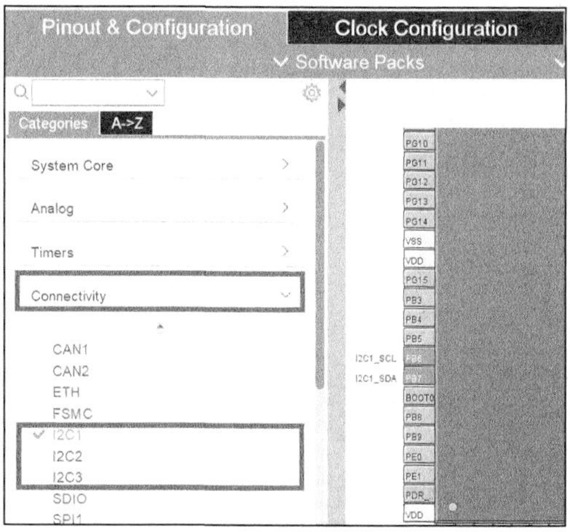

图 3.4.10　IIC 位置示意图

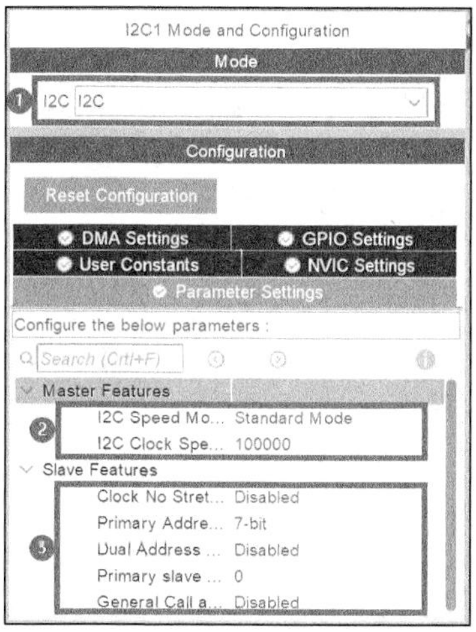

图 3.4.11　IIC 配置

5. 编写 LCD 显示程序代码

首先简单介绍与 IIC 相关的函数，HAL 库中涉及 IIC 的 3 种库函数，即 Polling、IT 及 DMA，这里仅以 Polling 为例介绍以下几种函数。

1）主机模式发送与接收。

```
HAL_I2C_Master_Transmit(hi2c, DevAddress, pData, Size, Timeout)
HAL_I2C_Master_ Receive(hi2c, DevAddress, pData, Size, Timeout)
```

2）从机模式发送与接收。

```
HAL_I2C_Slave_Transmit(hi2c, pData, Size, Timeout)
HAL_I2C_Slave_Receive (hi2c, pData, Size, Timeout)
```

3）若需要对寄存器进行操作，还可选择如下函数：

```
HAL_I2C_Mem_Write(hi2c, DevAddress, MemAddress, MemAddSize, pData,
```

```
Size, Timeout)
        HAL_I2C_Mem_Read(hi2c, DevAddress, MemAddress, MemAddSize, pData,
Size, Timeout)
```

参数的具体含义如下。

1）hi2c：IIC 操作句柄。

2）DevAddress：从机设备地址。

3）MemAddress：从机寄存器地址。

4）MemAddSize：从机寄存器地址长度。

5）pData：发送的数据的起始地址。

6）Size：传输数据的大小。

7）Timeout：操作超时时间。

下面开始在 main.c 文件中编写用户代码。本任务的主要代码如下。

```
#define SLAVE_ADDRESS_LCD 0x4E          //定义从机地址(PCF8574T)

/*发送命令函数.由于使用的是 4 位 LCD 模式,因此必须分为两部分发送命令.首先发送上半部
分,然后发送下半部分.*/
void lcd_send_cmd (char cmd)
{
  char data_u, data_l;
    uint8_t data_t[4];
    data_u = (cmd&0xf0);                //高 4 位
    data_l = ((cmd<<4)&0xf0);           //低 4 位
    data_t[0] = data_u|0x0C;            //en=1(使能开), rs=0(命令选择)
    data_t[1] = data_u|0x08;            //en=0(使能关), rs=0(命令选择)
    data_t[2] = data_l|0x0C;            //en=1, rs=0
    data_t[3] = data_l|0x08;            //en=0, rs=0
    HAL_I2C_Master_Transmit (&hi2c1, SLAVE_ADDRESS_LCD,(uint8_t *) data_
t, 4, 100);
}

//发送数据命令函数
void lcd_send_data(char data)
{
    char data_u, data_l;
    uint8_t data_t[4];
    data_u = (data&0xf0);
    data_l = ((data<<4)&0xf0);
    data_t[0] = data_u|0x0D;            //en=1(使能开), rs=1(数据选择)
    data_t[1] = data_u|0x09;            //en=0(使能关), rs=1(数据选择)
    data_t[2] = data_l|0x0D;            //en=1, rs=1
    data_t[3] = data_l|0x09;            //en=0, rs=1
```

```
        HAL_I2C_Master_Transmit(&hi2c1, SLAVE_ADDRESS_LCD,(uint8_t *) data_
t, 4, 100);
    }


    void lcd_init(void)
    {
        //4 位初始化
        HAL_Delay(50);      //等待时间>40ms
        lcd_send_cmd (0x30);
        HAL_Delay(5);       //等待时间>40ms
        lcd_send_cmd (0x30);
        HAL_Delay(1);       //等待时间>100μs
        lcd_send_cmd (0x30);
        HAL_Delay(10);
        lcd_send_cmd (0x20);  //4 线模式
        HAL_Delay(10);

        //显示初始化
        lcd_send_cmd (0x28); //设置 16×2,5×7,4 位模式线初始化
        HAL_Delay(1);
        lcd_send_cmd (0x08); //显示开关控制
        HAL_Delay(1);
        lcd_send_cmd (0x01);  //清屏
        HAL_Delay(1);
        lcd_send_cmd (0x06); //地址增 1,数据不移动
        HAL_Delay(1);
        lcd_send_cmd (0x0C); //开启显示,不显示光标,光标不闪烁
    }

    //发送字符串函数
    void lcd_send_string(char *str)
    {
        while (*str) lcd_send_data (*str++);
    }
    //清屏函数
    void lcd_clear(void)
    {
        lcd_send_cmd(0x80);
        for (int i=0; i<70; i++)
        {
            lcd_send_data(' ');
        }
```

```
}

//固定位显示
void lcd_put_cur(int row, int col)
{
    switch(row)
    {
        case 0:
            col |= 0x80;
            break;
        case 1:
            col |= 0xC0;
            break;
    }

    lcd_send_cmd (col);
}
```

6．下载及运行程序

将代码经过编译、下载到微控制器后，可以通过 LCD1602 显示器看到显示的警告信息。当红外传感器检测到人时，显示“Warning”。至此，本任务成功完成。任务效果如图 3.4.12 所示。

图 3.4.12　任务效果

提示： 在计算机程序中，数据的位是可以操作的最小单位，理论上可以对“位”操作来完成所有的运算。灵活有效的位操作可以大大地提高程序运行的效率。C 语言提供了位运算的功能，并提供了以下 6 种位运算符。

1）&——按位与。其功能是将参与运算的两数相对应的二进位相与，只有对应的两个二进位均为“1”时，结果位才为“1”，否则为“0”。

2）|——按位或。其功能是将参与运算的两数相对应的二进位相或，只要对应的两个二进位有一个为“1”，结果位就为“1”。

3）^——按位异或。其功能是将参与运算的两数相对应的二进位相异或，当对应的两个二进位相异时，结果为“1”。

4）~——取反。其功能是对参与运算的二进位取其相反的数，如“0”取反为“1”、“1”取反为“0”。

5）<<——左移。其功能是把<<左边的运算数的各二进位全部左移若干位，由<<右边的数指定移动的位数，高位丢弃，低位补“0”。

6）>>——右移。其功能是把>>左边的运算数的各二进位全部右移若干位，>>右边的数指定移动的位数。

任务评价

任务评价表如表 3.4.5 所示。

表 3.4.5 任务评价表

评价内容	分值	自评评分	小组互评评分	老师评分
硬件准备及连线	20			
工程文件建立及软件配置	20			
编写 LCD 显示程序代码	20			
下载及运行程序，实现人体红外检测及显示	40			
总分	100			

任务拓展

本任务实现了人体红外检测并显示在 LCD1602 上，请思考如何实现以下功能。

1）如何将红外检测的报警信息通过串口发送给上位机并显示？

2）如何调节液晶显示器的亮度、光标等参数？

任务 3.5 在 OLED 上显示字符

任务目标

1）了解 SPI 总线通信原理。

2）了解 OLED 显示原理及使用方法。

3）掌握开发环境中 SPI 的配置。

4）通过编程实现在 OLED 上显示字符。

知识准备

知识 3.5.1 SPI

SPI 是 Motorola 公司推出的同步串行接口技术。SPI 接口主要应用在 EEPROM、Flash、RTC、DAC、DSP 及数字信号解码器。SPI 是一种高速的全双工同步通信总线，并且只占用了芯片的 4 个引脚，在节约芯片引脚的同时也为 PCB 的布局节省了空间。正是由于这种简单易用的特性，现在越来越多的芯片集成了 SPI 通信协议。

SPI 接口一般使用以下 4 个引脚进行数据传输。

1）MISO（master input slave output）\SDO（serial data output）：主设备数据输入，从设备数据输出。

2）MOSI（master output slave input）\SDI（serial data input）：主设备数据输出，从设备数据输入。

3）SCLK（serial clock）：时钟信号，由主设备产生。

4）CS（chip select）\SS（slave select）：从设备片选信号，由主设备控制。

在 SPI 总线上，某一时刻可以出现多个从设备，但只能存在一个主设备，主设备通过片选信号确定要通信的从设备。SPI 主从连接示意图如图 3.5.1 所示。

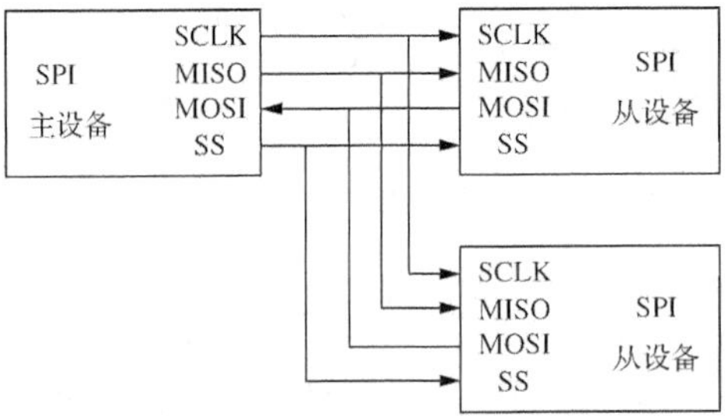

图 3.5.1　SPI 主从连接示意图

SPI 的特点具体如下：可以同时发出和接收串行数据，可以当作主设备或从设备工作，提供频率可编程时钟，发送结束中断标志、写冲突保护、总线竞争保护等。

SPI 的数据传输要求在一个 SPI 时钟周期内完成如下操作。

1）主设备通过 MOSI 线发送一位数据，从设备通过该线读取这一位数据。

2）从设备通过 MISO 线发送一位数据，主设备通过该线读取这一位数据。

数据传输是通过移位寄存器来实现的。如图 3.5.2 所示，主设备和从设备各有一个移位寄存器，并且二者连接成环。随着时钟脉冲，数据按照从高位到低位的顺序，依次移出主设备寄存器和从设备寄存器，并且依次移入从设备寄存器和主设备寄存器。当寄存器中的内容全部移出时，即完成了两个寄存器内容的交换。

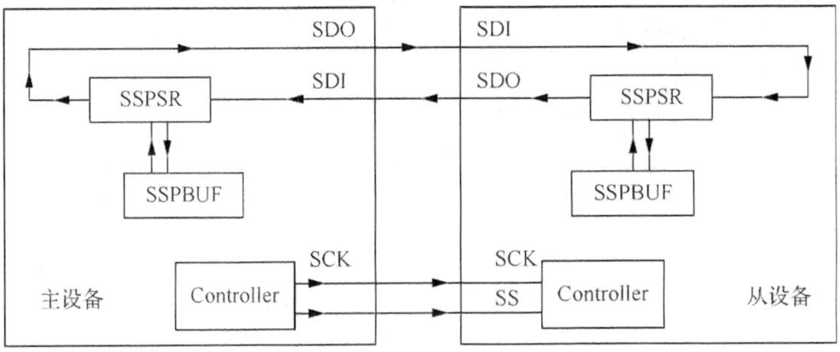

图 3.5.2　SPI 数据传输示意图

1）SSPBUF（synchronous serial port buffer，同步串口缓冲区）是指 SPI 设备里面的内部缓冲区，一般在物理上以 FIFO（first in first out，先进先出）的形式保存传输过程中的临时数据。

2）SSPSR（synchronous serial port register，同步串口寄存器）是指 SPI 设备里面的移位寄存器（shift register），它的作用是根据设置好的数据位宽将数据移入或移出 SSPBUF。

3）Controller 是指 SPI 设备里面的控制寄存器，可以通过配置它们来设置 SPI 总线的传输模式。在通信过程中，SPI 设备的主设备和从设备之间会产生一个数据链路回环，通过 SDO 和 SDI 引脚，SSPSR 控制数据移入移出 SSPBUF，Controller 确定 SPI 总线的通信模式，SCK 传输时钟信号。

知识 3.5.2 微控制器中的 SPI

微控制器中的 SPI 提供两个主要功能：支持 SPI 协议或 I2S 音频协议（默认情况下，一般是 SPI 协议），可通过软件将接口从 SPI 切换到 I2S。

SPI 可与外部器件进行半双工/全双工的同步串行通信。该接口可配置为主模式，为外部从器件提供通信时钟（SCK），还能够在多主模式配置下工作。

SPI 可用于多种用途，包括基于双线的单工同步传输，其中一条可作为双向数据线，或使用 CRC 校验实现可靠通信（I2S 也是同步串行通信接口）。它不仅可以满足 4 种不同音频标准的要求，包括 I2SPhilips 标准、MSB 和 LSB 对齐标准，以及 PCM 标准，还可以在全双工模式（使用 4 个引脚）或半双工模式（使用 3 个引脚）下作为从器件或主器件工作。当 I2S 配置为通信主模式时，该接口可以向外部从器件提供主时钟。SPI 框图如图 3.5.3 所示。

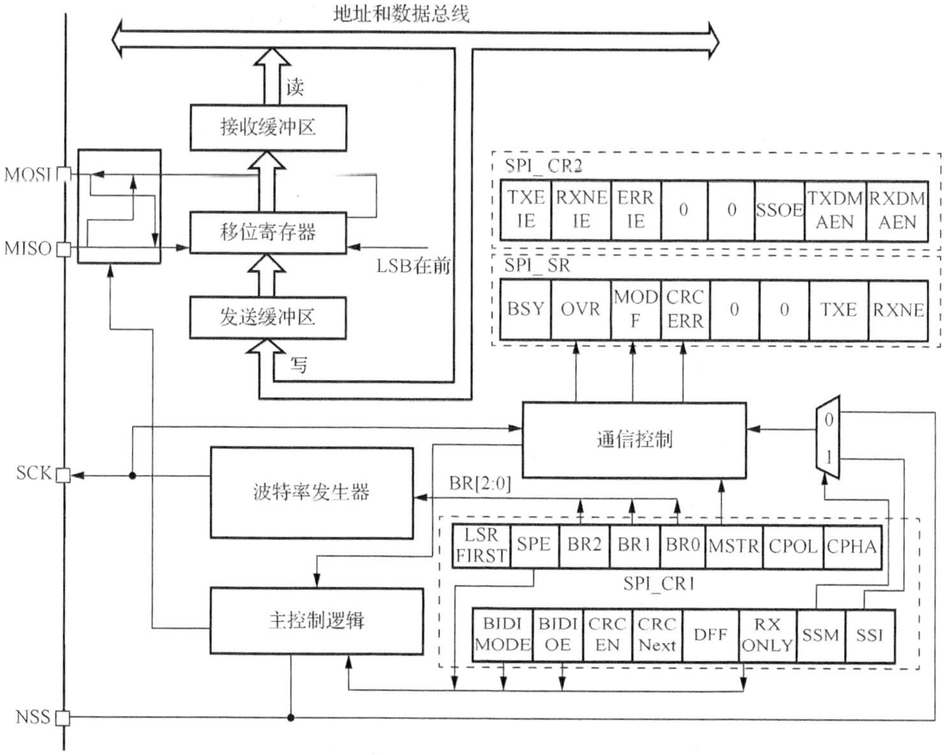

图 3.5.3 SPI 框图

知识 3.5.3　OLED

OLED 又称为有机电激光显示（organic electroluminescence display）。OLED 属于一种电流型的有机发光器件，其具有通过载流子的注入和复合从而导致发光的现象。发光强度与注入的电流成正比。OLED 在电场的作用下，阳极产生的空穴和阴极产生的电子就会发生移动，分别向空穴传输层和电子传输层注入，迁移到发光层。当二者在发光层相遇时，产生能量激子，从而激发发光分子最终产生可见光。

OLED 由于同时具备自发光、不需背光源、对比度高、面板薄、视角广、反应速度快、可实现柔性显示、工作温度范围广、构造及制程较简单等许多优异特性，被认为是下一代的平面显示器新兴应用技术。OLED 能够满足当今信息化时代对显示器更高性能和更大信息容量的要求，具体如下：可用于室内和室外照明；可制作成具备折叠功能的电子面板；可用于电视、手机、平板电脑和可穿戴式电子产品等便携设备；还可制作光耦合器件，用于光通信。OLED 的全固态结构适用于航天器数字处理设备的显示。近年来，OLED 平板显示已步入实用化进程，产业化势头异常迅猛。

LCD 需要背光，而 OLED 不需要，因为它是自发光的。因此，同样的显示，OLED 效果更好。以目前的技术，OLED 的尺寸还难以做到大型化，但是其分辨率可以做到很高。0.96 英寸①OLED 实物如图 3.5.4 所示。

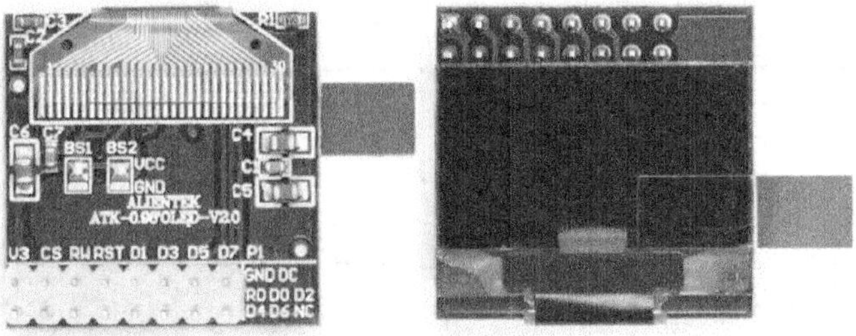

图 3.5.4　0.96 英寸 OLED 实物

OLED 的基本结构是，在铟锡氧化物（ITO）玻璃上制作一层几十纳米厚的有机发光材料作为发光层，发光层上方有一层低功函数的金属电极，构成如“三明治”的结构。OLED 的基本结构主要包括以下部分。

1）基板（透明塑料、玻璃、金属箔）：用来支撑整个 OLED。

2）阳极（透明）：提供空穴注入。

3）空穴传输层：由有机材料分子构成，这些分子传输由阳极而来的“空穴”。

4）有机发光层：由有机材料分子（不同于导电层）构成，发光过程在这一层进行。

5）电子传输层：由有机材料分子构成，这些分子传输由阴极而来的“电子”。

6）金属阴极：提供电子注入。

OLED 是双注入型发光器件，在外界电压的驱动下，由电极注入的电子和空穴在有机发光层中复合，形成处于束缚能级的电子空穴对（即激子），激子辐射退激发发出光子，产

① 1 英寸≈2.54cm。

生可见光。为有效提高电子和空穴的注入并使其平衡，通常在 ITO 与发光层之间增加一层空穴传输层，在有机发光层与金属阴极之间增加一层电子传输层，从而提高其发光性能。其中，空穴由阳极注入，电子由阴极注入。

OLED 是一种有机电致发光器件，由比较特殊的有机材料构成，按照其结构的不同可以将其划分为 4 种类型，分别如下：①单层器件；②双层器件；③三层器件；④多层结构。

OLED 按照驱动方式来划分，一般分为如下两种：①主动式；②被动式。

主动式的一般为有源驱动，被动式的为无源驱动。在实际应用过程中，有源驱动主要用于高分辨率的产品，而无源驱动主要用于显示器尺寸比较小的显示器中。

构成 OLED 的材料主要是有机物，可根据有机物的种类划分如下：①小分子；②高分子。这两种器件的主要差别在制作工艺上，小分子器件主要采用的是真空热蒸发工艺，高分子器件采用的是旋转涂覆或喷涂印刷工艺。

常见的 OLED 显示屏包含显示驱动器，下面介绍一款较为常见的驱动器——SSD1306。

SSD1306 是一款单片 CMOS OLED/PLED 驱动器，具有有机/聚合物发光控制器二极管点阵图形显示系统，由 128 个段和 64 个公共部分组成（图 3.5.5）。这个芯片是为普通阴极型 OLED 面板设计的。

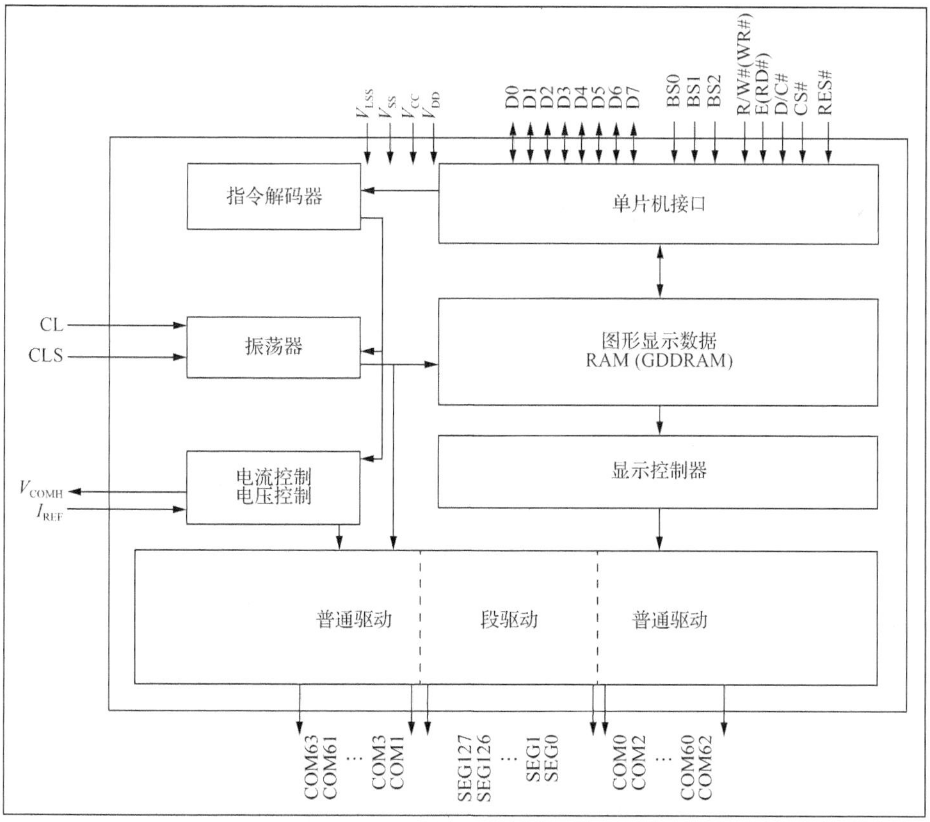

图 3.5.5 SSD1306 内部结构

SSD1306 内置对比度控制、显示 RAM 和振荡器，减少了外部组件和功耗。它有 256 级亮度控制。数据/命令从通用 MCU 通过硬件可选的 6800/8000 系列兼容并行接口发送到 IIC 接口或串行外围接口。它适用于许多紧凑型便携式应用程序，如手机显示屏、MP3 播放器、计算器等。

SSD13606 的引脚说明具体如下。

（1）电源引脚

1）V_{DD}：芯片逻辑器件供电引脚。

2）V_{CC}：显示面板驱动电源引脚。

3）V_{SS}：接地引脚。

4）V_{LSS}：模拟接地引脚，在外部连接到 V_{SS}。

5）V_{COMH}：用于 COM 的高电平电压输出的引脚，与 V_{SS} 之间应该连接一个电容驱动器输出引脚。

① SEG0～SEG127：列输出脚，OLED 关闭时，处于 V_{SS} 状态。

② COM0～COM63：行输出脚，OLED 关闭时，处于高阻抗状态。

（2）MCU 接口引脚

1）BS[2:0]：MCU 总线接口选择脚。通过配置 BS0～BS2 来选择不同的 MCU 总线接口。

2）D[7:0]：连接到 MCU 的 8 位双向数据总线，不同的 MCU 总线接口有不同用法。

① D/C#：数据/命令控制脚，不同的 MCU 总线接口有不同用法。

② R/W#(WR#)：与 6800/8080 通用并行总线接口相关，使用串行接口时做拉高处理。

③ E(RD#)：与 6800/8080 通用并行总线接口相关，使用串行接口时做拉高处理。

④ RES#：复位信号引脚，低电平有效。

⑤ CS#：芯片片选引脚，低电平有效。

（3）其他引脚

1）I_{REF}：段输出电流参考脚，与 V_{SS} 间应连接一个电阻，以将 I_{REF} 电流保持在 12.5μA。

2）CL：外部时钟输入引脚。用外部时钟时，此引脚输入外部时钟信号。用内部时钟时应连接到 V_{SS}。

3）CLS：内部时钟启用引脚。拉高时内部时钟启用，拉低时内部时钟禁用。

SSD1306 的 RES#引脚输入低电平时，芯片初始化进程如图 3.5.6 所示，具体如下。

1）关闭显示（AEH）。

2）进入 128×64 显示模式。

3）恢复到默认的 SEG 和 COM 映射关系（A0H，D3H～00H）。

4）清除串行接口中移位寄存器内的数据。

5）GDDRAM 显示开始行设为 0（40H）。

6）列地址计数器重置为 0。

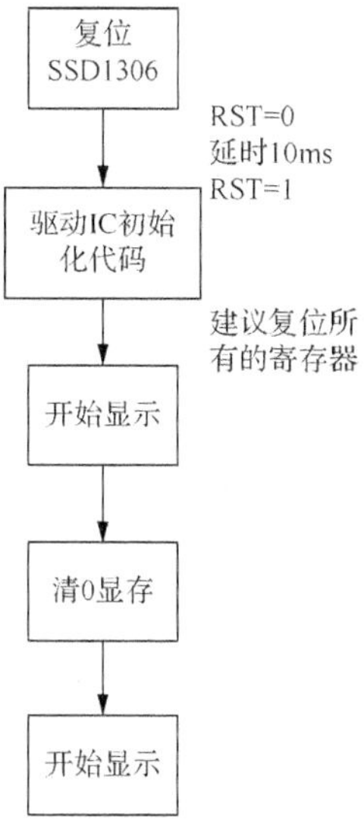

图 3.5.6　SSD1306 初始化进程

7）恢复到默认的 COM 扫描方向（C0H）。

8）对比度寄存器初始化为 7FH（81H～7FH）。

9）正常显示模式（A4H）。

SSD1306 驱动器集成了 6800/8080 系列通用并行接口、串行接口（SPI 接口及 IIC 接口）。通过 SSD1306 的 BS[2:0]引脚来选择使用的接口类型，如表 3.5.1 所示。

表 3.5.1　SSD1306 总线选择

SSD1306 引脚名称	IIC 接口	6800-并行接口(8 位)	8080-并行接口(8 位)	4-线串行接口	3-线串行接口
BS0	0	0	0	0	1
BS1	1	0	1	0	0
BS2	0	1	1	0	0

注："0" 表示连接地；"1" 表示连接电源。

SSD1306MCU 接口由 8 个数据引脚与 5 个控制引脚组成。不同接口的引脚分配如表 3.5.2 所示。

表 3.5.2　SSD1306 总线引脚分配

总线接口	数据/命令接口								控制信号				
	D7	D6	D5	D4	D3	D2	D1	D0	E	R/W#	CS#	D/C#	RES#
8-bit 8080	D[7:0]								RD#	WR#	CS#	D/C#	RES#
8-bit 6800	D[7:0]								E	R/W#	CS#	D/C#	RES#
3-wire SPI	Tie LOW					NC	SDIN	SCLK	Tie LOW		CS#	Tie LOW	RES#
4-wire SPI	Tie LOW					NC	SDIN	SCLK	Tie LOW		CS#	D/C#	RES#
IIC	Tie LOW					SDA_{OUT}	SDA_{IN}	SCL	Tie LOW			SA0	RES#

在 4 线 SPI 模式下，串行接口由串行时钟 SCLK、串行数据 SDIN、D/C#、CS#组成，其中 D0 充当 SCLK，D1 充当 SDIN。对于未使用的数据引脚，D2 应保持打开状态。从 D3 到 D7、E 和 R/W（WR）均可以连接到外部接地（表 3.5.3）。

表 3.5.3　4 线串行接口的控制引脚

功能	控制信号			
	E	R/W#	CS#	D/C#
写命令	Tie LOW	Tie LOW	L	L
写数据	Tie LOW	Tie LOW	L	H

注：表中 H 代表高电平信号；L 代表低电平信号。

SDIN 在 SCLK 的每个上升沿按 D7、D6、…、D0 的顺序（图 3.5.7）移入一个 8 位移位寄存器。D/C#每 8 个时钟采样一次，移位寄存器中的数据字节写入图形显示数据 RAM（graphic display data RAM，GDDRAM）或同一时钟中的命令寄存器。同时，需要注意的是，在串行模式下，只允许写操作。

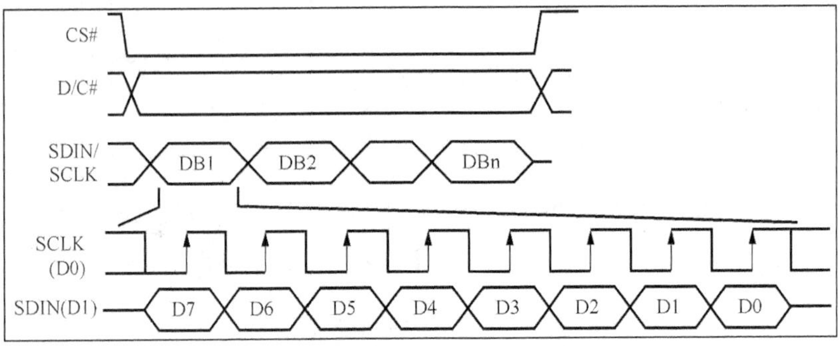

图 3.5.7　4 线 SPI 写时序

SSD1306 分为段（Segment）驱动与普通（Com）驱动。段驱动提供 128 个电流源来驱动 OLED 面板。驱动电流可在 0～100μA 范围内调节，共 256 个等级。普通驱动则是产生电压扫描脉冲。段驱动分为 3 个阶段（图 3.5.8）：

1）在第 1 阶段，前一幅图像的 OLED 像素电荷被放电，以便为下一幅图像内容显示做准备。

2）在第 2 阶段，OLED 像素被充到目标电压。驱动像素从 V_{SS} 获得相应的电压水平。第 2 阶段的周期长度可以设定为 1～15 DCLK。如果 OLED 面板像素的电容值较大，则需要更长的时间对电容器充电以达到所需的电压。

3）在第 3 阶段，OLED 驱动器切换到使用电流源驱动 OLED 像素，这是当前驱动阶段。

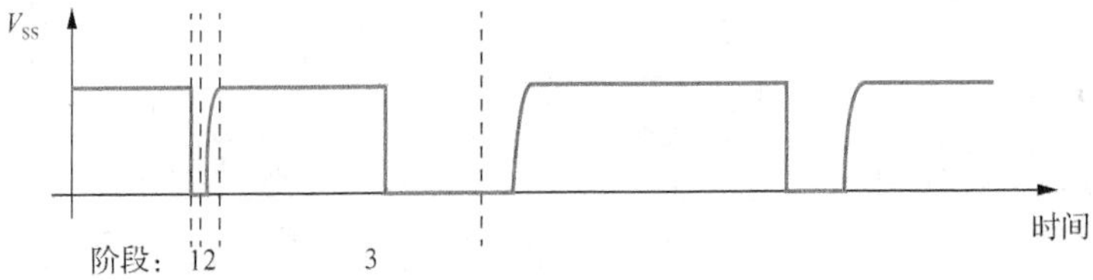

图 3.5.8　3 个阶段波形输出

完成第 3 阶段后，驱动器 IC 将返回第 1 阶段以显示下一行图像数据。这 3 步循环持续运行，以刷新 OLED 面板上的图像显示。在第 3 阶段中，如果当前驱动脉冲宽度的长度设置为 50，在当前驱动阶段完成 50 个 DCLK 后，驱动芯片将返回第 1 阶段进行下一行显示。

SSD1306 中有一个 GDDRAM。这个 GDDRAM 是一个位映射静态 RAM，RAM 的大小为 128×64 位。它的作用是存储显示在 128×64 单色点阵屏上的图像，其中每个位对应屏幕上的一个像素。RAM 分为 8 页，从第 0 页到第 7 页，如图 3.5.9 所示。

在图 3.5.9 中，PAGE 为页数，COM 为列号，SEG 为段号，段的写入顺序为 SEG0～SEG127。如果行进行了重映射，则每页对应的 COM 会发生变化，如图 3.5.9 中“Row re-mapping”下面所列，同时段的写入顺序也就变成了 SEG127～SEG0。

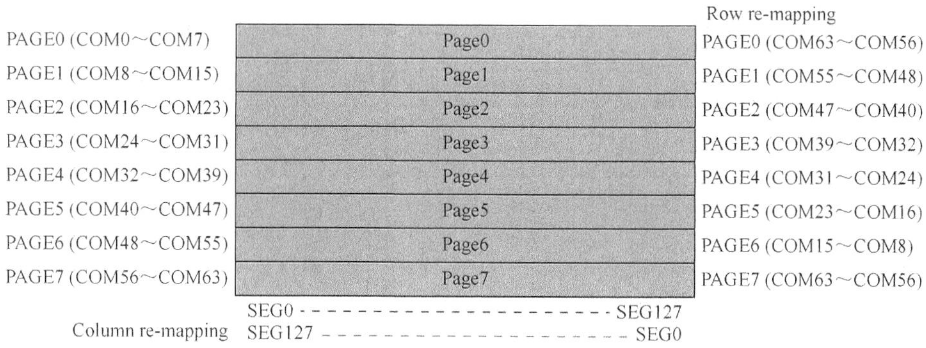

图 3.5.9　SSD1306 的 GDDRAM 页面结构

当将一个数据字节写入 GDDRAM 时，其将填充当前列同一页的所有行图像数据［即填充列地址指针指向的整列（8 位）］。数据位 D0（LSB）写入顶行，数据位 D7（MSB）写入底行，如图 3.5.10（无行重映射和列重映射）所示。

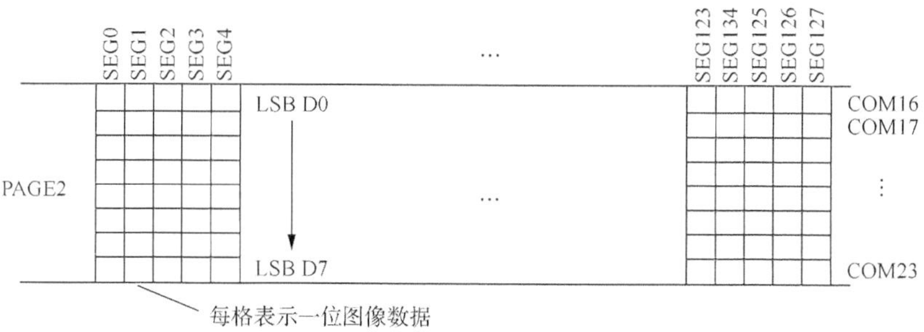

图 3.5.10　GDDRAM 的放大图

为了灵活性，段（Segment）与列（Com）上的重映射都可以通过软件选择。对于显示的垂直移动，可以设置存储显示起始行的内部寄存器，以控制要映射到显示的 RAM 数据部分（命令 D3h）。

SSD1306 有多个命令表，基本命令表如表 3.5.4 所示。其他命令表包括滚动命令表、寻址设置命令表、硬件配置命令表等，具体请参考 SSD1306 数据手册。

表 3.5.4　SSD1306 基本命令表

D/C#	Hex	D7	D6	D5	D4	D3	D2	D1	D0	命令	描述
0 0	81 A[7:0]	1 A_7	0 A_6	0 A_5	0 A_4	0 A_3	0 A_2	0 A_1	1 A_0	设置对比度	双字节命令，1～256 级对比度可选，对比度随值增加。 （RESET=7Fh）
0	A4/A5	1	0	1	0	0	1	0	X_0	全部显示开	A4h，X_0=0b：恢复内存内容显示（默认），输出内存中的内容 A5h，X_0=1b：开显示，输出无视内存的内容
0	A6/A7	1	0	1	0	0	1	1	X_0	设置正常/逆显示	A6h，X[0]=0b：正常显示（默认） 0 in RAM：显示面板关 1 in RAM：显示面板开 A7h，X[0]=1b：逆显示 0 in RAM：显示面板开 1 in RAM：显示面板关
0	AE AF	1	0	1	0	1	1	1	X_0	设置显示开/关	AEh，X[0]=0b：关显示（默认） AFh，X[0]=1b：在正常模式显示

注：表中 D/C#=0，R/W#(WR#)=0，E(RD#=1)，特殊状态除外。

任务实施

1．任务分析

本任务要求使用 SPI 通信协议在 OLED 显示屏上显示字符。根据任务要求，本任务需使用 OLED 显示屏，因此需要配置 RCC 和 SPI，同时微控制器部分引脚与 OLED 相连接，因此还需要对相应引脚进行配置。

2．任务准备

计算机（Windows 7 及以上操作系统）1 台、微控制器核心板 1 块、OLED 1 块、ST-Link 仿真器 1 个、杜邦线若干。

3．硬件连接

本任务接线方法如表 3.5.5 所示。

表 3.5.5　本任务接线方法

微控制器核心板	外设
PA3	OLED 模块-CS
PA4	OLED 模块-DC
PA6	OLED 模块-RST
SPI1_SCK	OLED 模块-D0
SPI1_MOSI	OLED 模块-D1

4．软件配置

首先新建空白工程并配置 RCC，接着配置 SPI。在如图 3.5.11 所示位置找到相应的 SPI

并选择。选择 SPI 后即可选择具体的 SPI 模式，如图 3.5.12 所示。

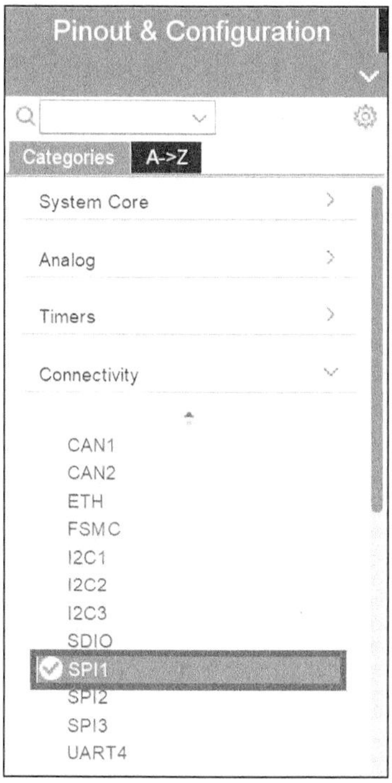

图 3.5.11　SPI 位置示意图

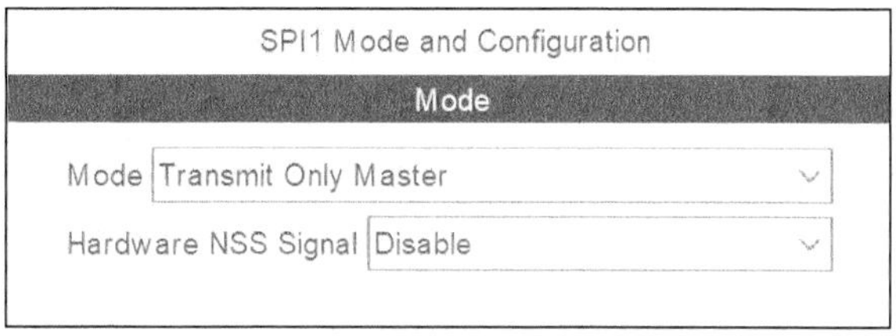

图 3.5.12　SPI 模式选择

具体模式描述如下。

1）Full-Duplex Master：主机全双工模式。

2）Full-Duplex Slave：从机全双工模式。

3）Half-Duplex Master：主机半双工模式。

4）Half-Duplex Slave：从机半双工模式。

5）Receive Only Master：主机仅接收。

6）Receive Only Slave：从机仅接收。

7）Transmit Only Master：主机仅发送。

8）Hardware NSS Signal：硬件片选信号。

本任务要求控制 OLED 显示屏显示字符，因此选择 SSD1306 作为从机，选择主机仅发送与不使用硬件片选。模式选择好后需要配置相关参数，如图 3.5.13 所示。

由图 3.5.13 可知以下内容。

1）方框①处为基础参数配置。

① Frame Format：选择格式，此处有 Motorola（摩托罗拉）与 TI（德州仪器）两种可选项。

② Data Size：数据位宽。

③ First Bit：第一位选择。MSB 及 LSB。

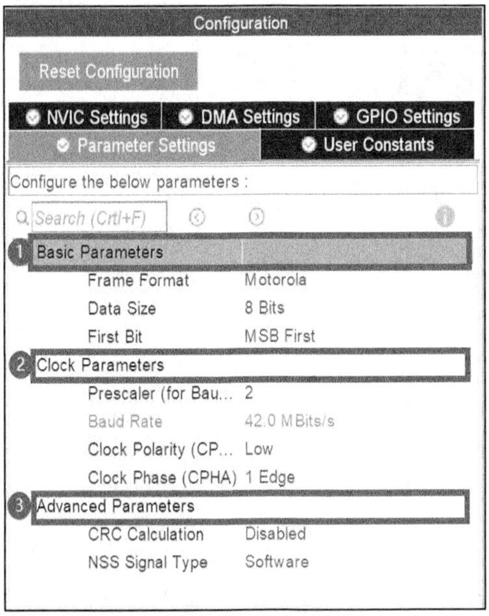

图 3.5.13　SPI 配置

2）方框②处为时钟参数配置。

① Prescaler：分频系数。

② Baud Rate：波特率。

③ Clock Polarity：时钟极性。如果起始的 SCLK 的电平是“0”，那么 CP=0；如果起始的 SCLK 的电平是“1”，那么 CP=1。

④ Clock Phase：时钟相位。数据采样边沿选择。CP=1 表示第一个边沿；CP=2 表示第二个边沿。

3）方框③处为高级参数配置。

① CRC Calculation：循环冗余校验（cyclic redundancy check）。

② NSS Signal Type：片选信号类型选择。

SPI 配置完成后，还需要配置 3 个 I/O 端口分别用作片选信号、数据/命令信号及复位，这 3 个端口全部配置为 GPIO 输出模式。所有基础配置完成后即可使用自动代码生成功能。

5．编写 OLED 字符显示程序代码

在 HAL 库函数中，涉及较多 SPI 函数，利用 SPI 接口发送和接收数据主要调用以下两个函数：

```
HAL_SPI_Transmit(hspi, pData, Size, Timeout)     //发送数据
HAL_SPI_Reveive(hspi, pData, Size, Timeout)      //接收数据
```

其中，hspi 表示句柄地址；pData 表示数据地址；Size 表示数据长度；Timeout 表示阻塞延时。

本任务的主要代码如下。

```
//复位
void ssd1306_Reset(void) {

    HAL_GPIO_WritePin(GPIOA, CS_Pin, GPIO_PIN_RESET);
    HAL_GPIO_WritePin(GPIOA, DC_Pin, GPIO_PIN_RESET);
    HAL_GPIO_WritePin(GPIOA, RES_Pin, GPIO_PIN_RESET);
    HAL_Delay(100);
    HAL_GPIO_WritePin(GPIOA, RES_Pin, GPIO_PIN_SET);
    HAL_Delay(100);
}

//发送命令
void ssd1306_WriteCommand(uint8_t byte) {
        HAL_GPIO_WritePin(GPIOA, CS_Pin, GPIO_PIN_RESET);
        HAL_GPIO_WritePin(GPIOA, DC_Pin, GPIO_PIN_RESET);

        HAL_SPI_Transmit(&SSD1306_SPI_PORT, (uint8_t *) &byte, 1,oxffff);
        HAL_GPIO_WritePin(GPIOA, CS_Pin, GPIO_PIN_SET);
}

//发送数据
void ssd1306_WriteData(uint8_t* buffer, size_t buff_size) {
        HAL_GPIO_WritePin(GPIOA, CS_Pin, GPIO_PIN_RESET);
        HAL_GPIO_WritePin(GPIOA, DC_Pin, GPIO_PIN_SET);
        HAL_SPI_Transmit(&SSD1306_SPI_PORT, buffer, buff_size, 0xffff);
}

//OLED 显示初始化
void ssd1306_Init(void) {
    //复位
    ssd1306_Reset();
    //等待显示加载
    HAL_Delay(100);
    //初始化
    ssd1306_WriteCommand(0xAE);         //显示关
    ssd1306_WriteCommand(0x20);         //设置内存寻址模式
    ssd1306_WriteCommand(0x10);         //00,水平寻址模式
                                        //01,垂直寻址模式
                                        //10,页面寻址模式
                                        //11,无效
    ssd1306_WriteCommand(0xB0);         //设置页面寻址模式的页面起始地址,0~7

#ifdef SSD1306_MIRROR_VERT
```

```
    ssd1306_WriteCommand(0xC0);          //垂直镜像
#else
    ssd1306_WriteCommand(0xC8);          //设置 COM 输出扫描方向
#endif
    ssd1306_WriteCommand(0x00);          //设置低列地址
    ssd1306_WriteCommand(0x10);          //设置高列地址
    ssd1306_WriteCommand(0x40);          //设置起始地址
    ssd1306_WriteCommand(0x81);          //设置对比度
    ssd1306_WriteCommand(0xFF);
#ifdef SSD1306_MIRROR_HORIZ
    ssd1306_WriteCommand(0xA0);          //水平镜像
#else
    ssd1306_WriteCommand(0xA1);          //设置 segment 重映射
#endif
#ifdef SSD1306_INVERSE_COLOR
    ssd1306_WriteCommand(0xA7);          //设置翻转颜色
#else
    ssd1306_WriteCommand(0xA6);          //设置普通颜色
#endif
    ssd1306_WriteCommand(0xA8);
    ssd1306_WriteCommand(0x3F);
    ssd1306_WriteCommand(0xA4);          //0xa4,RAM 内容输出
                                         //0xa5,忽略 RAM 内容输出
    ssd1306_WriteCommand(0xD3);          //设置显示偏移
    ssd1306_WriteCommand(0x00);          //无偏移
    ssd1306_WriteCommand(0xD5);          //设置显示时钟分频比/振荡器频率
    ssd1306_WriteCommand(0xF0);          //设置分频率
    ssd1306_WriteCommand(0xD9);          //设定预充电时间
    ssd1306_WriteCommand(0x22);

    ssd1306_WriteCommand(0xDA);          //设置 com 引脚硬件配置
    ssd1306_WriteCommand(0x12);
    ssd1306_WriteCommand(0xDB);
    ssd1306_WriteCommand(0x20);
    ssd1306_WriteCommand(0x8D);          //设置直流-直流使能
    ssd1306_WriteCommand(0x14);
    ssd1306_WriteCommand(0xAF);          //打开 SSD1306 面板
    //清屏
    ssd1306_Fill(Black);                 //填充黑色
    //刷新显示缓冲区
    ssd1306_UpdateScreen();
    //设置屏幕对象的默认值
    SSD1306.CurrentX = 0;
```

```
        SSD1306.CurrentY = 0;
        SSD1306.Initialized = 1;
    }

    void ssd1306_Fill(SSD1306_COLOR color) {
        /* Set memory */
        uint32_t i;
        for(i = 0; i < sizeof(SSD1306_Buffer); i++) {
            SSD1306_Buffer[i] = (color == Black) ? 0x00 : 0xFF;
        }
    }

    char ssd1306_WriteChar(char ch, FontDef Font, SSD1306_COLOR color) {
        uint32_t i, b, j;
        if(ch<32)return 0;
        //检查当前行上的剩余空间
        if (SSD1306_WIDTH <= (SSD1306.CurrentX + Font.FontWidth) ||
            SSD1306_HEIGHT <= (SSD1306.CurrentY + Font.FontHeight))
        {
            //当前行无足够空间
            return 0;
        }

        //使用字体
        for(i = 0; i < Font.FontHeight; i++) {
            b = Font.data[(ch - 32) * Font.FontHeight + i];
            for(j = 0; j < Font.FontWidth; j++) {
                if((b << j) & 0x8000)  {
                    ssd1306_DrawPixel(SSD1306.CurrentX + j, (SSD1306.CurrentY +
i), (SSD1306_COLOR) color);
                } else {
                    ssd1306_DrawPixel(SSD1306.CurrentX + j, (SSD1306.CurrentY +
i), (SSD1306_COLOR)!color);
                }
            }
        }

        //当前空间被占用
        SSD1306.CurrentX += Font.FontWidth;

        //返回写入的字符进行验证
        return ch;
    }
```

```
//将完整字符串写入缓冲区
char ssd1306_WriteString(char* str, FontDef Font, SSD1306_COLOR color) {
    //写入空字节
    while (*str) {
        if (ssd1306_WriteChar(*str, Font, color) != *str) {
            //字符无法写入
            return *str;
        }
        //下一个字符
        str++;
    }

    return *str;
}

//定位光标
void ssd1306_SetCursor(uint8_t x, uint8_t y) {
    SSD1306.CurrentX = x;
    SSD1306.CurrentY = y;
}
```

提示： 在 OLED 上显示字符必须要先有字符的点阵数据。ASCII 常用的字符集总共有 95 个，因此需要使用字符取模软件得到点阵数据。

6. 下载及运行程序

将程序代码经过编译并下载到微控制器中，当可以在 OLED 上观察到字符时，如图 3.5.14 所示，说明本任务成功完成。

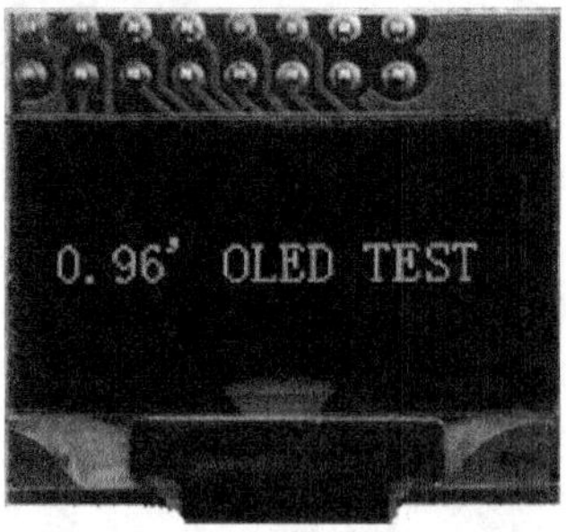

图 3.5.14　OLED 显示效果

任务评价

任务评价表如表 3.5.6 所示。

表 3.5.6 任务评价表

评价内容	分值	自评评分	小组互评评分	老师评分
硬件准备及连线	20			
工程文件建立及软件配置	20			
编写 OLED 字符显示程序代码	20			
下载及运行程序，实现 OLED 字符显示	40			
总分	100			

任务拓展

使用 OLED 并调节显示字体的大小等参数。

任务 3.6 获取温湿度数据并显示

任务目标

1）了解单总线的工作原理。
2）了解温湿度传感器。
3）掌握开发环境中单总线的配置。
4）通过编程获取温湿度数据并将数据显示在 OLED 上。

知识准备

知识 3.6.1 单总线

单总线是美国 DALLAS 公司推出的外围串行扩展总线技术。与 SPI、IIC 串行数据通信方式不同。它采用单根信号线，既传输时钟又传输数据，并且数据传输是双向的，具有节省 I/O 端口线、资源结构简单、成本低廉、便于总线扩展和维护等较多优点。单总线示意图如图 3.6.1 所示。

单总线器件内部设置有寄生供电电路（parasite power circuit）。当单总线处于高电平时，一方面通过二极管向芯片供电，另一方面对内部电容（约 800pF）充电。当单总线处于低电平时，二极管截止，内部电容向芯片供电。由于电容的容量有限，因此要求单总线能间隔地提供高电平，以便能不断地向内部电容充电，维持器件的正常工作。这就是通过网络线路“窃取”电能的“寄生电源”的工作原理。需要注意的是，为了确保总线上的某些器件在工作时（如温度传感器进行温度转换、EEPROM 写入数据时）有足够的电流供给，除上拉电阻外，还需要在总线上使用 MOSFET（metal-oxide-semiconductor field effect transistor，金属-氧化物-半导体场效应晶体管）提供强上拉供电。

单总线的数据传输速率一般为 16.3kbit/s，最大可达 142kbit/s，通常情况下采用 100kbit/s 以下的速率传输数据。主设备 I/O 端口可直接驱动 200m 范围内的从设备，经过扩展后可达 1km 范围。

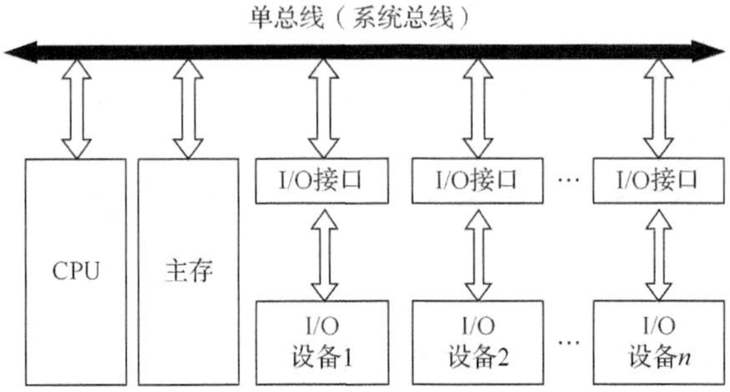

图 3.6.1　单总线示意图

知识 3.6.2　温湿度传感器

温湿度传感器是一种装有湿敏和热敏元件，能够用来测量温度和湿度的传感器装置。实际应用中多以温湿度一体式的探头作为测温元件，将温度和湿度信号采集出来，经过稳压滤波、运算放大、非线性校正、电流/电压值转换、恒流及反向保护等电路处理后，转换成与温度和湿度成线性关系的电流信号或电压信号输出，也可以直接通过主控芯片进行 RS485 或 RS232 等接口输出，具有体积小、性能稳定等特点，被广泛应用在生产生活的各个领域。

温湿度传感器可划分为以下类型。

1）模拟量型温湿度传感器。温湿度一体化传感器采用数字集成传感器做探头，配以数字化处理电路，将环境中的温度和相对湿度转换成与其相对应的标准模拟信号 4～20mA、0～5V 或 0～10V。温湿度一体化模拟量型传感器不仅可以同时把温度及湿度值的变化转换成电流/电压值的变化，还可以直接同各种标准的模拟量输入的二次仪表连接。

2）485 型温湿度传感器。电路采用微处理器芯片、温度传感器，确保产品的可靠性、稳定性和互换性。采用颗粒烧结探头护套，探头与壳体直接相连。输出信号类型为 RS485，能可靠地与上位机系统等进行集散监控，最远可通信距离 2000m，标准的 Modbus 协议，支持二次开发。

3）网络型温湿度传感器。网络型温湿度传感器可采集温湿度数据，并通过以太网/Wi-Fi/GPRS 方式上传到服务器；充分利用已架设好的通信网络实现远距离的数据采集和传输，实现温湿度数据的集中监控；可大大减少施工量，提高施工效率和维护成本。

DHT11 数字温湿度传感器是一款含有已校准数字信号输出的温湿度复合传感器（图 3.6.2）。它应用专用的数字模块采集技术和温湿度传感技术，确保产品具有极高的可靠性与卓越的长期稳定性。传感器包括一个电阻式感湿元件和一个 NTC（negative temperature coefficient，负温度系数）测温元件，并与一个高性能 8 位单片机相连接，因此该产品具有品质卓越、响应超快、抗干扰能力强、性价比极高等优点。每个 DHT11 传感器都在极为精确的湿度校验室中进行校准。校准系数以程序的形式存储在 OTP 内存中，传感器内部在检测信号的处理过程中要调用这些校准系数。单线制串行接口，使系统集成变得简易快捷。超小的体积、极低的功耗，信号传输距离可达 20m 以上，产品为 4 针单排引脚封装。连接方便，特殊封装形式可根据用户需求而提供。

图 3.6.2　DHT11 数字温湿度传感器实物

传感器的供电压为 3～5.5V，电源引脚（V_{DD}，GND）之间可增加一个 100nF 的电容，用于去耦和滤波。DHT11 数字温湿度传感器的电路原理如图 3.6.3 所示。当连接线长度短于 20m 时，建议用 5kΩ 上拉电阻；当连接线长度大于 20m 时，根据实际情况使用合适的上拉电阻。

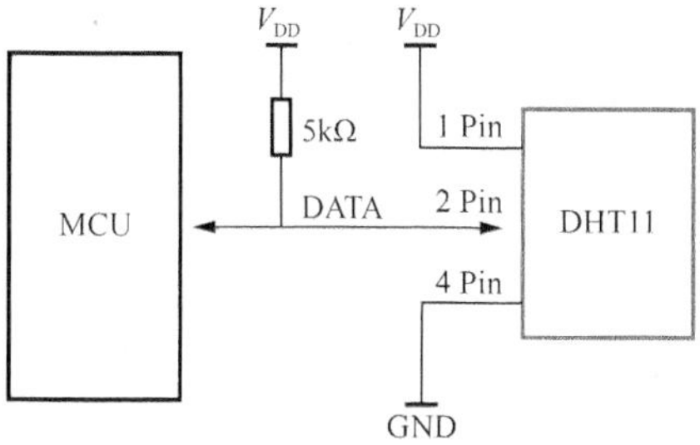

图 3.6.3　DHT11 数字温湿度传感器的电路原理图

DHT11 结构原理图如图 3.6.4 所示。

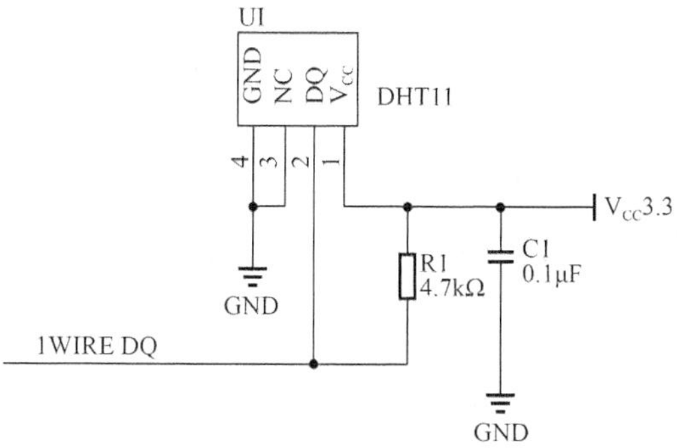

图 3.6.4　DHT11 结构原理图

微处理器与 DHT11 之间的通信和同步采用单总线数据格式，一次通信时间为 4ms 左右，传感器数据输出的是未编码的二进制数据，数据分小数部分和整数部分，具体格式在下面说明。数据传输流程如下：一次完整的数据传输为 40bit，高位先出（图 3.6.5）。

图 3.6.5　数据示意图

数据格式为：8bit 湿度整数数据+8bit 湿度小数数据+8bit 温度整数数据+8bit 温度小数数据+8bit 校验和。

数据传送正确时，校验和数据等于“8bit 湿度整数数据+8bit 湿度小数数据+8bit 温度整数数据+8bit 温度小数数据”所得结果的末 8 位。

由以上数据可得到湿度和温度的值，计算方法如下：

湿度=byte4.byte3=45.0（%RH）

温度=byte2.byte1=28.0（℃）

校验和=byte4+byte3+byte2+byte1=73（校验正确）

用户通过 MCU 发送一次开始信号后，DHT11 从低功耗模式转换到高速模式。等待主机开始信号结束后，DHT11 发送响应信号，送出 40bit 的数据，并触发一次信号采集，用户可选择读取部分数据。在从模式下，DHT11 接收到开始信号触发一次温湿度采集，如果没有接收到主机发送开始信号，那么 DHT11 不会主动进行温湿度采集。采集数据后转换到低速模式。

通信时序图如图 3.6.6 所示。

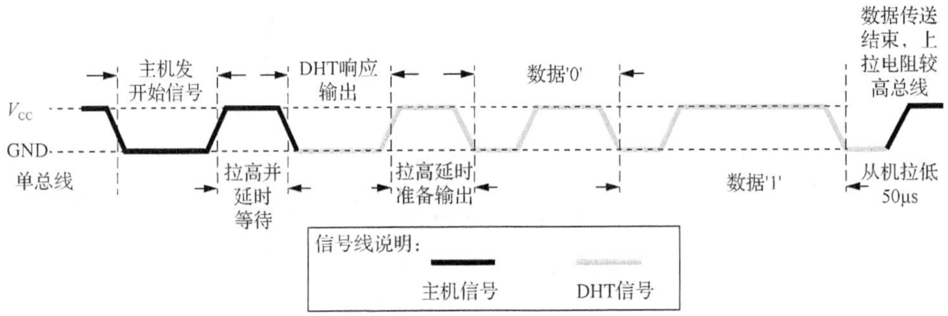

图 3.6.6　通信时序图

总线空闲状态为高电平，主机把总线拉低等待 DHT11 响应，主机把总线拉低必须大于 18ms，保证 DHT11 能检测到起始信号（图 3.6.7）。DHT11 接收到主机的起始信号后，等待主机起始信号结束，然后发送 80μs 低电平响应信号。主机发送起始信号结束后，延时等待 20～40μs 后，读取 DHT11 的响应信号，主机发送起始信号后，可以切换到输入模式，或者输出高电平均可，总线由上拉电阻拉高。

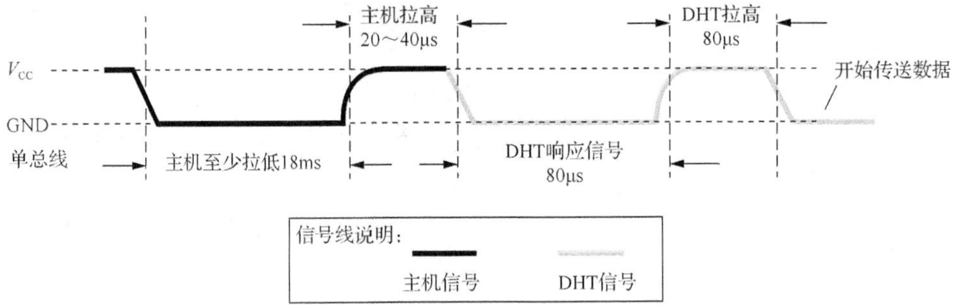

图 3.6.7　起始信号示意图

总线为低电平，说明 DHT11 发送响应信号，DHT11 发送响应信号后，再把总线拉高 80μs，准备发送数据，每 bit 数据都以 50μs 低电平时隙开始，高电平的长短决定了数据位是“0”还是“1”。格式如图 3.6.8 和图 3.6.9 所示。如果读取响应信号为高电平，则 DHT11 没有响应，请检查线路是否连接正常。当最后 1bit 数据传送完毕后，DHT11 拉低总线 50μs，随后总线由上拉电阻拉高进入空闲状态。

数字“0”信号时序图如图 3.6.8 所示。数字“1”信号时序图如图 3.6.9 所示。

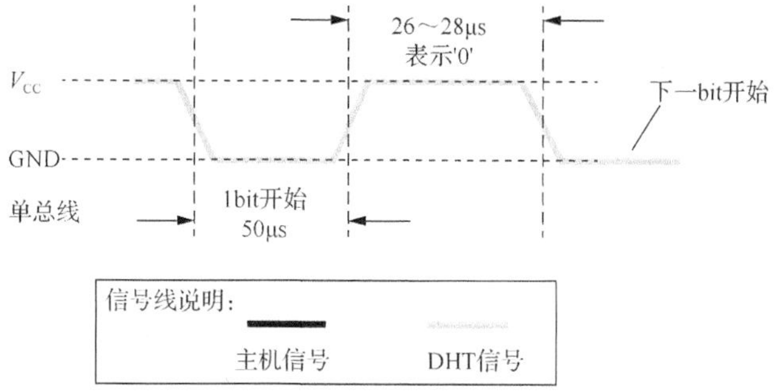

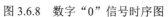

图 3.6.8　数字“0”信号时序图

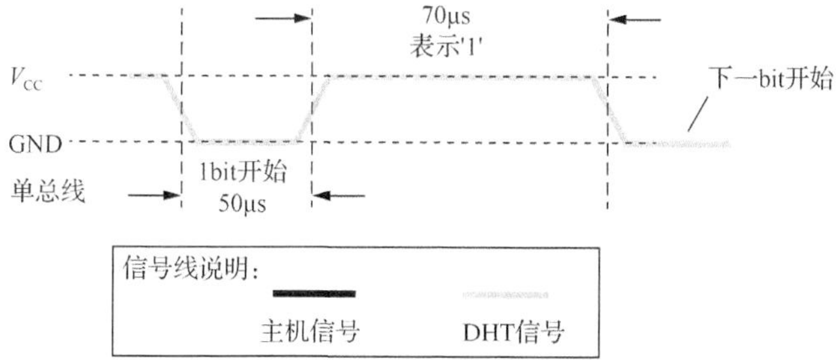

图 3.6.9　数字“1”信号时序图

任务实施

1. 任务分析

本任务要求利用单总线使用传感器获取当前空气中的温湿度并在 OLED 上显示。根据任务要求可知，本任务需使用传感器、OLED 与用作系统指示灯的 LED，因此需对这三部分进行配置及相应的代码编写。

2. 任务准备

计算机（Windows 7 及以上操作系统）1 台、微控制器核心板 1 块、OLED 显示屏 1 块、LED 灯 1 只、ST-Link 仿真器 1 个、杜邦线若干。

3. 硬件连接

本任务接线方法如表 3.6.1 所示。

表 3.6.1　本任务接线方法

微控制器核心板	外设
PG9	DHT11-DATA
PF9	LED 负极
+3.3V 电源	LED 正极
PA3、PA4、PA6、SPI1_SCK、SPI1_MOSI	OLED

4. 软件配置

传感器 DHT11 仅需要使用一个引脚与微控制器连接即可。将该引脚根据传感器的使用方法配置为推挽输出模式、上拉、高速，具体操作可参考之前任务中的相关内容。此外还配置一个 I/O 端口连接 LED 灯用作系统指示。基础配置完成后即可使用自动代码生成功能。

5. 编写程序代码

本任务的主要代码如下：

```
//us 延时函数
void delay_us(uint16_t us)
{
    uint16_t differ = 0xffff-us-5;
    __HAL_TIM_SET_COUNTER(&htim7,differ);           //设定 TIM7 计数器起始值
    HAL_TIM_Base_Start(&htim7);                      //启动定时器

    while(differ < 0xffff-5)
    {
        differ = __HAL_TIM_GET_COUNTER(&htim7);      //查询计数器的计数值
    }
    HAL_TIM_Base_Stop(&htim7);
}

//DHT11 相关代码
//I/O 方向设置为输入
void DHT11_IO_IN(void)
{
      GPIO_InitTypeDef GPIO_InitStruct = {0};
      GPIO_InitStruct.Pin = GPIO_PIN_9;
      GPIO_InitStruct.Mode = GPIO_MODE_OUTPUT_PP;
      GPIO_InitStruct.Pull = GPIO_NOPULL;
      GPIO_InitStruct.Speed = GPIO_SPEED_FREQ_VERY_HIGH;
      HAL_GPIO_Init(GPIOG, &GPIO_InitStruct);

}

//I/O 方向设置为输出
void DHT11_IO_OUT(void)
{
      GPIO_InitTypeDef GPIO_InitStruct = {0};
      GPIO_InitStruct.Pin = GPIO_PIN_9;
      GPIO_InitStruct.Mode = GPIO_MODE_OUTPUT_PP;
      GPIO_InitStruct.Pull = GPIO_NOPULL;
```

```
    GPIO_InitStruct.Speed = GPIO_SPEED_FREQ_HIGH;
    HAL_GPIO_Init(GPIOG, &GPIO_InitStruct);

}

//复位 DHT11
void DHT11_IO_RST(void)
{
   DHT11_IO_OUT();     //设置为输出
   HAL_GPIO_WritePin(GPIOG, GPIO_PIN_9, GPIO_PIN_RESET);       //拉低
   HAL_Delay(20);      //至少 18ms
   HAL_GPIO_WritePin(GPIOG, GPIO_PIN_9, GPIO_PIN_SET);         //拉高
   delay_us(30);       //至少 20μs
}

//等待 DHT11 的回应
//返回 1:未检测到 DHT11 的存在
//返回 0:存在
uint8_t DHT11_Check(void){
   uint8_t retry=0;
   DHT11_IO_IN();

   while ((HAL_GPIO_ReadPin(GPIOG, GPIO_PIN_9))&&retry<100)
//拉低 40~80μs
   {
      retry++;
      delay_us(1);
   };
   if(retry>=100)
     return 1;
   else retry=0;
   while (!(HAL_GPIO_ReadPin(GPIOG, GPIO_PIN_9))&&retry<100)
//拉高 40~80μs
   {
      retry++;
      delay_us(1);
   };
   if(retry>=100)
     return 1;
   return 0;                                   //检测到 DHT11 返回 0
}

uint8_t DHT11_Read_Bit(void)
```

```
{
    uint8_t retry=0;
    while((HAL_GPIO_ReadPin(GPIOG, GPIO_PIN_9))&&retry<100)
    //等待变为低电平
    {
        retry++;
        delay_us(1);
    }
    retry=0;
    while(!(HAL_GPIO_ReadPin(GPIOG, GPIO_PIN_9))&&retry<100)
    //等待变为高电平
    {
        retry++;
        delay_us(1);
    }
    delay_us(40);                          //等待 40μs
    if((HAL_GPIO_ReadPin(GPIOG, GPIO_PIN_9)))
    return 1;
    else return 0;
}

uint8_t DHT11_Read_Byte(void)
{
    uint8_t i,dat;
    dat=0;
    for (i=0;i<8;i++){
        dat<<=1;
        dat|=DHT11_Read_Bit();
    }
    return dat;
}

//从 DHT11 读取一次数据
//temp:温度值(范围:0~50℃)
//humi:湿度值(范围:20%~90%)
//返回值: 0,正常;1,读取失败
uint8_t DHT11_Read_Data(uint16_t *temp,uint16_t *humi)
{
    uint8_t buf[5];
    uint8_t i;
    DHT11_IO_RST();
    if(DHT11_Check()==0)
```

```
    {
        for(i=0;i<5;i++)
        {
            buf[i]=DHT11_Read_Byte();
            printf(buf[i]);
        }
        if((buf[0]+buf[1]+buf[2]+buf[3])==buf[4])
        {

           *humi=buf[0];
           *temp=buf[2];
        }
    }
    else return 1;
    return 0;
}

//初始化 DHT11 的 IO 口 DQ 同时检测 DHT11 的存在
//返回 1:不存在
//返回 0:存在

uint8_t DHT11_Init(void)
{
    DHT11_IO_RST();
    return DHT11_Check();
}
```

while 循环中的代码如下：

```
        DHT11_Read_Data(&temperature,&humidity);
        printf("DHT11 Temperature = %d degree\r\n",temperature);
        printf("DHT11 Humidity = %d\r\n",humidity);
        HAL_GPIO_TogglePin(GPIOF,GPIO_PIN_9);
        HAL_Delay(500);
```

6．下载及运行程序

将代码经过编译后下载到微控制器中，并加电运行，若 OLED 能正常显示当前的温湿度数据，则说明本任务成功完成。

任务评价

任务评价表如表 3.6.2 所示。

表 3.6.2　任务评价表

评价内容	分值	自评评分	小组互评评分	老师评分
硬件准备及连线	20			
工程文件建立及软件配置	20			
编写 DHT11 数字温湿度传感器数据读取程序代码	20			
下载及运行程序，实现 OLED 显示温湿度数据	40			
总分	100			

任务拓展

采集历史温湿度数据，在 OLED 屏上绘制曲线图进行展示。

任务 3.7　在 TFT-LCD 上显示字符

任务目标

1）了解并行通信协议。
2）了解 TFT-LCD 工作原理。
3）了解微控制器中的 FSMC。
4）掌握开发环境中的 FSMC 配置。
5）通过编程实现在 TFT-LCD 上显示字符。

知识准备

知识 3.7.1　并行通信

1．并行通信的定义及特点

并行通信是指多位数据同时通过并行线进行传送，其可以以字或字节为单位并行进行，这样数据传送速度会大大提高。但其采用的通信线多、成本高，不宜进行远距离通信。通常，计算机或 PLC 中的各种内部总线就是以并行方式传送数据的。

并行通信有以下特点。

1）各数据位同时传输，传输速度快、效率高，多用在实时、快速的场合。

2）并行传递的信息不要求固定的格式。

3）并行接口的数据传输率比串行接口快 8 倍，标准并口的数据传输率理论值为 1Mbit/s（兆比特/秒）。

4）并行传输的数据宽度可以是 1～128 位，甚至更宽，但是有多少数据位就需要多少根数据线，因此传输的成本较高。

5）并行通信抗干扰能力差。

6）以计算机的字长，通常是 8 位、16 位或 32 位为传输单位，一次传送一个字长的数据。

7）适合于外设与微机之间进行近距离、大量和快速的信息交换。

8）并行数据传输只适用于近距离的通信，通常传输距离小于 30m。

2．并行接口的功能

一般并行接口有以下 3 个方面的功能。

1）实现与系统总线的连接：提供数据的输入输出功能。

2）实现与外设连接：确保与外设间有效进行数据的接收和发送。

3）具有中断请求处理功能：外设输入输出采用中断的方法来实现。

3．并行接口传输数据的原理

典型的并行连接示意图如图 3.7.1 所示。

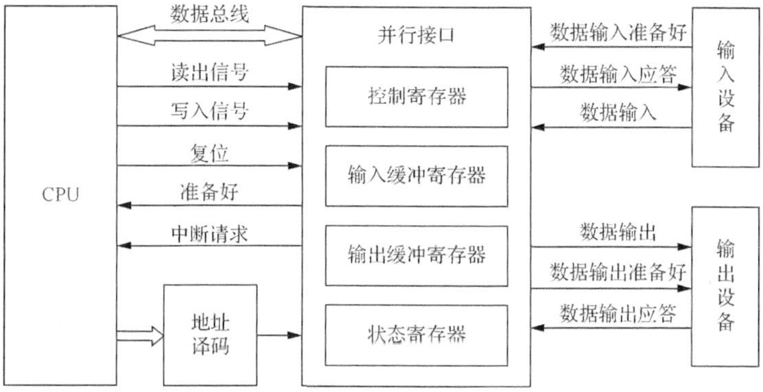

图 3.7.1　典型的并行连接示意图

并行接口传输数据的原理具体如下。

1）并行接口输入数据的过程：外设将数据送到数据输入线，通过数据状态线提醒并行接口数据已准备好，并将数据取走。接着并行接口将数据锁存到输入缓冲器内，通过数据输入应答线通知外设接口数据输入缓冲器已满，不要再发送数据，接口将其内的“状态寄存器”的相应位置“1”，便于 CPU 查询和接口向 CPU 发中断请求。CPU 从接口将数据取走后，接口将数据状态线与数据输入应答线的信号清除，以便外设输入下一个数据。

2）并行接口输出数据的过程：并行接口的数据输出缓冲器为空时，数据状态线提醒数据输出，状态置“1”。在收到 CPU 发的数据后，将之复位清 0，数据通过数据输出应答线送到外设，由数据状态线提醒外设数据输出准备好，请接收数据。

4．并行接口常用协议

并行接口常用的有 8080 协议与 6800 协议。1974 年，Intel 发布了 8080 微处理器，被公认是第一款真正可用的微处理器。8080 的芯片封装采用 40 个引脚，其中 8 个数据总线引脚、16 个地址总线引脚都是专用的，因此数据总线与地址总线可以并行工作。该总线被广泛应用于各类液晶显示器。同一时期还有 Motorola 6800 等 8 位微处理器。

8080 协议和 6800 协议的区别主要是在总线的控制方式上，对于内存的存储，需要数据总线和地址总线是相同的，但对于存取的控制，它们则采用了不同的方式。

1）8080 协议是通过“读使能（RE）”和“写使能（WE）”两条控制线进行读写操作的。

2）6800 协议是通过“总使能（E）”和“读写选择（W/R）”两条控制线进行操作的。

5．并行接口接口线的读写时序

并行接口接口线的读写时序有以下两种常见模式。

（1）8080 模式

8080 模式下的引脚功能如表 3.7.1 所示。

表 3.7.1　8080 模式下的引脚功能

引脚名称	功能描述
CS	片选信号线（如果有多片组合，则可有多条片选信号线）
WR	向 TFT-LCD 写入数据控制线
RD	从 TFT-LCD 读入数据控制线
DC（RS）	命令/数据标志（0，读写命令；1，读写数据）
DB[15:0]	16 位双向数据线。此外还有 8/9/18bit 双向数据总线
RST	复位

8080 并行接口由 8 个双向数据引脚（D[7:0]）和 RD#、WR#、D/C#、CS#组成，其中 D/C 低表示命令读/写，D/C 高表示数据读/写；RD#输入的上升沿用作数据读取锁存信号，而 CS#保持较低；WR#输入的上升沿用作数据/命令写入锁存信号，而 CS#保持较低。8080 并口读写时序分别如图 3.7.2 和图 3.7.3 所示。

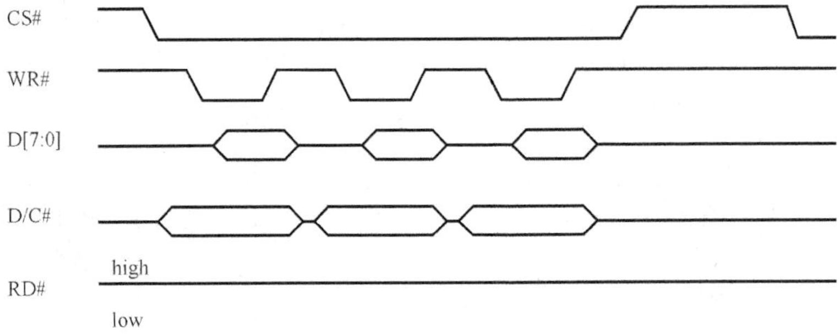

图 3.7.2　8080 并口读时序

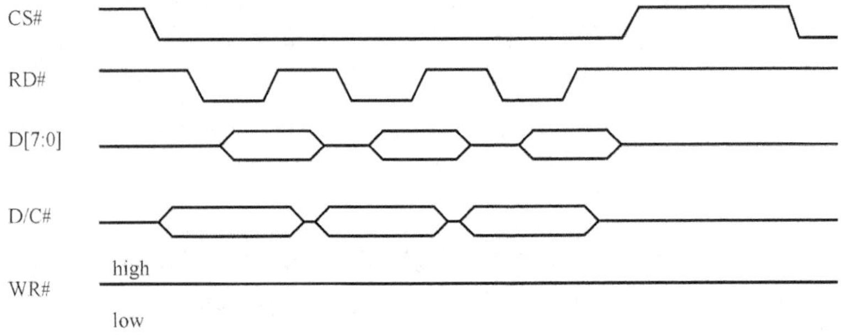

图 3.7.3　8080 并口写时序

8080 并行接口控制引脚功能如表 3.7.2 所示。

表 3.7.2 8080 并行接口控制引脚功能

功能	RD#	WR#	CS#	D/C#
写入命令	H	↑	L	L
读取状态	↑	H	L	L
读数据	H	↑	L	H
写数据	↑	H	L	H

注：表中↑代表上升沿信号；H 代表高电平信号；L 代表低电平信号。

（2）6800 模式

6800 模式下的引脚功能如表 3.7.3 所示。

表 3.7.3 6800 模式下的引脚功能

引脚名称	功能描述
CS	片选信号线（如果有多片组合，则可有多条片选信号线）
R/W	读写控制（1，MPU 读；0，MPU 写）
E	允许信号（多片组合时，可有多条允许信号线）
DC（RS）	命令/数据标志（0，读写命令；1，读写数据）
DB[15:0]	16 位双向数据线
RST	复位

知识 3.7.2 TFT-LCD

TFT-LCD 是多数液晶显示器中的一种，它使用薄膜晶体管技术改善显示品质。虽然 TFT-LCD 也被统称为 LCD，但是它是种主动式矩阵 LCD，常被应用在电视、平面显示器及投影机中。

1. TFT-LCD 显示原理

简单地说，TFT-LCD 面板可视为两片玻璃基板中间夹着一层液晶，上层的玻璃基板是彩色滤光片，下层的玻璃则有晶体管镶嵌于上。当电流通过晶体管时，产生电场变化，液晶分子偏转，改变光线的偏极性，此时可以利用偏光片决定像素的明暗状态。此外，上层玻璃因与彩色滤光片贴合，形成的每个像素各包含 R、G、B 三原色，这些发出红、绿、蓝色彩的像素便构成了面板上的视频画面。TFT-LCD 结构示意图如图 3.7.4 所示。

本任务中使用的是 3.5 寸 TFT-LCD 模块（图 3.7.5），该模块支持 65K 色显示，显示分辨率为 320×480 像素，接口为 16 位的 8080 并口，自带触摸屏。

3.5 寸 TFT-LCD 模块采用 16 位的并行接口方式与外部连接。因为彩屏的数据量比较大，尤其是在显示图片时，所以如果使用 8 位的数据线，速度会比 16 位的慢 1/2 以上，因此这里选择 16 位的接口。该模块的 8080 并口有如下信号线。

1）CS：TFT-LCD 片选信号。低电平有效的使能端，使能后才能对显示模块读写指令、数据。

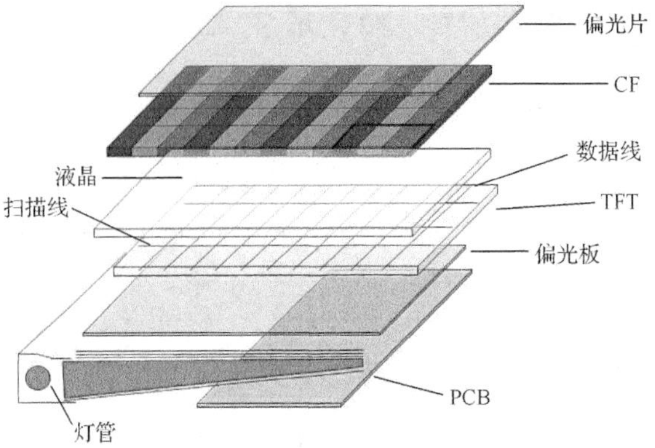

CF—color filter，彩色滤光片。

图 3.7.4　TFT-LCD 结构示意图

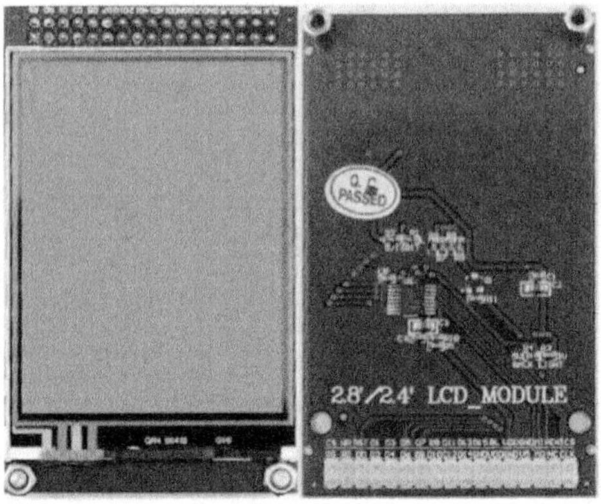

图 3.7.5　TFT-LCD 外观示意图

2）WR：向 TFT-LCD 写入数据。该端口收到上升沿信号时完成写指令、数据。

3）RD：从 TFT-LCD 读取数据。该端口收到上升沿信号时能读取数据。

4）D[15:0]：16 位双向数据线。

5）RST：硬复位 TFT-LCD。

6）RS：命令/数据标志（0，读写命令；1，读写数据）。

2．TFT-LCD 驱动原理

一般情况下，TFT-LCD 显示器自带驱动芯片，并集成有显存，其内部不间断地将显存内容显示到 LCD 面板上，我们驱动这类屏幕时往往是直接去控制驱动芯片，通过发送操作命令来设置显示模式，通过发送显示数据来修改显存内容。另外，也有一些显示器内部没有驱动芯片，对于这种屏幕我们往往使用 MCU 内部集成的控制器直接去控制 LCD 进行显示，显存空间在 MCU 内部，按照空间大小可以选择放在内部 SRAM 或外部 SDRAM（synchronous dynamic random-access memory，同步动态随机存储器）中。

本任务中用到的 TFT-LCD 显示模块自带驱动芯片，型号为 ILI9486L。这也是一款非常常用的驱动芯片。

ILI9486L 支持并行 CPU8/9/16/18 位数据总线接口和 3/4 线 SPI。ILI9486L 还兼容用于

视频图像显示的 RGB（16/18 位）数据总线。

ILI9486L 可以在 1.65V 的 I/O 端口电压下工作，并支持宽模拟电源范围。ILI9486L 还支持 8 种颜色和睡眠模式显示功能，可通过软件实现精确的功率控制，这些功能使 ILI9486L 成为中小型便携式产品（如智能手机、平板电脑等）的理想 LCD 驱动器。

给定接口的选择由外部 IM[2:0]引脚完成，如表 3.7.4 所示。

表 3.7.4 系统接口分配

IM2	IM1	IM0	接口	数据引脚
0	0	0	8080 18 位总线接口	DB[17:0]
0	0	1	8080 9 位总线接口	DB[8:0]
0	1	0	8080 16 位总线接口	DB[15:0]
0	1	1	8080 8 位总线接口	DB[7:0]
1	0	0	禁止	
1	0	1	3 线 SPI	SDA
1	1	0	禁止	
1	1	1	4 线 SPI	SDA

ILI9486L 有 16 位索引寄存器（IR）、18 位写数据寄存器（WDR）和 18 位读数据寄存器（RDR）。IR 是用于存储来自控制寄存器和内部 GRAM（graphics RAM）的索引信息的寄存器。WDR 是临时存储要写入控制寄存器和内部 GRAM 的数据的寄存器，RDR 是临时存储从 GRAM 读取的数据的寄存器。要写入内部 GRAM 的 MCU 数据首先写入 WDR，然后在内部操作中自动写入内部 GRAM。数据通过 RDR 从内部 GRAM 读取。因此，当 ILI9486L 从内部 GRAM 读取第一个数据时，无效数据被读出到数据总线。ILI9486L 执行第二次读操作后，读出有效数据。MCU 与 ILI9486L 的连接示意图如图 3.7.6 所示。

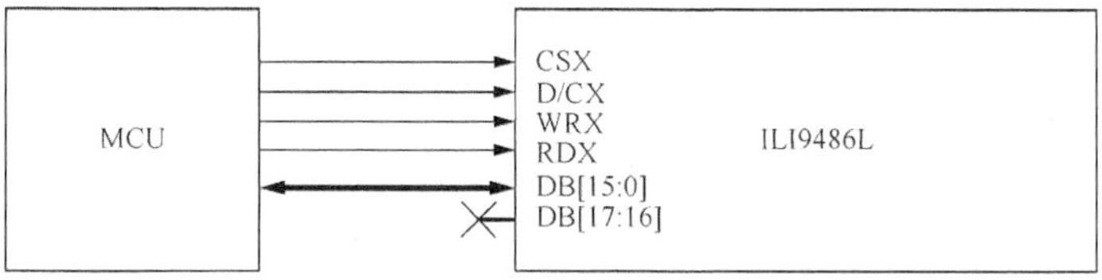

图 3.7.6 MCU 与 ILI9486L 连接示意图

对于 ILI9486L，其 8080 并口的 MCU 16 位总线接口如表 3.7.5 所示。

表 3.7.5 8080 并口的 MCU16 位总线接口

IM2	IM1	IM0	WRX	RDX	D/CX	功能
0	1	0	↑	H	L	写入命令代码
			H	↑	H	读取内部状态
			↑	H	H	写入参数或显示数据
			H	↑	H	读取参数或显示数据

注：表中 H 代表高电平；L 代表低电平。

从表 3.7.5 中可以看出，数据通信有如下状态。

1）写命令：WRX 处于上升沿，RDX 处于高电平，D/CX 处于低电平。

2）写数据：WRX 处于上升沿，RDX 处于高电平，D/CX 处于高电平。

3）读取内部状态：WRX 处于高电平，RDX 处于上升沿，D/CX 处于高电平。

4）读取参数或显示数据：WRX 处于高电平，RDX 处于上升沿，D/CX 处于高电平。

ILI9486L 写时序和读时序具体内容如下。

1）ILI9486L 写时序如图 3.7.7 所示。

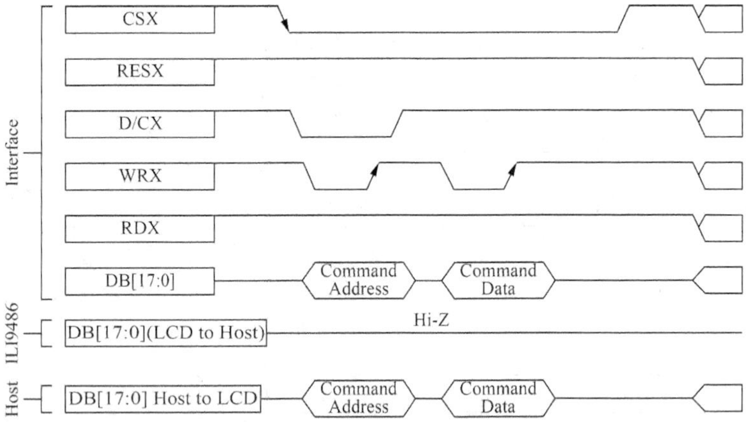

图 3.7.7　ILI9486L 写时序

在写时序中，当 CSX 处于低电平，RESX 处于高电平，D/CX 处于低电平，RDX 处于高电平时，WRX 在上升沿时发送命令；当 D/CX、RDX 在高电平时，WRX 在上升沿时发送数据。

一般情况下，完成 TFT-LCD 液晶显示终端的写控制需要以下 5 步。

① CS 端给低电平。

② RS 端给低电平。

③ 控制数据总线写入 8 位的指令。

④ RD 端给高电平。

⑤ WR 端给一个上升沿信号完成写指令的操作。

2）ILI9486L 读时序如图 3.7.8 所示。

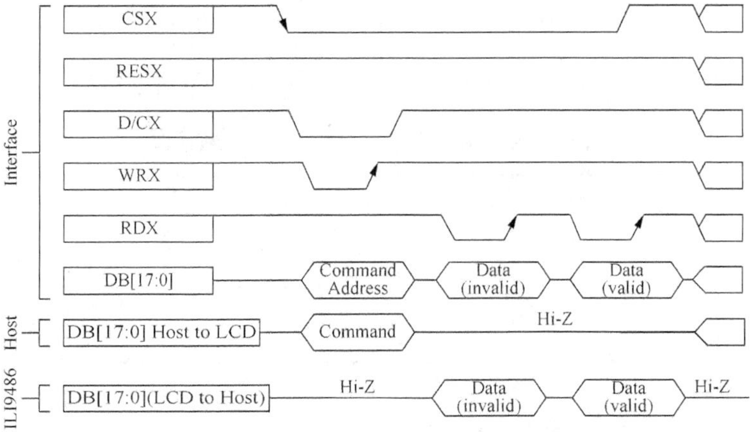

图 3.7.8　ILI9486L 读时序

在读时序中，当 WRX 处于高电平，RDX 处于上升沿，D/CX 在高电平时，处于读数据的状态。具体时序时间要求如图 3.7.9 和表 3.7.6 所示。

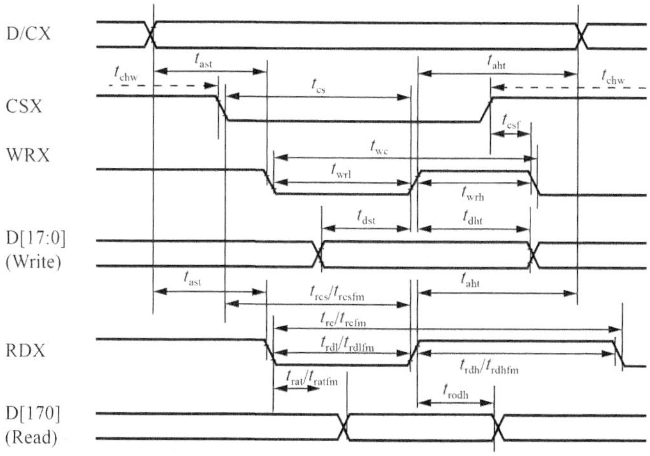

图 3.7.9　时序要求

表 3.7.6　时序要求

信号	符号	含义	最小值	最大值	单位	描述
D/CX	t_{ast}	Address setup time	0	—	ns	—
	t_{aht}	Address hold time (Write/Read)	0	—	ns	—
CSX	t_{chw}	CSX H pulse width	0	—	ns	—
	t_{cs}	Chip Select setup time (Write)	15	—	ns	—
	t_{rcs}	Chip Select setup time (Read ID)	45	—	ns	—
	t_{rcsfm}	Chip Select setup time (Read FM)	355	—	ns	—
	t_{csf}	Chip Select Wait time (Write/Read)	0	—	ns	—
WRX	t_{wc}	Write cycle	50	—	ns	—
	t_{wrh}	Write Control pulse H duration	15	—	ns	—
	t_{wrl}	Write Control pulse L duration	15	—	ns	—
RDX(FM)	t_{rcfm}	Read Cycle (FM)	450	—	ns	When read from Frame Memory
	t_{rdhfm}	Read Control H duration(FM)	90	—	ns	
	t_{rdlfm}	Read Control L duration (FM)	355	—	ns	
RDX(ID)	t_{rc}	Read cycle (ID)	160	—	ns	When read ID data
	t_{rdh}	Read Control pulse H duration	90	—	ns	
	t_{rdl}	Read Control pulse L duration	45	—	ns	
DB[17:0] DB[15:0] DB[8:0] DB[7:0]	t_{dst}	Write data setup time	10	—	ns	For maximum C_L=30pF For minimum C_L=8pF
	t_{dht}	Write data hold time	10	—	ns	
	t_{rat}	Read access time	—	40	ns	
	t_{ratfm}	Read access time	—	340	ns	
	t_{rod}	Read output disable time	20	80	ns	

根据表 3.7.6 即可计算出地址建立时间（address setup time）与数据建立时间（data setup time）。

一般情况下，TFT-LCD 模块的读写流程如图 3.7.10 所示。

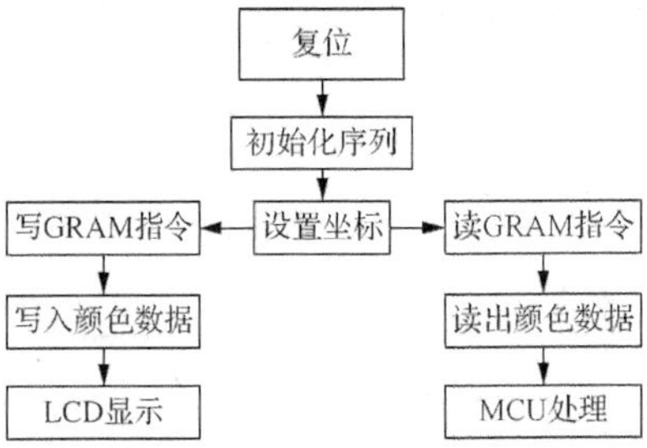

图 3.7.10　TFT-LCD 模块的读写流程

知识 3.7.3　FSMC

FSMC 是 STM32 系列微控制器采用的一种新型存储器扩展技术，能够连接同步、异步存储器和 16 位 PC 存储卡，微控制器通过 FSMC 可以与 SRAM、ROM、PSRAM、NOR Flash 和 NAND Flash 等存储器的引脚直接相连。STM32F4 系列微控制器的 FSMC 内部框图如图 3.7.11 所示。

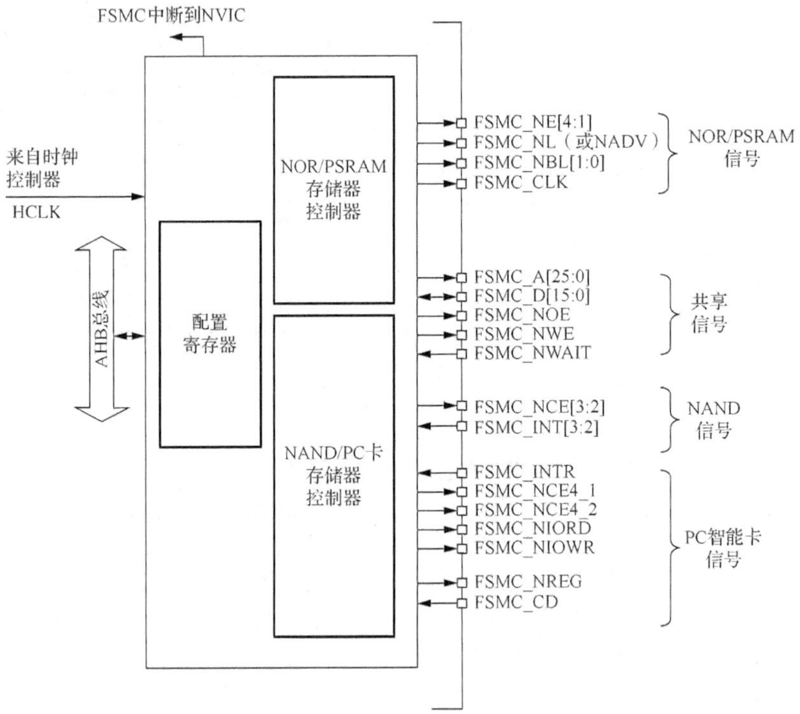

图 3.7.11　STM32F4 系列微控制器的 FSMC 内部框图

FSMC 包含 4 个主要模块，具体如下。

1）AHB 接口（包括 FSMC 配置寄存器）。

2）NOR Flash/PSRAM 控制器。

3）NAND Flash/PC 卡控制器。

4）外部器件接口。

在图 3.7.11 中，FSMC 的时钟来自时钟控制器 HCLK；CPU 和其他 AHB 总线主设备可通过 AHB 接口访问外部静态存储器；FSMC 将外部设备分为 2 类，即 NOR/PSRAM 设备和 NAND/PC 卡设备。它们共用地址数据总线等信号，但具有不同的 CS 以区分不同的设备。

1．FSMC 存储区域

从 FSMC 的角度分析可知，外部存储器被划分为 4 个固定大小的存储区域，每个存储区域的大小为 256MB，如图 3.7.12 所示。

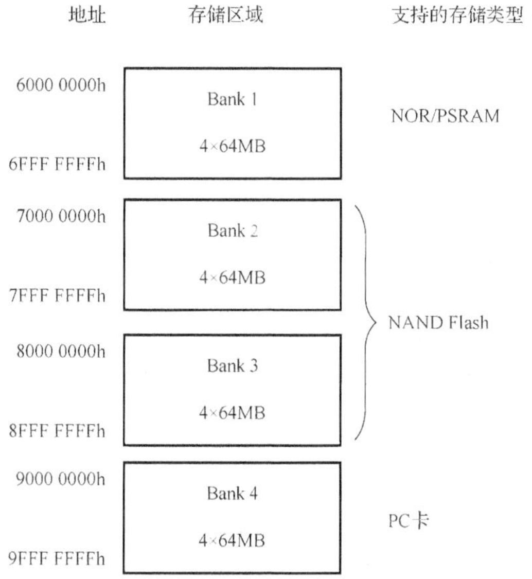

图 3.7.12　FSMC 存储区域

对于每个存储区域，所要使用的存储器类型由用户在配置寄存器中定义。

1）存储区域 1（Bank 1）可连接多达 4 个 NOR Flash 或 PSRAM 存储器器件。此存储区域被划分为 4 个 NOR/PSRAM 区域，带 4 个专用片选信号。

2）存储区域 2、3（Bank 2、Bank 3）用于连接 NAND Flash 器件，每个存储区域连接一个器件。

3）存储区域 4（Bank 4）用于连接 PC 卡设备。

FSMC（Bank 1）用于驱动 NOR/PSRAM，其又可分为 4 个区，每个区管理 64MB 空间，每个区都有独立的寄存器对所连接的存储器进行配置。Bank 1 的 256MB 空间由 28 根地址线（HADDR[27:0]）寻址。这里的 HADDR 是内部 AHB 地址总线，其中 HADDR[25:0]来自外部存储器地址 FSMC_A[25:0]，而 HADDR[26:27]对 4 个区进行寻址，如表 3.7.7 所示。

表 3.7.7　存储区域与地址

Bank 1 所选区	片选信号	地址范围	HADDR	
			[27:26]	[25:0]
第 1 区	FSMC_NE1	0x60000000～63FFFFFF	00	FSMC_A[25:0]
第 2 区	FSMC_NE2	0x64000000～67FFFFFF	01	
第 3 区	FSMC_NE3	0x68000000～6BFFFFFF	10	
第 4 区	FSMC_NE4	0x6C000000～6FFFFFFF	11	

当 Bank 1 连接 16 位宽度存储器时：HADDR[25:1]指向 FSMC_A[24:0]；当 Bank 1 连接 8 位宽度存储器时：HADDR[25:0]指向 FSMC_A[25:0]。不论外接 8 位还是 16 位宽的设备，FSMC_A[0]永远接在外部设备地址 A[0]。

2．FSMC 的 SRAM 控制应用

SRAM 是随机存取存储器的一种。静态是指这种存储器只要保持在通电的状态下，其存储的数据就可以一直保持。相比之下，动态随机存取存储器（dynamic random access memory，DRAM）里面所存储的数据就需要定期更新。不过当处于断电状态时，SRAM 存储的数据还是会消失［被称为非永久性存储器（volatile memory）］，这与在断电后还能存储资料的 ROM 或闪存是不同的。

SRAM 内部包含存储阵列，类似于表格。任意指定一个行地址和列地址，就可以在矩阵表格里准确地找到目标单元格，这是 SRAM 芯片寻址的基本原理。每个单元格被称为存储单元，表则被称为存储矩阵。地址译码器把 N 根地址线转换成 2^N 根信号线，每根信号线对应一行或一列存储单元，通过地址线找到具体的存储单元，实现寻址。如果存储阵列比较大，地址线会分成行和列地址，或者行、列分时复用同一地址总线，访问数据寻址时先用地址线传输行地址，再传输列地址。

FSMC 中与 SRAM 相关的引脚说明如表 3.7.8 和表 3.7.9 所示。

表 3.7.8　引脚对应说明

FSMC 引脚名称	SRAM 对应引脚名称	功能
FSMC_NBL[1:0]	UB#、LB#	数据掩码信号
FSMC_A[25:0]	A[25:0]	行地址线
FSMC_D[15:0]	I/O[15:0]	数据线
FSMC_NWE	WE#	写入使能
FSMC_NOE	OE#	读使能
FSMC_NE[1:4]	CE#	片选信号

表 3.7.9　引脚功能对比

LCD-8080 时序	SRAM 时序	功能
CSX	NE[x]	片选
WRX	NEW	写使能
RDX	NOE	读使能
D/CX	A[25:0]	功能不同可兼容
D[15:0]	D[15:0]	双向数据线

由表 3.7.9 可以看出，8080 时序与微控制器中 FSMC 的 SRAM 控制只有一个引脚功能不同，8080 时序的 D/CX 引脚用于区分发送过来的是命令还是数据。SRAM 时序 A[25:0] 引脚是用于传输数据地址的。虽然引脚功能不同，但是时序非常类似，只要把 8080 时序的 D/CX 与 SRAM 时序的地址引脚相连接，就可以通过控制写入不同的地址区分写入的是数据还是命令。因此，可以把 TFT-LCD 当作 SRAM 使用。

FSMC Bank 1 支持的异步突发访问模式包括模式 1、模式 A～D 等多种时序模型，驱动 SRAM 时一般使用模式 1 或模式 A（图 3.7.13）。

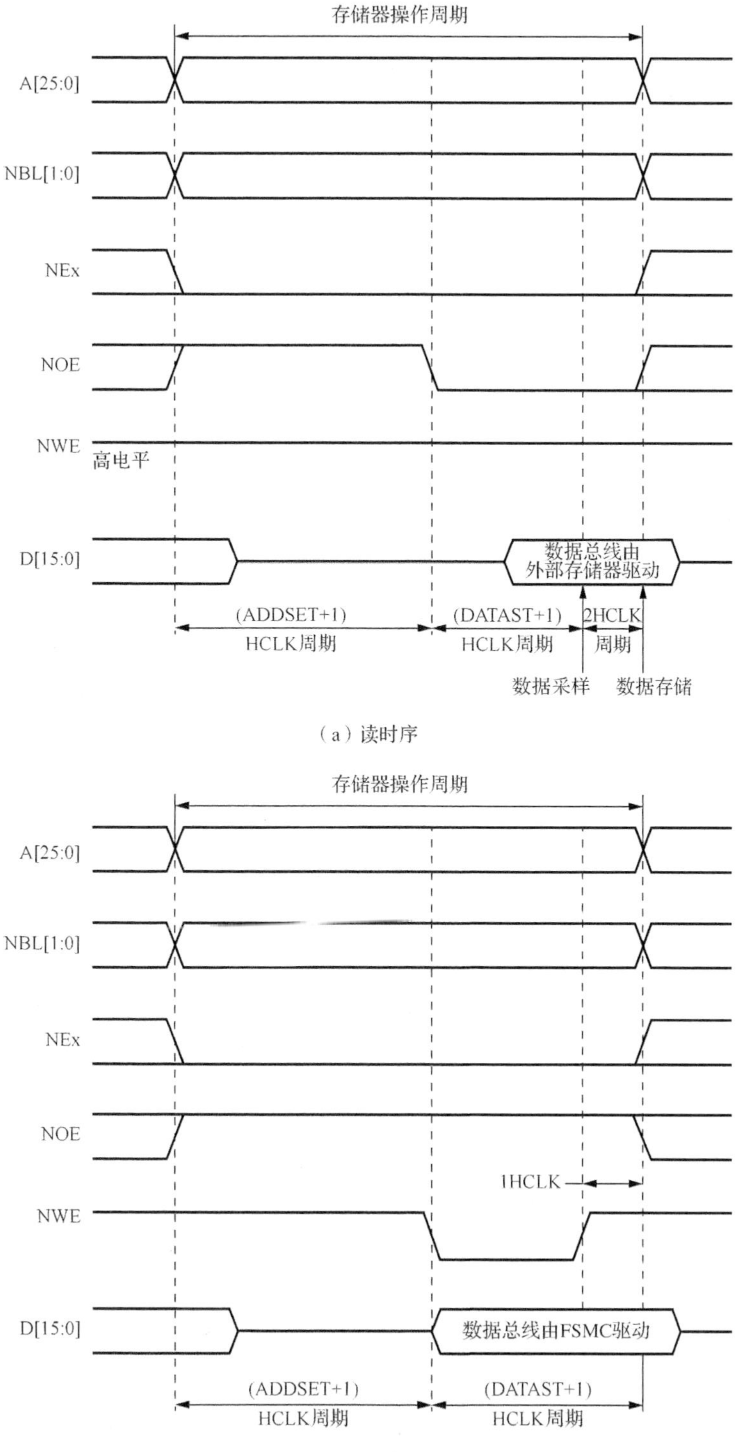

（a）读时序

（b）写时序

图 3.7.13　模式 A 时序图

任务实施

1．任务分析

本任务要求实现在 TFT-LCD 上显示字符，具体要求如下：利用微控制器 FSMC 接口驱动 LCD 液晶屏显示。根据任务要求可知，本任务仅使用到了外部设备 TFT-LCD 显示屏，因此仅需对 FSMC 进行配置。

2．任务准备

计算机（Windows 7 及以上操作系统）1 台、微控制器核心板 1 块、TFT-LCD 1 块、ST-Link 仿真器 1 个、杜邦线若干。

3．硬件连接

本任务接线方法如表 3.7.10 所示。

表 3.7.10　本任务接线方法

微控制器核心板	TFT-LCD 显示模块
FSMC_A6	RS
FSMC_D[15:0]	DB[0:15]
FSMC_NWE	WR
FSMC_NOE	RD
FSMC_NE4	CS
PB15	LCD_BL

4．软件配置

首先新建空白工程并配置 RCC，其次配置 FSMC，在图 3.7.14 所示方框①处找到 FSMC，最后在方框②处根据微控制器的具体情况选择相应的 FSMC。选择好后设置参数如图 3.7.15 所示。

由图 3.7.15 可知：

1）NOR Flash/PSRAM/SRAM/ROM/LCD 1：此处选择 FSMC Bank 1。

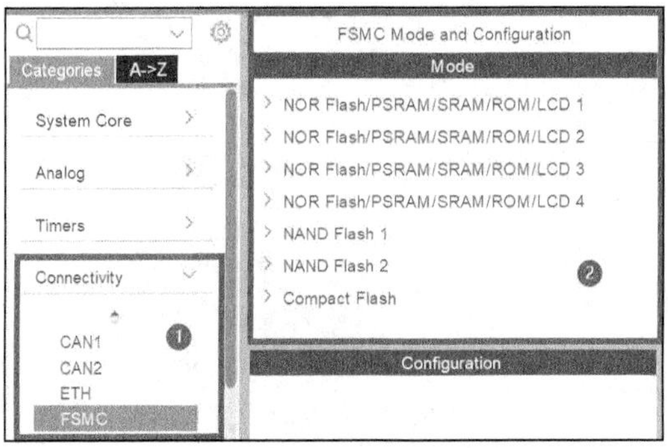

图 3.7.14　FSMC 位置示意图

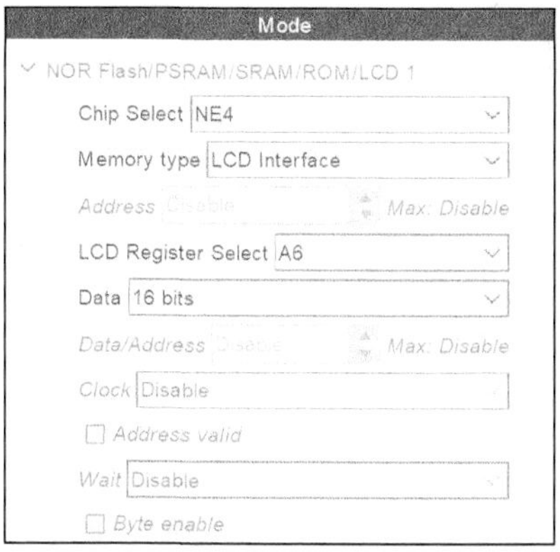

图 3.7.15　FSMC 模式选择

2）Chip Select：这里需要根据微控制器与 TFT-LCD 连接的原理图进行选择。此处选择“NE4”，即 Bank 1 的第 4 区。

3）Memory type：存储类型选择“LCD Interface”。

4）LCD Register Select：此处选择命令/数据选择位，即 RS 引脚。同样，需要根据原理图进行选择，此处选择“A6”。

5）Data：数据位，此处选择“16 bits”。

接下来开始配置，重点为图 3.7.16 方框中的内容。

1）Write operation：是否允许写入操作，选择“Enabled”。FSMC 在存储区域内禁止了写入操作，即 FSMC 只能从存储器中读取数据，不能写入，如果进行写操作将报告 AHB 错误。

2）Extended mode：设置是否使用扩展模式，选择“Enabled”。在扩展模式下，可以分开配置存储器的读写时序，读时序时调用 FSMC_BCR 寄存器，写时序时调用 FSMC_BWTR 寄存器的配置；在非扩展模式下，存储器的读写时序只能使用 FSMC_BCR 寄存器中的配置。

方框①：地址建立的时钟周期，即时序中 NEx 片选后，NOE 保持高电平的这一段时间。可通过寄存器 FMC_BTRx 配置。

方框②：数据建立的时钟周期，即 NOE 保持低电平的这一段时间。可通过寄存器 FMC_BTRx 配置。

方框③：总线转换持续时间。仅适用于总线复用模式的 NOR Flash 操作。

Access mode（存储器访问模式）：A 模式用来控制 SRAM/PSRAM 且 OE 可翻转，用作 LCD 控制器时使用；B 模式控制异步 NOR FLASH 时使用。

方框④：扩展地址建立时间。

方框⑤：扩展数据建立时间。

方框⑥：扩展总线建立时间。

以上参数均需要根据 TFT-LCD 驱动芯片数据手册中的时序进行计算。至此，工程的所有基础配置已完成。

5. 编写 TFT-LCD 显示字符程序代码

本任务的主要代码如下。

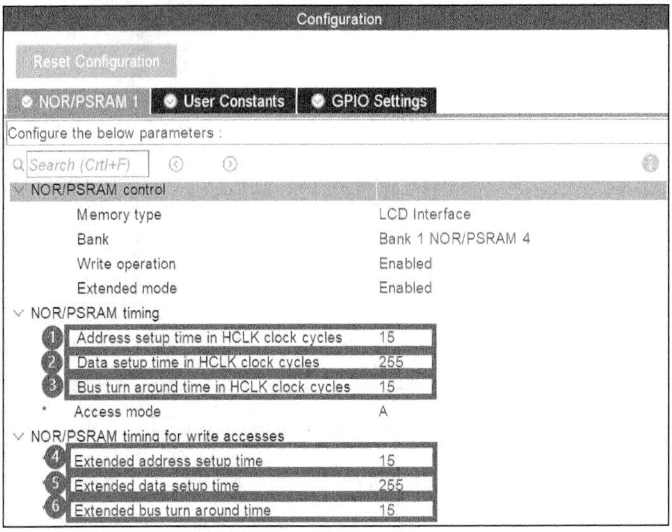

图 3.7.16　FSMC 参数设置

```
static __inline void TFT_WriteCMD(uint16_t data) {
    //WR: rise, RD: H, RS(D/CX):L
    cmdReg = data;
}

static __inline void TFT_WriteData(uint16_t data) {
    dataReg = data;
}

static __inline int16_t TFT_ReadData() {
    unsigned short val = 0;
    return val;
}

static __inline int16_t TFT_ReadStatus() {

}

void TFT_Init() {
   TFT_WriteCMD (ILI9486_RESET);
   //软件重启命令
   HAL_Delay(100);
   TFT_WriteCMD (ILI9486_SLEEP_OUT);
   HAL_Delay(100);
   TFT_WriteCMD (ILI9486_DISPLAY_OFF);
   //显示关
```

```
    //------------内存访问控制-----------------------
    TFT_WriteCMD(ILI9486_MAC);
    TFT_WriteData(0x48);
    TFT_WriteCMD(ILI9486_PIXEL_FORMAT);
    //像素格式设置
    TFT_WriteData(0x55);
    //16bit 像素
    TFT_WriteCMD(ILI9486_FRC);
    TFT_WriteData(0);
    TFT_WriteData(0x1F);

    //-----------------显示-----------------------
    TFT_WriteCMD(ILI9486_DFC); //显示控制函数
    //在非显示区设置扫描模式
    //在部分显示模式下,确定非显示区域中的源/VCOM 输出
    TFT_WriteData(0x0a);
    //选择液晶类型通常为白色或者黑色
    //在 SCN 和 NL 确定的范围内设置门驱动器的扫描方向
    //选择源驱动器输出的转换换挡方向
    //结合 GS 位设置栅极驱动器引脚排列,以选择模块的最佳扫描模式
    //当 PTG 选择间隔扫描时,在非显示区域指定门驱动器的扫描周期间隔
    TFT_WriteData(0x82);
    //设置驱动 LCD 的行数
    TFT_WriteData(0x27);
    TFT_WriteData(0x00);
    TFT_WriteCMD(ILI9486_DISPLAY_ON);
    //打开显示
    HAL_Delay(100);
    TFT_WriteCMD(ILI9486_GRAM);
    //写入内存
    HAL_Delay(5);
}

//设置字体
void TFT_SetFontSize(uint16_t sizeFont)
{
    fontSize = sizeFont;
}

void TFT_DrawString(int16_t x, int16_t y, char *string, int16_t color)
{
    int i;
    for(i = 0; string[i] != 0; i++) {
        TFT_DrawChar(x + (8 * i * fontSize), y , string[i], White);
    }
```

```
    }

    void TFT_DrawButton(int16_t x, int16_t y, char *string, int16_t color, int16_t BackgroundColor)
    {
        int c;
        while(string[c] != '\0')
          c++;
        TFT_DrawFillRect(x, y, x + (9 * fontSize * c) + 20, y + 9 + 40, BackgroundColor);
        TFT_setBackgroundColor(BackgroundColor);
        TFT_DrawString(x + 20, y + 20, string, color);
    }

    void TFT_DrawChar(int16_t x, int16_t y, char character, int16_t color)
    {
        int16_t i, j, k, h;

        LCD_Window(x, x + (8 * fontSize) -1, y, y + (8 * fontSize) -1);

        for(int i = 0; i < 8; i++) {
            for(h = 0; h < fontSize; h++) {
                for(int j = 0; j < 8; j++) {
                    if((font8x8_basic[character][j] >> i) & 0x1) {
                        for(k = 0; k < fontSize; k++)
                            TFT_WriteData(color);
                        } else {
                        for(k = 0; k < fontSize; k++)
                            TFT_WriteData(BackgroundColor);
                    }
                }
            }
        }
    }

    void TFT_setTextColor(int16_t color)
    {
        textColor = color;
    }

    void TFT_setBackgroundColor(int16_t color)
    {
        BackgroundColor = color;
    }
```

```
//清屏
void TFT_Clear(uint16_t color)
{
    unsigned int  i;

    LCD_WindowMax();

    for(i = 0; i < (WIDTH*HEIGHT); i++) {
        TFT_WriteData(color);
    }
}

void TFT_Show()
{
    LCD_WindowMax();
}

void TFT_DrawFillRect(int16_t startx, int16_t starty, int16_t endx,
int16_t endy, int16_t color)
{
    unsigned int i;
    unsigned int sizerect = (endx - startx) * (endy - starty);
    LCD_Window(startx, endx-1, starty, endy-1);

    for(i=0; i < sizerect; i++) {
        TFT_WriteData(color);
    }
}

void TFT_DrawPixel(int16_t x, int16_t y, int16_t color)
{
    LCD_Window(x, x, y, y);

    TFT_WriteData(color);
}

void TFT_DrawCircle(int16_t x0, int16_t y0, int16_t r, int16_t color)
{
    {
    int x = -r, y = 0, err = 2-2*r, e2;
    do {
        TFT_DrawPixel(x0-x, y0+y,color);
        TFT_DrawPixel(x0+x, y0+y,color);
        TFT_DrawPixel(x0+x, y0-y,color);
        TFT_DrawPixel(x0-x, y0-y,color);
```

```
            e2 = err;
            if (e2 <= y) {
                err += ++y*2+1;
                if (-x == y && e2 <= x) e2 = 0;
            }
            if (e2 > x) err += ++x*2+1;
        } while (x <= 0);
        }
    }

    void TFT_DrawFillCircle(int16_t x0, int16_t y0, int16_t r, int16_t color)
    {
        int x = -r, y = 0, err = 2-2*r, e2;
        do {
            TFT_DrawLineVertical(y0-y, y0+y, x0-x, color);
            TFT_DrawLineVertical(y0-y, y0+y, x0+x, color);
            e2 = err;
            if (e2 <= y) {
                err += ++y*2+1;
                if (-x == y && e2 <= x) e2 = 0;
            }
            if (e2 > x) err += ++x*2+1;
        } while (x <= 0);
    }

    void TFT_DrawRect(int16_t x0, int16_t y0, int16_t x1, int16_t y1, int16_t
color)
    {
        if (x1 > x0) TFT_DrawLineHorizontal(x0,x1,y0,color);
        else  TFT_DrawLineHorizontal(x1,x0,y0,color);

        if (y1 > y0) TFT_DrawLineVertical(y0,y1, x0, color);
        else TFT_DrawLineVertical(y1,y0, x0, color);

        if (x1 > x0) TFT_DrawLineHorizontal(x0,x1,y1,color);
        else  TFT_DrawLineHorizontal(x1,x0,y1,color);

        if (y1 > y0) TFT_DrawLineVertical(y0,y1, x1, color);
        else TFT_DrawLineVertical(y1,y0, x1, color);
        return;
    }

    void TFT_DrawLineHorizontal(int16_t startx, int16_t endx, int16_t y,
int16_t color)
    {
```

```
    int16_t i;

    LCD_Window(startx, endx, y, y);

    for(i = startx; i <= endx ; i++)
    {
        TFT_WriteData(color);
    }
}

void TFT_DrawLineVertical(int16_t starty, int16_t endy, int16_t x, 
int16_t color)
{
    int16_t i;

    LCD_Window(x, x, starty, endy);

    for(i = starty; i <= endy ; i++)
    {
        TFT_WriteData(color);
    }
}

static __inline void LCD_WindowMax()
{
    LCD_Window(0, WIDTH-1, 0, HEIGHT-1);
}

void LCD_Window(int16_t Xstart, int16_t Xend, int16_t Ystart, int16_t 
Yend)
{
    TFT_WriteCMD(ILI9486_COLUMN_ADDR);
    TFT_WriteData(Xstart>>8);
    TFT_WriteData(Xstart&0xff);
    TFT_WriteData(Xend>>8);
    TFT_WriteData(Xend&0xff);

    TFT_WriteCMD(ILI9486_PAGE_ADDR);
    TFT_WriteData(Ystart>>8);
    TFT_WriteData(Ystart&0xff);
    TFT_WriteData(Yend>>8);
    TFT_WriteData(Yend&0xff);

    TFT_WriteCMD(ILI9486_GRAM);
}
```

```
#define cmdReg *(__IO uint16_t *)(0x6C000000)
#define dataReg *(__IO uint16_t *)(0x6C000800)
#define WIDTH         480
/* 屏幕宽度*/
#define HEIGHT        320
/* 屏幕高度 */
#endif
```

While 循环中的代码：

```
HAL_Delay(200);
TFT_DrawCircle(10,10,10, BLUE);
```

6．下载及运行程序

代码编写完成后，经过编译下载到微控制器中，可以实现在 TFT-LCD 上画出蓝色圆圈的效果。

任务评价

任务评价表如表 3.7.11 所示。

表 3.7.11　任务评价表

评价内容	分值	自评评分	小组互评评分	老师评分
硬件准备及连线	20			
工程文件建立及软件配置	20			
编写在 TFT-LCD 上显示字符程序代码	20			
下载及运行程序，实现在 TFT-LCD 上显示字符	40			
总分	100			

任务 3.8　利用 DMA 串口发送、接收数据

任务目标

1）了解 DMA 的基本原理。

2）掌握开发环境中 DMA 的配置。

3）通过编程，实现利用 DMA 串口发送、接收数据。

知识准备

知识 DMA

1．DMA 的作用

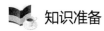

DMA 的作用是将数据从一个地址空间复制到另一个地址空间，提供在存储器和存储器之间或存储器与外设之间的高速数据传输。

通常微控制器的处理核心单元（即 CPU）时刻在处理大量的事情，但各种事务都可分轻重缓急，若将一些不太重要的事情，如数据的存储和复制划分出去，让 CPU 去处理更复杂的事情，就可以更好地利用 CPU 的资源。DMA 正是基于此设计，其能够解决大量数据转移过程中过度消耗 CPU 资源的问题，使 CPU 能更专注于计算、控制等。DMA 传输方式跳过了 CPU 的控制，实现了数据的直接传输，也没有像中断处理方式那样保留现场和恢复现场的过程，使 CPU 的效率大大提高。

STM32F4 微控制器有两个 DMA（DMA1、DMA2）控制器，总共有 16 个数据流（每个控制器 8 个），每个 DMA 控制器都用于管理一个或多个外设的存储器访问请求。每个数据流总共可以有多达 8 个通道（或称为请求），每个通道都有一个仲裁器，用于处理 DMA 请求间的优先级。仲裁器的作用是确定各个 DMA 传输的优先级，仲裁器根据通道请求的优先级来启动外设/存储器的访问。

2．DMA 的主要特性

1）提供两个 AHB 主端口，一个用于存储器访问，另一个用于外设访问。

2）仅支持 32 位访问的 AHB 从编程接口。

3）每个 DMA 控制器有 8 个数据流，每个数据流有多达 8 个通道（或称为请求）。

4）每个数据流有单独的 4 级 32 位 FIFO 存储器缓冲区，可用于 FIFO 模式或直接模式。

5）通过硬件可以将每个数据流配置如下。

① 常规类型：支持外设到存储器、存储器到外设和存储器到存储器传输的常规通道。

② 缓冲区类型：使用存储器的两个存储器指针的双缓冲区传输。

需要注意的是，DMA1 控制器 AHB 外设端口不连接到总线矩阵，因此仅 DMA2 数据流能够执行存储器到存储器的传输。

6）8 个数据流中的每一个都连接到专用硬件 DMA 通道（请求）。

7）DMA 数据流请求之间的优先级可在软件中设置（共 4 个级别，即非常高、高、中、低），在软件优先级相同的情况下可以通过硬件决定优先级（如数据流 0 的优先级高于数据流 1）。

8）可供每个数据流选择的通道请求多达 8 个。每个通道都可以在有固定地址的外设和存储器地址之间执行 DMA 传输。此选择可由软件配置。

9）要传输的数据项的数目可以由 DMA 控制器或外设管理：

① 在 DMA 流控制器中，DMA 传输的数据项数量可通过编程设置，范围为 1～65535。

② 在外设流控制器中，要传输的数据项的数目未知并由源或目标外设控制，这些外设

通过硬件发出传输结束的信号。

10）独立的源和数据传输宽度（字节、半字、字）。源和目标的数据宽度不相等时，DMA 自动封装/解封必要的传输数据来优化带宽。这个特性仅在 FIFO 模式下可用。

11）当使用 FIFO 模式时，支持 4 个、8 个和 16 个节拍的增量突发传输。FIFO 阈值为 FIFO 容量的 1/4、1/2、3/4 及全部。

12）5 个可产生中断的事件标志（DMA 半传输、DMA 传输完成、DMA 传输错误、DMA FIFO 错误、直接模式错误），为应用的灵活性考虑，可通过设置寄存器的不同位来打开这些中断。

3. DMA 的传输流程

当事件发生后，外设向 DMA 控制器发送一个请求信号。DMA 控制器根据通道的优先权处理请求。当 DMA 控制器开始访问发出请求的外设时，DMA 控制器立即发送一个应答信号。当外设从 DMA 控制器得到应答信号时，外设立即释放它的请求。一旦外设释放了这个请求，DMA 控制器同时消除应答信号。DMA 传输结束，如果有更多的请求，则外设可以启动下一个周期。总之，每次 DMA 传送可由以下 3 个操作组成。

1）从外设数据寄存器或者从当前外设/存储器读取地址数据。

2）将数据存入外设数据寄存器或者当前外设/存储器的地址中。

3）执行一次 DMA_CNDTRx 寄存器的递减操作，该寄存器包含未完成的操作数目。

任务实施

1. 任务分析

本任务要求利用 DMA 串口发送、接收数据并通过串口显示。根据任务要求可知，本任务需要配置 RCC 和 DMA。

2. 任务准备

计算机（Windows 7 及以上操作系统）1 台、微控制器核心板 1 块、单片机数据线 1 根、ST-Link 仿真器 1 个、杜邦线若干。

3. 软件配置

首先，新建空白工程并配置 RCC；其次配置串口，并在串口配置界面选择“DMA Settings”选项配置 DMA，单击“Add”按钮添加通道，具体如图 3.8.1 所示。

由图 3.8.1 可知：

1）方框①：设置传输通道、方式等。

① DMA Request：DMA 传输的对应外设。

② Stream：DMA 传输通道设置。

③ Direction：DMA 传输方向。

- Peripheral To Memory：外设到内存。
- Memory To Peripheral：内存到外设。

- Memory To Memory：内存到内存。

④ Priority：优先级。

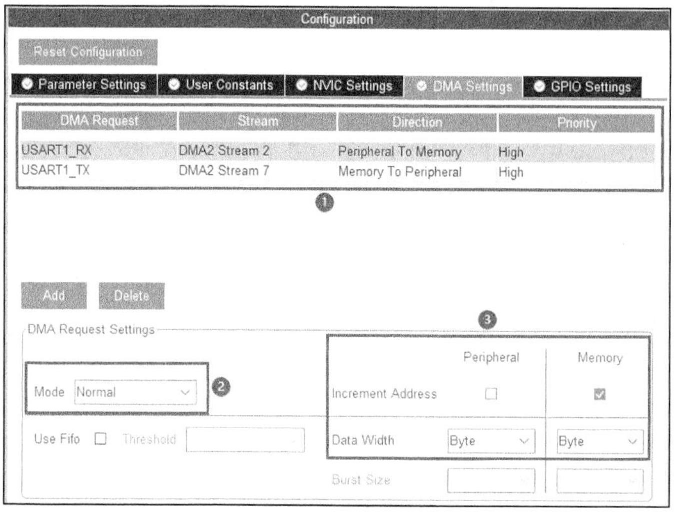

图 3.8.1　DMA 配置示意图

2）方框②：设置传输模式。

① Normal：普通模式。当一次 DMA 数据传输完后，立即停止 DMA 传送，也就是只传输一次。

② Circular：循环模式。传输完成后又重新开始传输，不断循环。

3）方框③：设置传输地址、数据类型。Increment Address 为地址指针递增。

① Src Memory 表示外设地址寄存器，其用于设置传输数据时外设地址是不变还是递增。如果设置为递增，那么下一次传输时，地址加 Data Width 个字节。

② Dst Memory 表示内存地址寄存器，其用于设置传输数据时内存地址是否递增。如果设置为递增，那么下一次传输时，地址加 Data Width 个字节。

配置完成后使用自动代码生成功能。

4．编写串口 DMA 程序代码

本任务的主要代码如下。

```
/* USER CODE BEGIN Init */   用户代码初始化开始
    uint8_t Sendbuff[] = "****   USART DMA Test \r\n   ****";
    //定义数据发送数组
    uint8_t Receivebuff[1];
    //定义数据接收数组
 /* USER CODE END Init */   用户代码初始化结束
HAL_UART_Transmit_DMA(&huart1, (uint8_t *)Sendbuff, sizeof(Sendbuff));
HAL_UART_Receive_DMA(&huart1,Receivebuff,1);
//打开串口 DMA 的发送使能、接收使能
```

```
/* USER CODE BEGIN 4 */  //用户代码开始
//将接收到的数据发送出去
void HAL_UART_RxCpltCallback(UART_HandleTypeDef *UartHandle)
{
 HAL_UART_Transmit_DMA(&huart1, (uint8_t *)Sendbuff, sizeof(Sendbuff));
}
/* USER CODE END 4 */    //用户代码结束
```

5．下载及运行程序

代码编写完成后，经过编译下载到微控制器中，打开串口调试助手，若串口正常显示数据，则说明本任务成功完成。

任务评价

任务评价表如表 3.8.1 所示。

表 3.8.1　任务评价表

评价内容	分值	自评评分	小组互评评分	老师评分
硬件准备及连线	20			
工程文件建立及软件配置	20			
编写串口 DMA 程序代码	20			
下载及运行程序，实现利用 DMA 串口发送、接收数据	40			
总分	100			

任务拓展

尝试使用 DMA 直接采集 ADC 数据。

项目 4

数据转换与无线通信

◎ 项目导读

在实际工作中，在不同设备间传输数据时可能面临数据形式不一致的情况。这时，需要将数据进行转换，使设备与设备能够互相理解。

◎ 学习目标

通过对本项目的学习，要求达成以下学习目标。

知识目标	能力目标	思政要素和职业素养目标
1. 理解 ADC、DAC 的工作原理及使用。 2. 掌握常见的无线通信方式的基本原理	能合作完成使用 ADC 采集光敏电阻数据并显示、使用 DAC 模拟电压输出、红外通信等任务	1. 培养创新思维和举一反三解决问题的能力。 2. 培养凝神聚力、追求极致的职业品质
对接 1+X 证书《传感网应用开发职业技能等级标准》（中级）——“短距离无线通信”工作领域		

任务 4.1 使用 ADC 采集光敏电阻数据并显示

任务目标

1）了解 ADC 的工作原理。
2）了解光敏电阻的工作原理及使用方法。
3）掌握开发环境中 ADC 的配置。
4）通过编程，使用微控制器中的 ADC 采集光敏电阻数据并显示。

知识准备

知识 4.1.1 ADC

1．ADC 的定义及分类

ADC（analog-to-digital converter，模拟数字转换器），通常是指将时间、幅值连续的模拟信号转换为时间、幅值离散的数字信号的电子器件。例如，在日常生活经常用到的物理量中，流量、温度、压力等属于连续变化的量，即为模拟量。与此对应，在公共交通中的公交车或地铁等的乘客数量在一段时间内是离散的、不连续的数值，即为数字量。

模数转换是将连续变化的模拟量转换为数字量，要在适当的时间间隔上取出信号，一般经过采样、保持、量化及编码 4 个过程。例如，每隔 10 分钟测量一下体温，就是采样，然后将测得的体温小数点后的数值保留一定的有效数字，并四舍五入记录下来，称为量化。一般情况下，典型的 ADC 是将模拟信号转换为表示一定比例电压值的数字信号。

ADC 的种类很多，按工作原理的不同，可分为 3 种：并联比较型 ADC、逐次逼近型 ADC 和双积分型 ADC。

STM32F4 系列微控制器中的 ADC 是 12 位逐次逼近型 ADC，它有 19 个复用通道，可测量 16 个外部源、2 个内部源和电池电压（voltage battery，VBAT）通道的信号。这些通道的模数转换可在单次、连续、扫描或不连续采样模式下进行，转换结果存储在一个左对齐或右对齐的 16 位数据寄存器中。微控制器中包含 3 个 ADC。ADC 最大的转换速率为 2.4MHz，也就是转换时间为 1μs（ADCCLK=36MHz，采样周期为 3 个 ADC 时钟）。需要注意的是，不要让 ADC 的时钟超过 36MHz，否则将导致结果的准确度下降。

2．ADC 的特性

ADC 具有模拟“看门狗”特性，用于检测输入电压是否超过了用户自定义的阈值上限或下限。

微控制器中的 ADC 的主要特性具体如下。

1）可配置 12 位、10 位、8 位或 6 位分辨率。
2）在转换结束、注入转换结束及发生模拟“看门狗”或溢出事件时，产生中断。
3）单次和连续转换模式。
4）用于自动将通道 0 转换为通道 *n* 的扫描模式。
5）数据对齐，以保持内置数据一致性。
6）可独立设置各通道采样时间。
7）外部触发器选项，可为规则转换和注入转换配置极性。
8）不连续采样模式。
9）双重/三重模式（具有 2 个或更多 ADC 的器件提供）。
10）双重/三重 ADC 模式下可配置的 DMA 数据存储。
11）双重/三重交替模式下可配置的转换间延迟。
12）ADC 转换类型（参见相关数据手册）。
13）ADC 电源要求：全速运行时为 2.4～3.6V，慢速运行时为 1.8V。
14）ADC 的电压输入范围：$V_{REF-} \leqslant +V_{IN} \leqslant V_{REF+}$。
15）规则通道转换期间可产生 DMA 请求。

视频：ADC 参数详解

3．ADC 框图简介

下面对 ADC 框图（图 4.1.1）中的 7 个部分进行简要讲解。

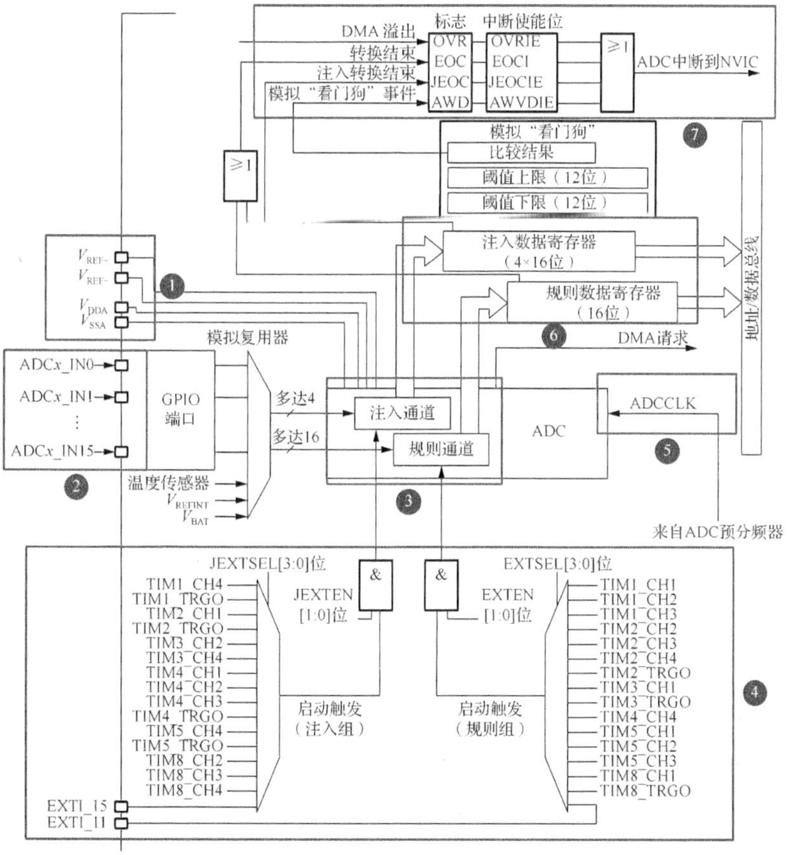

图 4.1.1　ADC 框图

（1）方框①：输入电压

ADC 所能测量的电压范围为 V_{REF-}～V_{REF+}。V_{SSA} 和 V_{REF-} 接地，V_{REF+} 和 V_{DDA} 接 3.3V，得到 ADC 的输入电压范围为 0～3.3V。ADC 引脚如表 4.1.1 所示。

表 4.1.1　ADC 引脚

名称	信号类型	备注
V_{REF+}	正模拟参考电压输入	ADC 高/正参考电压，1.8V≤V_{REF+}≤V_{DDA}
V_{DDA}	模拟电源输入	模拟电源电压等于 V_{DD}，具体如下： 全速运行时，2.4V≤V_{DDA}≤V_{DD}（3.6V） 低速运行时，1.8V≤V_{DDA}≤V_{DD}（3.6V）
V_{REF-}	负模拟参考电压输入	ADC 低/负参考电压，V_{REF-}=V_{SSA}
V_{SSA}	模拟电源接地输入	模拟电源接地电压等于 V_{SS}
ADCx_IN[15:0]	模拟输入信号	16 个模拟输入通道

视频：ADC 引脚选择与配置

（2）方框②：输入通道

ADC 的信号是通过输入通道进入微控制器内部的，微控制器通过 ADC 模块将模拟信号转换为数字信号。方框②中为与 GPIO 连接的 16 个外部通道。实际上，STM32F4 系列微控制器还有内部通道，如通道 ADC1_IN16 与微控制器内部的温度传感器连接，ADC1_IN17 与内部参考电压 V_{REFINT} 连接。

（3）方框③：转换通道

微控制器中 ADC 的转换分为 2 个通道组：规则通道组和注入通道组。规则通道最多有 16 路，注入通道最多有 4 路。规则通道是最平常的通道，也是最常用的通道，相当于正常运行的程序，而注入通道相当于中断，即程序在正常执行时，中断打断正在执行的程序。类似地，注入通道的转换可以打断规则通道的转换，在注入通道被转换完成后，规则通道才得以继续转换。常用的转换模式有单次转换模式与连续转换模式，如图 4.1.2 所示。

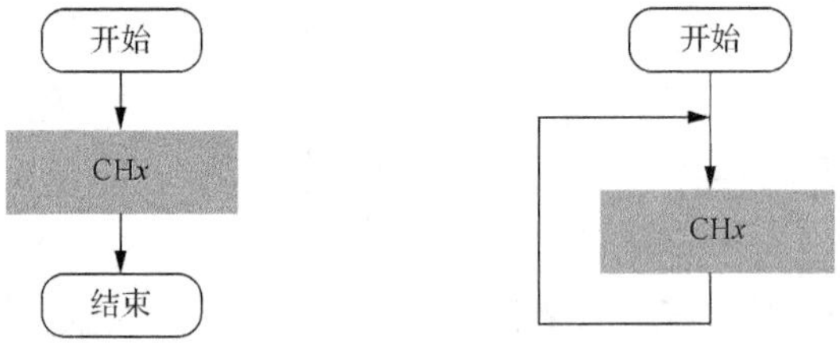

（a）单通道单次转换模式　　（b）单通道连续转换模式

图 4.1.2　转换模式示意图

一个 ADC 控制器有多个通道，当使用多个通道进行转换时，涉及一个先后顺序的问题。多个通道的使用顺序分为两种情况：规则通道的转换顺序和注入通道的转换顺序。

（4）方框④：触发源

ADC 需要一个触发信号来实行模数转换。可以通过外部事件（如定时器捕获、EXTI 中断线）触发转换。

（5）方框⑤：转换周期

ADC 的每一次信号转换都需要时间，通常会在数个 ADCCLK 周期内对输入电压进行采样，转换时间由输入时钟和采样周期所决定。

采样周期是由输入时钟确定的，配置采样周期可以确定使用多少个 ADC 时钟周期来对电压进行采样。采样的周期数可使用 ADC 采样时间寄存器 ADC_SMPR1 和 ADC_SMPR2 中的 SMP[2:0]位进行设置。ADC_SMPR1 控制的是通道 10～17，ADC_SMPR2 控制的是通道 0～9。每个通道均可以使用不同的采样周期进行采样，最小的采样周期是 1.5 个周期。

总转换时间的计算公式如下：

$$T_{\mathrm{CONV}}=\text{采样时间}+12\text{ 个周期} \tag{4.1.1}$$

当 ADCCLK=30MHz，且采样时间=3 个周期时，有

$$T_{\mathrm{CONV}}=3\text{ 个周期}+12\text{ 个周期}=15\text{ 个周期}=0.5\mu\mathrm{s}\text{（APB2 为 60MHz 时）}$$

（6）方框⑥：数据寄存器

数据转换完成后，存放在数据寄存器中，其中数据的存放也分为规则通道转换数据和注入通道转换数据的存放。规则数据寄存器负责存放规则通道转换的数据，通过 32 位寄存器 ADC_DR 来存放；注入数据寄存器有 4 个，所以注入通道转换的数据都有固定的存放位置，不会像规则寄存器那样产生数据覆盖的问题。

（7）方框⑦：中断

中断部分可以产生 4 种类型的中断，分别如下。

1）DMA 溢出中断。当配置了 DMA 且 DMA 溢出时，产生中断。

2）规则通道转换完成中断。规则通道数据转换完成后，产生一个中断，可以在中断函数中读取规则数据寄存器的值。这也是单通道时读取数据的一种方法。

3）注入通道转换完成中断。注入通道数据转换完成后，产生一个中断，也可以在中断中读取注入数据寄存器的值，达到读取数据的作用。

4）模拟“看门狗”事件。当输入的模拟量（电压）不在阈值范围内时，就会产生“看门狗”事件，即用来监视输入的模拟量是否正常。模拟电压经过 ADC 转换后得到一个 12 位的数字值（二进制）。我们需要把这个二进制数代表的模拟量（电压）用数字表示出来。ADC 的输入电压范围为 0～3.3V，ADC 是 12 位量程，12 位满量程即其数字值 2^{12}=4096 对应的就是 3.3V，因此，可得

$$Y=\frac{3.3X}{2^{12}} \tag{4.1.2}$$

式中，X 为转换后的数值；Y 为其对应的模拟电压。

知识 4.1.2　光敏传感器

1. 光敏传感器的定义及种类

光敏传感器是利用光敏元件将光信号转换为电信号的传感器，它的敏感波长在可见光波长附近，包括红外线波长和紫外线波长。光敏传感器不只局限于对光的探测，它还可以作为探测元件组成其他传感器，对许多非电量进行检测，只要将这些非电量转换为光信号的变化即可。

光敏传感器是比较常见的传感器之一，它的种类繁多，主要包括光电管、光电倍增管、光敏电阻（图 4.1.3）、光敏晶体管、太阳能电池、红外线传感器、紫外线传感器、光纤式光电传感器、色彩传感器、电荷耦合器件（charge-coupled device，CCD）和 CMOS 图像传感器等。

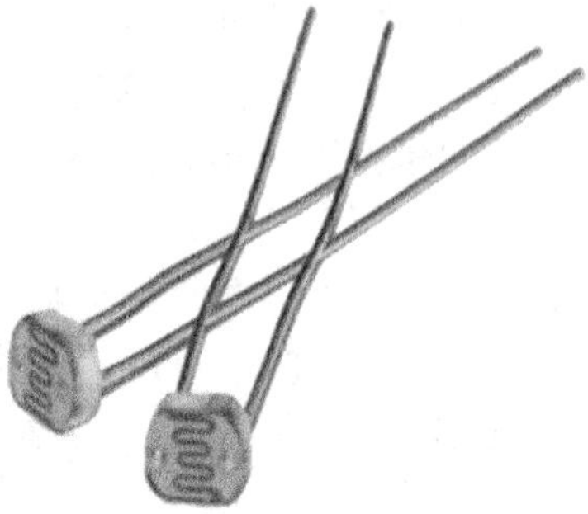

图 4.1.3　光敏电阻实物

2．光敏电阻

光敏电阻是采用硫化镉或硒化镉等半导体材料制成的特殊电阻，其工作原理基于内光电效应。光照越强，光敏电阻的阻值越低，随着光照强度的升高，电阻值迅速降低，最小可至 1kΩ 以下。光敏电阻对光线十分敏感，其在无光照时，呈高阻状态，电阻一般可为1.5MΩ。光敏电阻由于其特殊性能，随着科技的发展将得到极其广泛的应用。光敏电阻的结构示意图如图 4.1.4 所示。

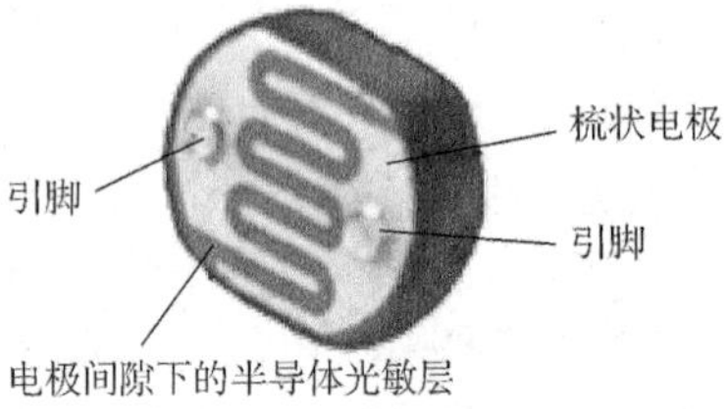

（a）示意图1

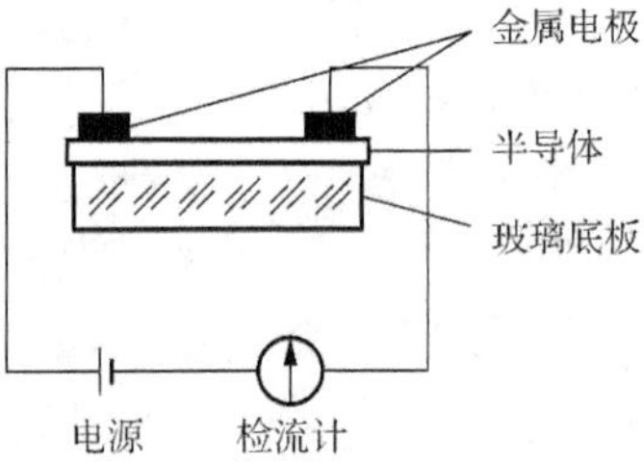

（b）示意图2

图 4.1.4　光敏电阻的结构示意图

光敏电阻是利用半导体的光电导效应制成的一种电阻值随入射光的强弱而改变的电阻器，又称为光电导探测器，即当入射光强时，其阻值减小；当入射光弱时，其阻值增大。另外，还有另一种光敏电阻，当入射光弱时，阻值减小；当入射光强时，阻值增大。

光敏电阻一般用于光的测量、光的控制和光电转换（将光的变化转换为电的变化）。常用的光敏电阻为硫化镉光敏电阻，它是由半导体材料制成的。光敏电阻对光的敏感性（即光谱特性）与人眼对可见光（0.4～0.76μm）的响应很接近，人眼可感受的光都会引起它的阻值变化。设计光控电路时，可用白炽灯泡（小电珠）光线或自然光线作为控制光源，使设计大为简化。

光敏电阻的工作原理是基于内光电效应。在半导体光敏材料两端装上电极引线，将其封装在带有透明窗的管壳中即可构成光敏电阻，为了增加灵敏度，两电极常做成梳状。用于制造光敏电阻的材料主要是金属的硫化物、硒化物和碲化物等半导体。通常采用涂敷、喷涂、烧结等方法在绝缘衬底上制作很薄的光敏电阻体及梳状欧姆电极，接出引线，封装在具有透光镜的密封壳体内，以免受潮影响其灵敏度。入射光消失后，由光子激发产生的电子-空穴对将复合，光敏电阻的阻值也就恢复原值。在光敏电阻两端的金属电极加上电压，其中便有电流通过，当受到一定波长的光线照射时，电流就会随光强的增大而变大，从而实现光电转换。光敏电阻没有极性，本质是一个电阻元件，使用时既可加直流电压，也可加交流电压。半导体的导电能力取决于半导体导带内载流子的数目。

由于光敏电阻的输出较小，一般需要放大电路进行放大。下面简要介绍一种常见的运算放大器——LM358。

3．LM358

LM358 是双运算放大器，内部包括两个独立的、高增益、内部频率补偿的运算放大器，适用于电源电压范围很宽的单电源，也适用于双电源工作模式，还可以作为电压信号采集的前端电压跟随器。LM358 电压跟随器在单电源 5V 供电时，输入端口 IN+输入 0～5V 电压，其输出端口 OUT1、OUT2 的电压输出范围只能是 0～3.7V，而不是 0～5V。也就是说，当 IN+端口输入 0～3.7V 电压时，电压可以跟随到 OUT1、OUT2 端口；当输入电压大于 3.7V 时，输出电压最高还是 3.7V。

在推荐的工作条件下，电源电流与电源电压无关，它的使用范围包括传感放大器、直流增益模块和其他所有可用单电源供电的使用运算放大器的场合。

LM358 的特性如下。

1）电源范围：单电源范围为 3～30V；双电源范围为±1.5～±15V。

2）差分输入电压范围等于最大额定电源电压：32V。

3）增益带宽：0.7MHz。

4）开环差分电压增益：100dB（典型值）。

5）低输入偏置和偏移参数：

① 输入偏置电流（45nA）。

② 输入失调电流（50nA）。

③ 输入失调电压（2.9mV）。

LM358 引脚示意图如图 4.1.5 所示，其引脚功能如表 4.1.2 所示。

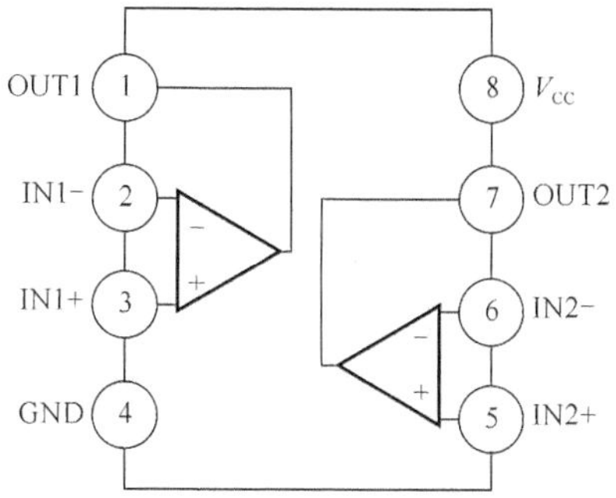

图 4.1.5　LM358 引脚示意图

表 4.1.2　LM358 引脚功能

引脚序号	符号	功能
1	OUT1	输出 1
2	IN1−	反相输入 1
3	IN1+	同相输入 1
4	GND	负电源（双电源工作时），接地（单电源工作时）
5	IN2+	同相输入 2
6	IN2−	反相输入 2
7	OUT2	输出 2
8	V_{CC}	正电源

任务实施

1．任务分析

本任务要求使用微控制器的 ADC 采集光敏电阻数据并转换，具体要求如下：通过串口将采集转换后的数据显示在串口调试助手上。因此根据任务要求在新建工程并配置好 RCC 与串口后，要在开发环境中配置 ADC。

2．任务准备

计算机（Windows 7 及以上操作系统）1 台、微控制器核心板 1 块、光敏电阻模块 1 块、串口调试助手 1 个、ST-Link 仿真器 1 个、杜邦线若干。

3．硬件连接

本任务部分接线方法如表 4.1.3 所示。

表 4.1.3　本任务部分接线方法

微控制器核心板	光敏电阻模块
ADC1_IN0	A0

4．软件配置

在如图 4.1.6 所示的方框①处找到并选择要使用的 ADC。

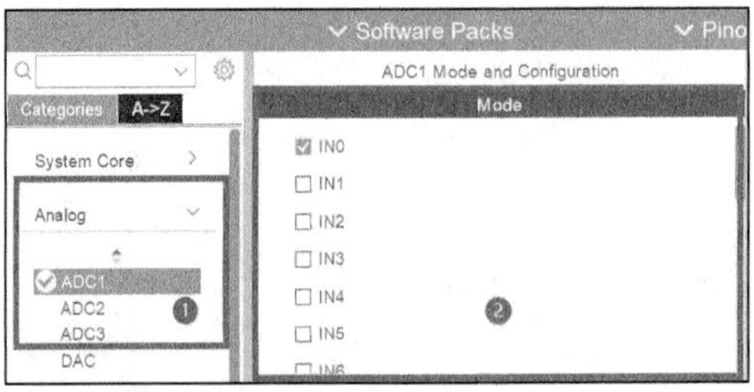

图 4.1.6　ADC 位置

在方框②处选择相应的通道。通道选择后，即可配置相关参数，如图 4.1.7 所示。

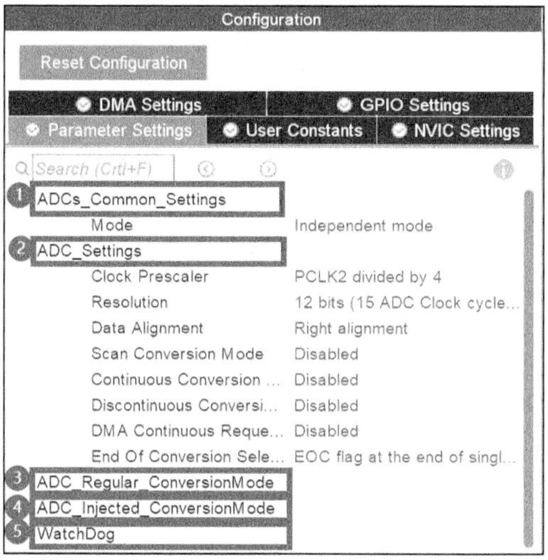

图 4.1.7　ADC 参数配置

由图 4.1.7 可知：

1）方框①：通用设置。设置模式。

2）方框②：ADC 设置。

① Clock Prescaler 用于配置时钟预分频。有 2、4、6、8 共 4 种分频系数可选择。

② Resolution 用于配置 ADC 的分辨率（位数）。有 12 位、10 位、8 位、6 位共 4 种可选项。

③ Data Alignment 用于配置对齐方式。有左对齐与右对齐两种方式。

④ Scan Conversion Mode 用于配置扫描模式。

⑤ Continuous Conversion Mode 和 Discontinuous Conversion Mode 分别用于配置自动连续转换模式和单次转换模式。

⑥ DMA Continuous Requests 用于配置 DMA 模式。

⑦ End of Conversion Selection 用于配置转换方式结束选择。对于多通道 ADC 采集，需要选择为所有通道转换完成后置标志位，否则只会有第一通道转换的结果，而不是 4 个通道的转换结果。

一般情况下保持默认参数即可。配置好后使用自动代码生成功能，紧接着开始编写程序代码。

5. 编写 ADC 程序代码

视频：ADC 常用 HAL 库函数

本任务用到的库函数如下。

1）HAL_ADC_Start(hadc)：启动 ADC 转换。

2）HAL_ADC_PollForConversion(hadc, Timeout)：等待转换完成。

3）HAL_ADC_GetValue(hadc)：读取 ADC 转换数据，数据为 12 位。通过查看相关数据手册可知，寄存器为 16 位存储转换数据，数据右对齐，则转换的数据范围为 $0\sim2^{12}-1$，即 0～4095。

其他相关的 ADC 库函数如下。

1）HAL_ADC_GetState(hadc)：获取 ADC 状态。

2）HAL_ADC_STATE_REG_EOC()：转换完成标志位。

3）HAL_IS_BIT_SET(REG,BIT)：判断转换完成标志位是否设置。

这里仅列出部分 ADC 相关库函数。

本任务的主要代码如下。

```
HAL_ADC_Start(&hadc1);
HAL_ADC_PollForConversion(&hadc1, 50);
AD_Value = HAL_ADC_GetValue(&hadc1);
if(HAL_IS_BIT_SET(HAL_ADC_GetState(&hadc1), HAL_ADC_STATE_REG_EOC))
   {
      sensor = ((AD_Value)*3.3)/4096;
      printf("sensor value is %.3f V \r\n", sensor);
      //串口向计算机输出
   }
```

6. 下载及运行程序

当代码编写完成，并将硬件连线完成后，将代码通过仿真器下载至微控制器中，可以成功实现在串口调试助手上显示光敏电阻数据的效果。当光敏电阻检测到不同的光照强度时，其输出的电压值也会发生相应变化，任务效果如图 4.1.8 所示。

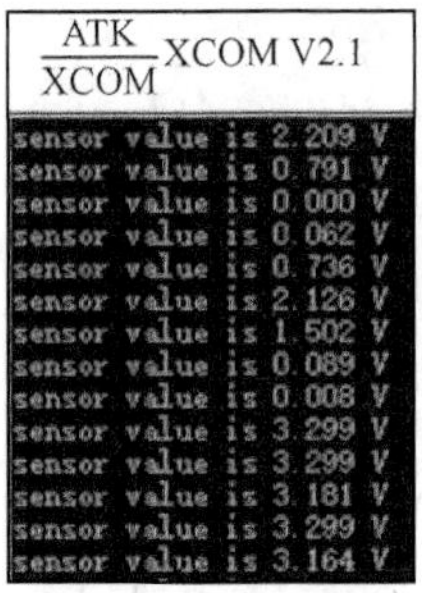

图 4.1.8　任务效果

任务评价

任务评价表如表 4.1.4 所示。

表 4.1.4　任务评价表

评价内容	分值	自评评分	小组互评评分	老师评分
硬件准备及连线	20			
工程文件建立及软件配置	20			
编写 ADC 程序代码	20			
下载及运行程序，实现 ADC 采集光敏电阻数据并显示	40			
总分	100			

任务拓展

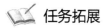

采集光敏电阻值，判断当前环境的光照情况，从而控制 LED 灯的亮灭，实现光控 LED。

任务 4.2　使用 DAC 模拟电压输出

任务目标

1）了解 DAC。

2）了解微控制器中的 DAC 的工作原理。

3）掌握开发环境中的 DAC 配置。

4）通过编程，使用微控制器中的 DAC 模拟电压输出。

知识准备

知识 4.2.1　DAC

DAC 又称 D/A 转换器，它是把数字量转变成模拟量的器件。DAC 基本上由 4 个部分组成，分别是权电阻网络、运算放大器、基准电源和模拟开关。

DAC 的基本工作原理如下：将输入的二进制码存入寄存器，二进制数中的每一位控制着一个模拟开关，模拟开关有两种输出类型，一种是直接与 GND 相连接；另一种是经过电阻连接基准电压源。模拟开关的输出送入加法网络，二进制数中的每一位都有一定的权重，加法网络把每一位数变成它的加权电流，并把各位的权电流加起来得到总电流，总电流再被送入放大器，经放大器放大后得到与其对应的模拟电压，从而实现数字量与模拟量的转换（图 4.2.1）。

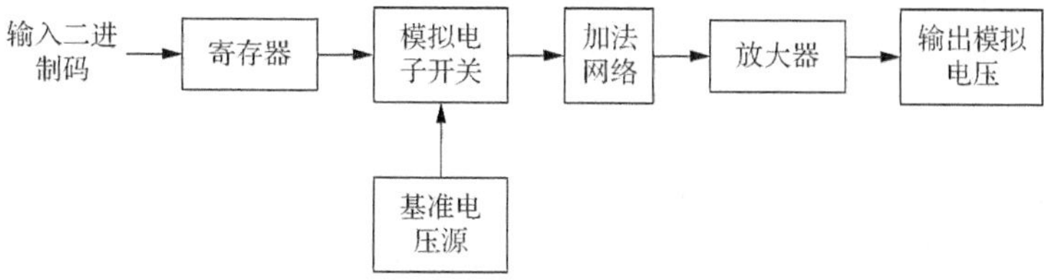

图 4.2.1　DAC 工作流程示意图

常见的 DAC 是将并行二进制的数字量转换为直流电压或直流电流，它常用作过程控制计算机系统的输出通道，与执行器相连，实现对生产过程的自动控制。DAC 电路还用于利用反馈技术的 ADC 设计中。

DAC 的主要特性指标如下。

1）分辨率：最小输出电压（对应的输入数字量只有最低有效位为“1”）与最大输出电压（对应的输入数字量所有有效位全为“1”）之比。例如，N 位，其分辨率为 $1/(2^N-1)$。在实际使用中，分辨率的大小也用输入数字量的位数来表示。

2）线性度：用非线性误差的大小表示数模转换的线性度，并且把理想的输入输出特性的偏差与满刻度输出之比的百分数定义为非线性误差。

3）转换精度：DAC 的转换精度与 DAC 的集成芯片的结构和接口电路配置有关。如果不考虑其他数模转换误差，那么 DAC 的转换精度即为分辨率的大小，因此要获得高精度的数模转换结果，首先要保证选择有足够分辨率的 DAC。同时，数模转换精度还与外接电路的配置有关，当外部电路器件或电源误差较大时，数模转换误差较大；当这些误差超过一定程度时，数模转换就产生错误。

在数模转换过程中，影响转换精度的主要因素有失调误差、增益误差、非线性误差和微分非线性误差。

4）转换速度：一般由建立时间决定。从输入由全“0”突变为全“1”时开始，到输出电压稳定在 FSR±1/2LSB 范围（或以 FSR±x%FSR 指明范围）内为止，这段时间称为建立时间，它是 DAC 的最大响应时间，所以用它衡量转换速度的快慢。

知识 4.2.2 微控制器中的 DAC

微控制器中的 DAC 模块是 12 位电压输出 DAC。DAC 可以按 8 位或 12 位模式进行配置，并且可与 DMA 控制器配合使用。在 12 位模式下，数据可以采用左对齐或右对齐。DAC 有两个输出通道，每个通道各有一个转换器。在 DAC 双通道模式下，每个通道可以单独进行转换；当两个通道组合在一起同步执行更新操作时，也可以同时进行转换。它可通过一个输入参考电压引脚 V_{REF+}（与 ADC 共享）来提高分辨率。

DAC 的主要特性如下。

1）两个 DAC：各对应一个输出通道。

2）在 12 位模式下数据采用左对齐或右对齐。

3）同步更新功能。

4）生成噪声波。

5）生成三角波。

6）DAC 双通道单独或同时转换。

7）每个通道都具有 DMA 功能。

8）DMA 下溢错误检测。

9）通过外部触发信号进行转换。

10）输入参考电压 V_{REF+}。

DAC 通道框图如图 4.2.2 所示，下面对 DAC 通道框图中的 3 个部分进行简要讲解。

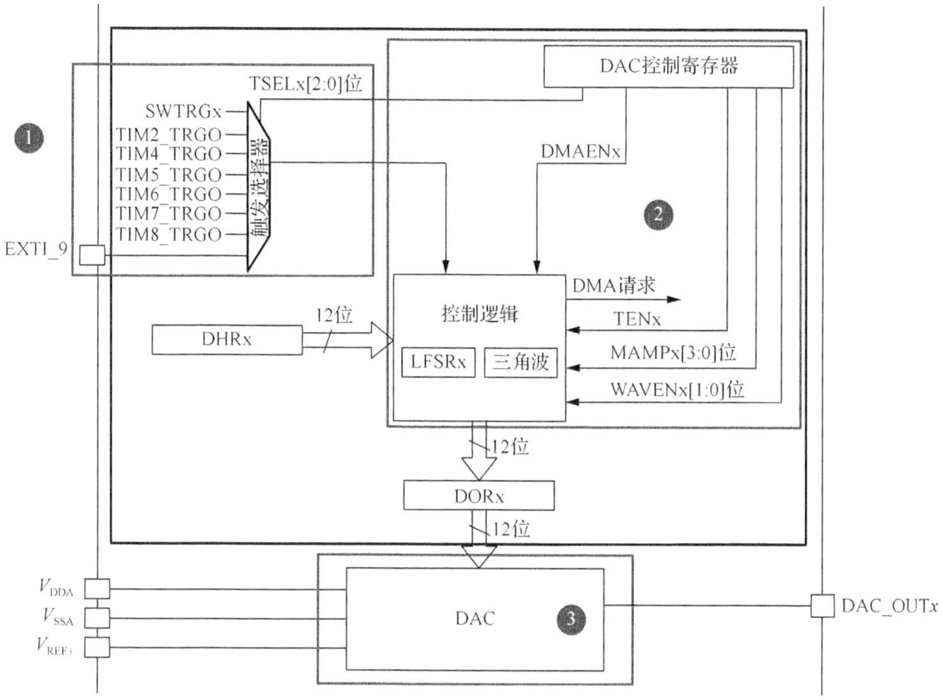

图 4.2.2　DAC 通道框图

1）方框①为触发方式，该部分是指数模转换可以由某外部触发事件（定时器计数器、外部中断线）触发。通过配置控制位 TSELx[2:0]来选择 8 个触发事件中的某一个来触发数模转换，任意一种触发源都可以触发数模转换。外部触发源如表 4.2.1 所示。

表 4.2.1　外部触发源

源	类型	TSELx[2:0]
定时器 6 触发事件	片上定时器的内部信号	000
定时器 8 触发事件		001
定时器 7 触发事件		010
定时器 5 触发事件		011
定时器 2 触发事件		100
定时器 4 触发事件		101
外部中断线 9	外部引脚	110
SWTRIG（软件触发）	软件控制位	111

2）方框②为控制逻辑，该部分决定了 DAC 的波形控制、输出方式、DMA 传输等。

3）方框③为 DAC。该部分中 V_{REF+}为正模拟参考电压输入，1.8V≤V_{REF+}≤V_{DDA}；V_{DDA}为模拟电源输入；V_{SSA}为模拟电源接地输入；DAC_OUTx 为模拟输出信号。

提示： DAC 的数字输入被线性地转换为模拟电压输出，其范围为 0～V_{REF+}。任意一个 DAC 通道引脚上输出的电压均满足

$$\text{DAC\_OUT}x=V_{REF}(\text{DOR}/4095) \tag{4.2.1}$$

式中，DOR 表示数据输出寄存器（data output register）中要转换成模拟信号的数字值。

任务实施

1．任务分析

本任务要求使用微控制器中的 DAC 模拟电压输出，具体要求如下：将 DAC 输出的电压通过 ADC 进行采集，并通过串口显示出来。

2．任务准备

计算机（Windows 7 及以上操作系统）1 台、微控制器核心板 1 块、串口调试助手 1 个、ST-Link 仿真器 1 个、杜邦线若干。

3．硬件连接

本任务接线方法如表 4.2.2 所示。

表 4.2.2　本任务接线方法

微控制器核心板	
DAC_OUT1	ADC1_IN0

4．软件配置

首先在开发环境中新建工程并设置 RCC，配置 ADC；然后在如图 4.2.3 所示的方框①位置找到 DAC 并选择该选项。

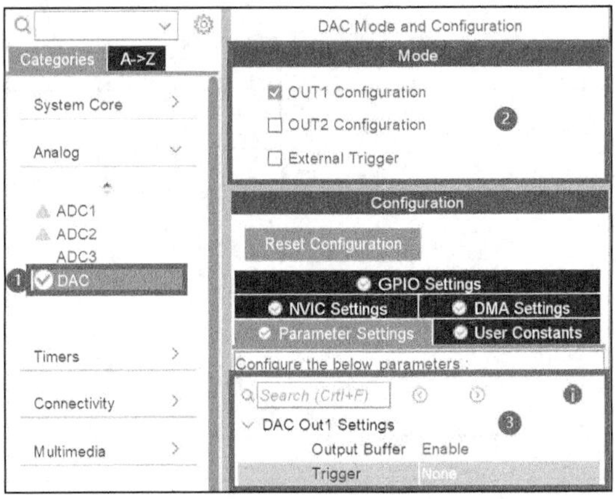

图 4.2.3　DAC 配置

在方框②中设置 DAC 的模式，具体如下。

1）OUT1 Configuration 和 OUT2 Configuration 对应两个输出通道。

2）External Trigger 为外部中断 EXTI9 触发。

在方框③中进行相关配置，具体如下。

1）Output Buffer：使能 DAC 输出缓存。DAC 集成了 2 个输出缓存，可以用来减少输出阻抗，无须外部运算放大器即可直接驱动外部负载。每个 DAC 通道输出缓存可以通过设置 DAC_CR 寄存器的 BOFFx 位来使能或者关闭。

2）Tigger：选择 DAC 的触发方式，即表 4.2.1 中提到的 8 个触发源。

至此，DAC 配置已完成，接下来使用自动代码生成功能。

5. 编写 DAC 程序代码

本任务中使用到 2 个 HAL 库函数，具体如下。

1）HAL_DAC_SetValue(&hdac, DAC_CHANNEL_1, DAC_ALIGN_12B_R, 2048)。

该函数的功能为设置 DAC 的输出值，具体参数解释如下。

① &hdac：DAC 结构体名。

② DAC_CHANNEL_1：设置 DAC 通道。

③ DAC_ALIGN_12B_R：设置 DAC 对齐方式。此处为 12 位右对齐。

④ 2048：设置的输出电压值。最大可设置为 2^{12}，即 4096。

2）HAL_DAC_Start(&hdac, DAC_CHANNEL_1)。

该函数的功能为开启 DAC 输出。

本任务的主要代码如下。

```
uint32_t DAC_Value;
uint32_t  AD_Value;
float sensor = 0;
  while (1)
  {
      if (DAC_Value >= 2048)
      //设定 DAC 值最大为 2048
          {
              DAC_Value = 0;
          }
      DAC_Value += 128;
      printf("DAC Value : %d \r", DAC_Value);
      HAL_DAC_Start(&hdac, DAC_CHANNEL_1);
      HAL_DAC_SetValue(&hdac, DAC_CHANNEL_1, DAC_ALIGN_12B_R, DAC_Value);
      //设定 DAC 值,数据为 12 位右对齐
      HAL_Delay(500);
      HAL_ADC_Start(&hadc1);
      HAL_ADC_PollForConversion(&hadc1, 50);
      if(HAL_IS_BIT_SET(HAL_ADC_GetState(&hadc1), HAL_ADC_STATE_REG_EOC))
      {
        AD_Value = HAL_ADC_GetValue(&hadc1);
        printf("ADC2 Reading : %d \r",AD_Value);
        //通过串口输出 ADC 采集值
        sensor = ((AD_Value)*3.3)/4096;
        printf("sensor value is %.3f V  \r\n", sensor);
        //通过串口输出电压值
      }
```

本任务中，模拟 DAC 输出的最大电压=3.3V×(2048/4096)=1.65V。

6．下载及运行程序

将本任务代码编译、下载到微控制器后，使用串口输出的电压为 1.68V，DAC 输出数据与 ADC 采集数据基本一致，至此本任务成功完成，任务效果如图 4.2.4 所示。

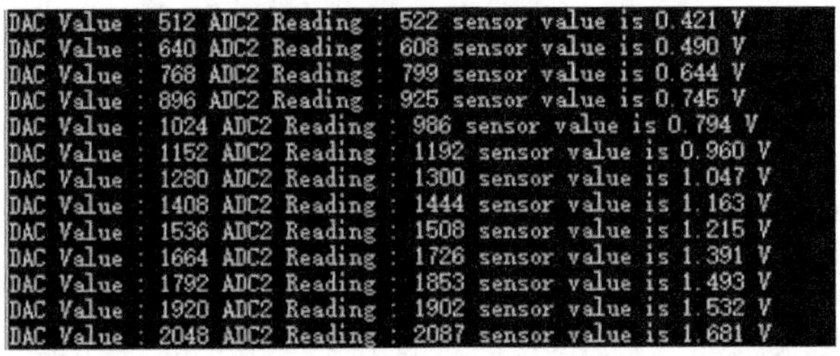
```
DAC Value : 512 ADC2 Reading : 522 sensor value is 0.421 V
DAC Value : 640 ADC2 Reading : 608 sensor value is 0.490 V
DAC Value : 768 ADC2 Reading : 799 sensor value is 0.644 V
DAC Value : 896 ADC2 Reading : 925 sensor value is 0.745 V
DAC Value : 1024 ADC2 Reading : 986 sensor value is 0.794 V
DAC Value : 1152 ADC2 Reading : 1192 sensor value is 0.960 V
DAC Value : 1280 ADC2 Reading : 1300 sensor value is 1.047 V
DAC Value : 1408 ADC2 Reading : 1444 sensor value is 1.163 V
DAC Value : 1536 ADC2 Reading : 1508 sensor value is 1.215 V
DAC Value : 1664 ADC2 Reading : 1726 sensor value is 1.391 V
DAC Value : 1792 ADC2 Reading : 1853 sensor value is 1.493 V
DAC Value : 1920 ADC2 Reading : 1902 sensor value is 1.532 V
DAC Value : 2048 ADC2 Reading : 2087 sensor value is 1.681 V
```

图 4.2.4　任务效果

任务评价

任务评价表如表 4.2.3 所示。

表 4.2.3　任务评价表

评价内容	分值	自评评分	小组互评评分	老师评分
硬件准备及连线	20			
工程文件建立及软件配置	20			
编写 DAC 程序代码	20			
下载及运行程序，实现 DAC 模拟电压并输出显示	40			
总分	100			

任务拓展

尝试使用 DAC 生成三角波。

任务 4.3　红外遥控无线通信

任务目标

1）了解无线通信技术。
2）了解红外遥控技术的工作原理。
3）掌握开发环境中的相关配置。

4）通过编程，实现红外遥控效果。

知识准备

知识 4.3.1　无线通信技术

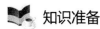

无线通信是利用电磁波信号可以在自由空间中传播的特性进行信息交换的一种通信方式，不经由导体或缆线进行传播，如收音机、无线电等方式。与之相对的是有线通信，如固定式电话等。近年来，无线通信技术在信息通信领域中发展最快、应用最广。大部分无线通信技术会用到无线电，包括现在日常生活中广泛使用的 Wi-Fi，也包括与卫星通信、距离超过数百万公里的深空网络。但有些无线通信的技术不使用无线电，而是使用其他的电磁波无线技术，如光、磁场、电场等。

1880 年，世界上第一次使用的无线通信是光电话，由亚历山大・格拉汉姆・贝尔及查尔斯・萨姆纳・天特发明。光电话是以光为介质，通过调变光束来传递语音信号。但受限于当时的技术水平及天气，其通信效果较差，直到近几年随着科技的快速发展后在军事领域中大量应用。

目前，比较流行的无线通信方式有以下几种：①短距离通信：无线遥控、IrDA、无线射频识别（radio frequency identification，RFID）、近场通信等。②无线感知网络：ZigBee、EnOcean、蓝牙、超宽频（UWB）等。③无线网络：无线局域网络，如 WLAN、Wi-Fi 等。下面简要介绍其中几种。

1．IrDA

IrDA 是红外数据协会的简称，目前广泛采用的 IrDA 红外连接技术就是由该组织提出的，全球采用 IrDA 技术的设备超过了 5000 万部。IrDA 已经制订出物理介质和协议层规格，以及 2 个支持 IrDA 标准的设备可以相互监测对方并交换数据。常用的 IrDA 有两种，即慢红外（slow infrared，SIR）与快红外（fast infrared，FIR）。SIR 的最大传输速率为 115.2kbit/s，而 FIR 的最大传输速率可达 4Mbit/s。红外线是波长为 750nm～1mm 的电磁波，它的频率高于微波而低于可见光，是一种人眼看不到的光线。红外通信一般采用红外波段内的近红外线，波长为 0.75～25μm。IrDA 成立后，为了保证不同厂商的红外产品能够获得最佳的通信效果，红外通信协议将红外数据通信所用的光波波长的范围限定为 850～900nm。

红外通信有着成本低廉、连接方便、简单易用和结构紧凑的特点，因此在小型的移动设备中获得了广泛的应用。这些设备包括笔记本电脑、机顶盒、移动电话、计算器、仪器仪表及打印机之类的计算机外围设备等。

2．RFID

RFID 是自动识别技术的一种，通过无线射频方式进行非接触双向数据通信，利用无线射频方式对记录媒体（电子标签或射频卡）进行读写，从而达到识别目标和数据交换的目的，其被认为是 21 世纪非常有发展潜力的信息技术之一。其原理为阅读器与标签之间进行非接触式的数据通信，达到识别目标的目的。RFID 的应用非常广泛，典型应用有动物晶片、汽车晶片防盗器、门禁管制、停车场管制、生产线自动化、物料管理等。

3．NFC

NFC（near field communication，近场通信）是在非接触式 RFID 技术的基础上，结合无线互联技术研发而成的，它为人们日常生活中越来越普及的各种电子产品提供了一种十分安全快捷的通信方式。NFC 是一种短距高频的无线电技术，NFCIP-1 标准规定 NFC 的通信距离为 10cm 以内，运行频率为 13.56MHz，传输速度有 3 种，即 106kbit/s、212kbit/s 和 424kbit/s。NFC 是基于 RFID 技术发展起来的一种近距离无线通信技术。与 RFID 一样，NFC 也是通过频谱中无线频率部分的电磁感应耦合方式传递信息的，但两者之间存在很大区别。NFC 的传输范围比 RFID 小，RFID 的传输范围可以达到 0～1m，但由于 NFC 采取了独特的信号衰减技术，相对于 RFID 来说，NFC 具有成本低、带宽高、能耗低等特点。NFC 是一种新兴的技术，使用了 NFC 技术的设备（如移动电话）可以在彼此靠近的情况下进行数据交换，通过在单一芯片上集成感应式读卡器、感应式卡片和点对点通信的功能，利用移动终端可实现移动支付、电子票务、门禁、移动身份识别、防伪等应用。

4．ZigBee

ZigBee 也称紫蜂，是一种低速短距离传输的无线网上协议，底层是采用 IEEE 802.15.4 标准规范的媒体访问层与物理层，其主要特点有低速、低耗电、低成本、支持大量网上节点、支持多种网上拓扑、低复杂度、快速、可靠、安全。ZigBee 无线通信技术可于数以千计的微小传感器相互间，依托专门的无线电标准达成相互协调通信，因而该项技术常被称为 Home RF Lite 无线技术、FireFly 无线技术。ZigBee 无线通信技术还可应用于小范围的基于无线通信的控制及自动化等领域，可省去计算机设备、一系列数字设备相互间的有线电缆，更能够实现多种不同数字设备相互间的无线组网，使它们实现相互通信或接入因特网。

5．UWB

UWB（ultra wide band，超宽带）技术是一种使用 1GHz 以上频率带宽的无线载波通信技术。它不采用正弦载波，而是利用纳秒级的非正弦波窄脉冲传输数据，因此其所占的频谱范围很大，尽管使用无线通信，但其数据传输速率可以达到几百兆比特每秒以上。使用 UWB 技术可在非常宽的带宽上传输信号，美国联邦通信委员会（Federal Communications Commission，FCC）对 UWB 技术的规定如下：在 3.1～10.6GHz 频段中占用 500MHz 以上的带宽。UWB 技术始于 20 世纪 60 年代兴起的脉冲通信技术。UWB 技术利用频谱极宽的超宽基带脉冲进行通信，因此又称为基带通信技术、无线载波通信技术，主要用于军用雷达、定位和低截获率/低侦测率的通信系统中。2002 年 2 月，美国联邦通信委员会发布了民用 UWB 设备使用频谱和功率的初步规定。该规定将相对带宽大于 0.2 或在传输的任何时刻带宽大于 500MHz 的通信系统称为 UWB 系统，同时批准了 UWB 技术可用于民用商品。随后，日本于 2006 年 8 月开放了 UWB 频段。由于 UWB 技术具有数据传输速率高（达 1Gbit/s）、抗多径干扰能力强、功耗低、成本低、穿透能力强、截获率低、与现有其他无线通信系统共享频谱等特点，UWB 技术成为无线个人区域网（wireless personal area network，WPAN）通信技术的首选技术。UWB 技术具有系统复杂度低、发射信号功率谱密度低、对信道衰落不敏感、截获能力低及定位精度高等优点，尤其适用于室内等密集多径场所的高速无线接入。UWB 技术与极短脉冲、无载波、时域、非正弦、正交函数和大相对带宽无线/雷达信号是同义的。UWB 脉冲通信由于其优良、独特的技术特性，将会在无线多媒体通信、雷达、精密定位、穿墙透地探测、成像和测量等领域获得日益广泛的应用。

知识 4.3.2　红外遥控技术

红外遥控技术是一种无线的、非接触式的控制技术，具有抗干扰能力强、信息传输可靠、功耗低、成本低和使用方便等显著特点，广泛应用于电子设备尤其是家用电器类设备中，并且越来越多地应用到便携式设备，如手机、平板电脑中。

红外遥控技术利用红外线来传播电信号，不能穿透墙壁等障碍物，适合短距离、无遮挡应用场景。无线电遥控则利用无线电信号在空气中的传播，可根据无线电波的频率来遥控，能够穿透一定的障碍物，适合远距离、大范围的应用场景。因此，在设计红外遥控器时，不需要像无线电遥控器那样，每套遥控器（包括发射器和接收器）要有不同的遥控频率或编码（编码一致会造成相互干扰），所以对于同一类型的红外遥控器，可以有相同的遥控频率或编码，而不会出现遥控信号“串门”的情况。这为大批量地生产红外遥控器提供了极大的便利。红外线为不可见光，对环境影响很小，且红外光波动波长远小于无线电波的波长，因此红外线遥控不会影响其他家用电器的正常遥控使用，也不会影响附近的无线电设备。

红外发射设备（红外遥控器）由键盘电路、红外编码电路、电源电路和红外发射电路组成。其中，发射电路是采用红外 LED 来发出经过调制的红外光波（目前使用的红外线波长多为 940nm），红外遥控器常用载波的方式传送二进制编码，常用的载波频率为 38kHz，红外遥控器将遥控信号（二进制脉冲码）调制在 38kHz 的载波上，经缓冲放大后送至红外 LED，转换为红外信号发射出去。

红外接收设备由红外接收电路、红外解码、电源和应用电路组成。其中，红外接收电路由红外接收二极管、晶体管或硅光电池组成。红外遥控接收器的主要作用是将遥控发射器发来的红外光信号转换成电信号，再放大、限幅、检波、整形，形成遥控指令脉冲，输出至遥控微处理器。

红外遥控的编码目前广泛使用的是 NEC Protocol 的 PWM 和 PHILIPS RC-5 Protocol 的 PPM（pulse-position modulation，脉冲位置调制）。

NEC 协议的特征如下。

1）8 位地址和 8 位指令长度。

2）地址和命令 2 次传输（确保可靠性）。

3）PWM 以发射红外载波的占空比代表“0”和“1”。

4）载波频率为 38kHz。

5）位时间为 1.125ms 或 2.25ms。

NEC 码的位定义：一个脉冲对应 560μs 的连续载波，一个逻辑“1”传输需要 2.25ms（560μs 脉冲+1690μs 低电平），一个逻辑“0”的传输需要 1.125ms（560μs 高电平+560μs 低电平）。遥控接收头在有脉冲的时候为低电平，在没有脉冲的时候为高电平，因此在接收头端收到的信号如下：逻辑“1”应该是 560μs 低电平+1680μs 高电平，逻辑“0”应该是

560μs 低电平+560μs 高电平。

NEC 遥控指令的数据格式如下：同步码、地址码、地址反码、控制码、控制反码（图 4.3.1）。同步码由一个 9ms 的低电平和一个 4.5ms 的高电平组成，地址码、地址反码、控制码、控制反码均是 8 位数据格式。按照低位在前、高位在后的顺序发送。采用反码是为了增加传输的可靠性（可用于校验）。一个完整的数据是 32 位。

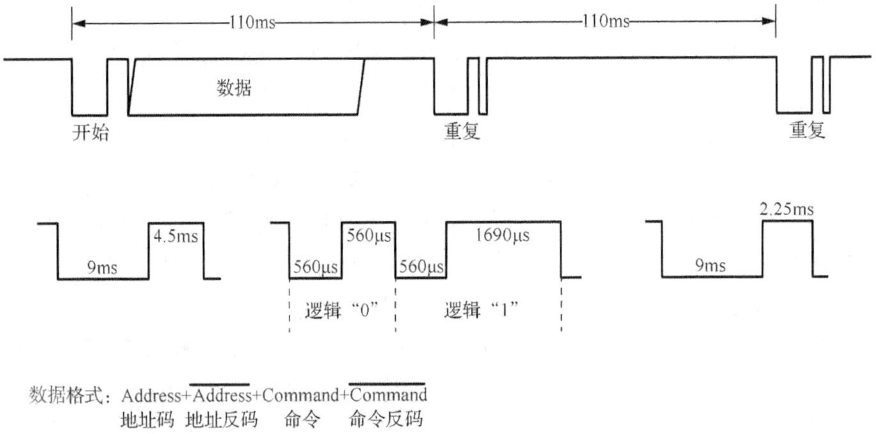

图 4.3.1　红外 NEC 编码说明

在本任务中采用红外一体化接收头 HS0038，外观如图 4.3.2 所示。HS0038 黑色环氧树脂封装，不受日光、荧光灯等光源干扰，内附磁屏蔽，功耗低，灵敏度高。在用小功率发射管发射信号的情况下，其接收距离可达 35m。它能与 TTL、COMS 电路兼容。HS0038 为直立侧面收光型。它接收的红外信号频率为 38kHz，周期约为 26μs，同时能对信号进行放大、检波、整形，得到 TTL 电平的编码信号。其 3 个引脚分别是 GND（地）、V_s（电源）、OUT（解调信号输出端）。

图 4.3.2　HS0038 示意图

任务实施

1．任务分析

本任务要求实现红外遥控效果，具体如下：按下红外遥控器上的按键，微控制器获取红外接收头收到的数据并进行处理，最后通过串口输出显示。

2．任务准备

计算机（Windows 7 及以上操作系统）1 台、微控制器核心板 1 块、串口调试助手 1 个、ST-Link 仿真器 1 个、杜邦线若干。

3．硬件连接

本任务接线方法如表 4.3.1 所示。

表 4.3.1　本任务接线方法

微控制器核心板	外设
PA8	HS0038-OUT

4．软件配置

首先新建空白工程，然后配置 RCC，接下来配置相应的 I/O 端口。

1）红外接收头设置：本任务中使用到的红外接收装置只有一个引脚与微控制器相连接，所以此处仅需配置一个 I/O 端口。红外接收头在没有脉冲时为高电平，当收到脉冲时为低电平，所以可以通过定时器的输入捕获模式的下降沿来触发，在函数内通过计算高电平时间来判断接收到的数据是“0”还是“1”。因此，将该 I/O 端口设置为定时器输入捕获模式，下降沿触发。

2）串口设置：将 USART1 设置为异步通信方式，波特率设置为 115200bit/s，传输数据长度设置为 8bit，无奇偶校验，1 位停止位。

基础设置完成后即可自动生成代码。接下来开始编写程序代码。

5．编写红外遥控按键键盘扫描程序代码

本任务的主要代码如下。

```
uint8_t RmtSta=0;
uint16_t Dval;          //下降沿时间
uint32_t RmtRec=0;      //红外接收头接收到的数据
uint8_t  RmtCnt=0;      //按键按下次数
uint8_t  key;

//定时器更新（溢出）中断回调函数
void HAL_TIM_PeriodElapsedCallback(TIM_HandleTypeDef *htim)
{
//    printf("over\r\n");
 if(htim->Instance==TIM1){
        if(RmtSta&0x80)
        {
            RmtSta&=~0X10;
            if((RmtSta&0X0F)==0X00)RmtSta|=1<<6;
```

```
                if((RmtSta&0X0F)<14)RmtSta++;
                else
                {
                    RmtSta&=~(1<<7);     //清空引导标识
                    RmtSta&=0XF0;        //清空计数器
                }
            }
    }
   }

   //定时器捕获回调函数
   void HAL_TIM_IC_CaptureCallback(TIM_HandleTypeDef *htim)
   {
       if(TIM1 == htim->Instance)
       {
           if(HAL_GPIO_ReadPin(GPIOA,GPIO_PIN_8))
               //上升沿捕获
           {
               printf("TIM CAP\r\n");
               TIM_RESET_CAPTUREPOLARITY(&htim1,TIM_CHANNEL_1);
               //清除原设置
               TIM_SET_CAPTUREPOLARITY(&htim1,TIM_CHANNEL_1,TIM_
ICPOLARITY_FALLING);
               //设置为下降沿捕获
               __HAL_TIM_SET_COUNTER(&htim1,0);
               //清空定时器计数
               RmtSta|=0X10;
               //标记上升沿已经被捕获
           }
           else
           {
               Dval=HAL_TIM_ReadCapturedValue(&htim1,TIM_CHANNEL_1);
               //读取捕获值
               TIM_RESET_CAPTUREPOLARITY(&htim1,TIM_CHANNEL_1);
               //清除原设置
               TIM_SET_CAPTUREPOLARITY(&htim1,TIM_CHANNEL_1,TIM_
ICPOLARITY_RISING);
               //设置为上升沿捕获

           if(RmtSta&0X10)                        //完成高电平捕获
           {
               if(RmtSta&0X80)//接收到了引导码
               {
                   if(Dval>300&&Dval<800)         //标准值 560μs
                   {
```

```
                    RmtRec<<=1; //左移一位
                    RmtRec|=0;  //接收数据 0
                }
                else if(Dval>1400&&Dval<1800)  //标准值 1680μs
                {
                    RmtRec<<=1;                //左移一位
                    RmtRec|=1;                 //接收数据 1
                }
                else if(Dval>2200&&Dval<2600)  //标准值 2500μs
                {
                    RmtCnt++;                  //按键次数增加 1
                    RmtSta&=0XF0;              //清空计时
                }
            }
            else if(Dval>4200&&Dval<4700)      //标准值 4500μs
            {
                RmtSta|=1<<7;                  //标记成功接收到了引导码
                RmtCnt=0;                      //清除按键次数计数器

            }
        }
            RmtSta&=~(1<<4);
        }
    }
}

//按键键盘扫描函数
uint8_t Remote_Scan(void)
{
    uint8_t sta=0;
    uint8_t t1,t2;
    if(RmtSta&(1<<6))//取得一次按键动作的数据
    {
        t1=RmtRec>>24;                      //得到地址码
        t2=(RmtRec>>16)&0xff;               //得到地址反码
        if((t1==(uint8_t)~t2)&&t1==REMOTE_ID)
        //检验遥控识别码 ID 及地址
        {
            t1=RmtRec>>8;
            t2=RmtRec;
            if(t1==(uint8_t)~t2)sta=t1;     //键值正确
        }
        if((sta==0)||((RmtSta&0X80)==0))
        {
            RmtSta&=~(1<<6);                //清除接收到有效按键标识
```

```
            RmtCnt=0;                                //清除按键次数计数器
          }
       }
                return sta;
    }

     while(1)
     {
       key=Remote_Scan();
       if(key)
       {
         printf("key = %d\r\n", key);
         printf("num = %d\r\n", RmtCnt);
       }
        HAL_Delay(1000);
     }
```

6. 下载及运行程序

将代码下载到微控制器中，可成功地通过串口输出按键信息。

任务评价

任务评价表如表 4.3.2 所示。

表 4.3.2　任务评价表

评价内容	分值	自评评分	小组互评评分	老师评分
硬件准备及连线	20			
工程文件建立及软件配置	20			
编写红外遥控按键键盘扫描程序代码	20			
下载及运行程序，实现红外遥控按键键盘信息串口输出显示	40			
总分	100			

任务拓展

使用红外遥控器控制 LED 灯的亮灭。

项目 5 综合应用设计

>>>>

◎ 项目导读

本项目将以往项目的学习内容进行综合，设计了几个常用的任务。通过对本项目的学习，应能够熟练掌握嵌入式技术的相关知识，并能够独立设计简单的嵌入式系统。

◎ 学习目标

通过对本项目的学习，要求达成以下学习目标。

知识目标	能力目标	思政要素和职业素养目标
1．复习之前项目的内容，加深理解、记忆。 2．熟练使用一些常见的应用较多的传感器	能合作完成智能家居相关的一些嵌入式系统的设计	1．培养全局思维，践行以人为本的设计理念 2．传承和发扬一丝不苟、精益求精的工匠精神
对接 1+X 证书《传感网应用开发职业技能等级标准》（中级）——“有线组网通信”工作领域、“短距离无线通信”工作领域		

任务 5.1 门禁安全监测系统设计

任务目标

1）理解相关传感器的工作原理。

2）使用舵机、超声波传感器、热释电红外传感器，通过编程实现简易的门禁安全监测系统。

知识准备

知识 5.1.1 舵机

舵机（图 5.1.1）是一种位置（角度）伺服的驱动器，适用于那些需要角度不断变化并可以保持的控制系统。

图 5.1.1　舵机实物

舵机主要由外壳、电路板、驱动电动机、减速器与位置检测元件所构成。其工作原理是由微控制器发出 PWM 信号给舵机，PWM 信号通过信号线进入舵机后产生直流偏置电压，该电压与舵机内部的基准电压进行比较后获得电压差输出。电压差的正负输出到电动机驱动芯片上决定正反转。电动机开始转动后透过减速齿轮将动力传至摆臂，同时由位置检测器反馈信号，判断是否已经到达定位。位置检测器的本质是可变电阻，当舵机转动时，电阻值也随之改变，通过检测电阻值可知转动的角度。一般，伺服电动机是将细铜线缠绕在三极转子上，当电流流经线圈时便会产生磁场，与转子外围的磁铁产生排斥作用，进而产生转动的作用力。

市面上常见的有舵机 SG90。舵机 SG90 由 3 根线控制，其中暗灰色线为地线 GND；红色线为电源线 V_{CC}，其工作电压为 4.8～7.2V，通常情况下使用+5V 作为电源电压；橙黄色线为信号线，通过该线输入脉冲信号，从而控制舵机转动，其转动角度为 180°，如

图 5.1.2 所示。

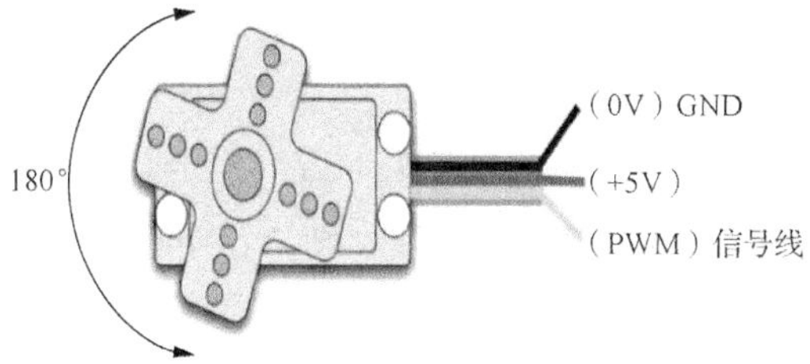

图 5.1.2 舵机 SG90 引脚示意图

舵机 SG90 在工作电压为 4.8V 时，其扭矩为 1.6kg·cm，反应速度为 0.1s/60°。舵机都有工作死区，SG90 的工作死区为 10μs。

驱动舵机的 PWM 信号周期一般为 20ms（50Hz），而控制信号的脉宽为 0.5～2.5ms，舵机控制信号脉宽与转动角度的对应关系如图 5.1.3 所示。

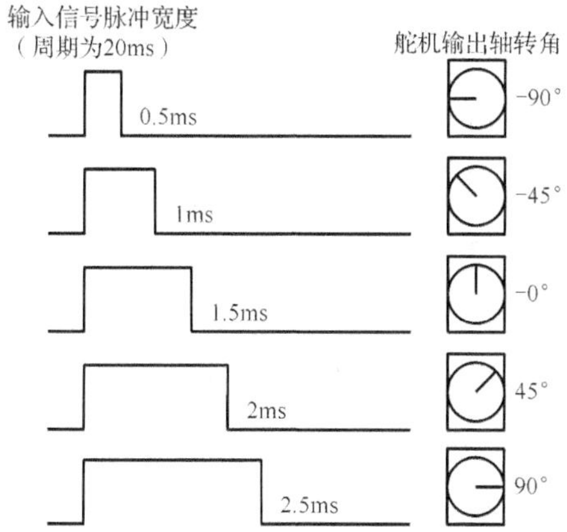

图 5.1.3 舵机控制信号脉宽与转动角度的对应关系

知识 5.1.2 超声波传感器

人类听到的声音是由物体振动产生的，人耳能听到的声音频率为 20Hz～20kHz，超过 20kHz 的称为超声波，低于 20Hz 的称为次声波。常用的超声波频率为几十千赫兹到几十兆赫兹。

超声波传感器是将超声波信号转换成其他能量信号（通常是电信号）的传感器。超声波是振动频率高于 20kHz 的机械波。它具有频率高、波长短、绕射现象小，特别是方向性好、能够成为射线而定向传播等特点。超声波对液体、固体的穿透本领很大，尤其是在不透明的固体中。超声波碰到杂质或分界面会产生显著反射形成反射回波，碰到活动物体能产生多普勒效应。超声波传感器广泛应用在工业、国防、生物医学等方面。

常用的超声波传感器由压电晶片组成，既可以发射超声波，也可以接收超声波。小功率超声探头多用于探测。它有许多不同的结构，可分直探头（纵波）、斜探头（横波）、表面波探头（表面波）、兰姆波探头（兰姆波）、双探头（一个探头发射、一个探头接收）等。

超声波测距原理是通过超声波发射器向某一方向发射超声波，在发射时刻同时开始计时，超声波在空气中传播时碰到障碍物就立即返回来，如图 5.1.4 所示，超声波接收器收到反射波就立即停止计时（超声波在空气中的传播速度为 340m/s，根据计时器记录的时间 t，就可以计算出发射点距障碍物的距离（s），即 $s=340t/2$）。

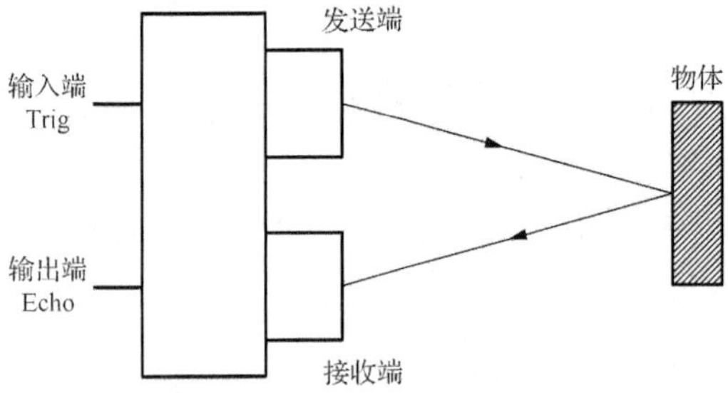

图 5.1.4　超声波测距示意图

超声波测距传感器采用超声波回波测距原理，运用精确的时差测量技术，检测传感器与目标物之间的距离。采用小角度、小盲区超声波传感器，具有测量准确、无接触、防水、防腐蚀、低成本等优点。超声波测距传感器常用的方式是 1 个发射头对应 1 个接收头，也有多个发射头对应 1 个接收头的。基于超声波测距的简单、易于操作和无损伤等特点，在声速确定后，只要测得超声波往返的时间，即可求得距离。

知识 5.1.3　热释电红外传感器

热释电红外传感器主要是由一种高热释电系数的材料（如锆钛酸铅系陶瓷、钽酸锂、硫酸三甘钛等）制成的尺寸为 2mm×1mm 的探测元件（图 5.1.5）。在每个探测器内装入一个或两个探测元件，并将两个探测元件以反极性串联，以抑制自身温度升高而产生的干扰。由探测元件将探测并接收到的红外辐射转换成微弱的电压信号，经装在探头内的场效应晶体管放大后向外输出。为了提高探测器的探测灵敏度以增大探测距离，一般在探测器的前方装设一个菲涅尔透镜（图 5.1.6），该透镜用透明塑料制成，将透镜的上、下两部分各分成若干等份，制成一种具有特殊光学系统的透镜，它和放大电路相配合，可将信号放大 70dB 以上，这样就可以测出 20m 范围内人的行动。

菲涅尔透镜利用透镜的特殊光学原理，在探测器前方产生一个交替变化的盲区和高灵敏区，以提高它的探测接收灵敏度。当有人从透镜前走过时，人体发出的红外线就不断地交替从盲区进入高灵敏区，这样使接收到的红外信号以忽强忽弱的脉冲形式输入，从而强化其能量幅度。

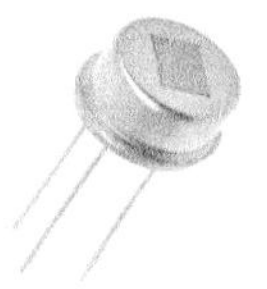

图 5.1.5　热释电红外传感器实物

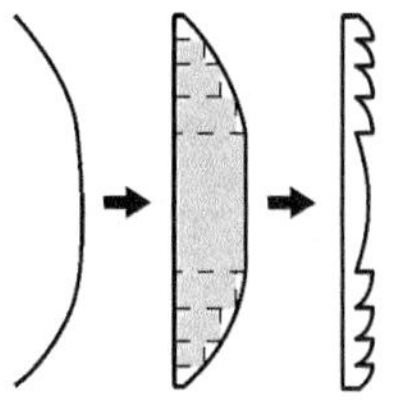

图 5.1.6　菲涅尔透镜

人体辐射的红外线中心波长为 9～10μm，而探测元件的波长灵敏度在 0.2～20μm 范围内几乎稳定不变。在传感器顶端开设了一个装有滤光片的窗口，这个滤光片可通过光的波长为 7～10μm，正好适合于人体红外辐射的探测，而对其他波长的红外线由滤光片予以吸收，这样便形成了一种专门用作探测人体辐射的红外传感器。

本任务采用热释电红外传感器模块，核心芯片为 BISS0001。

BISS0001 是一款传感信号处理集成电路，静态电流极小，配以热释电红外传感器和少量外围元器件即可构成被动式的热释电红外传感器，广泛用于安防、自控等领域。

BISS0001 的主要特性如下。

1）CMOS 数模混合专用集成电路。

2）具有独立的高输入阻抗运算放大器，可与多种传感器匹配，进行信号处理。

3）内部具有双向鉴幅器，可有效抑制干扰。

4）内设延时时间定时器和封锁时间定时器，结构新颖，稳定可靠，调节范围宽。

BISS0001 专用集成电路的引脚示意图及功能说明分别如图 5.1.7 和表 5.1.1 所示。

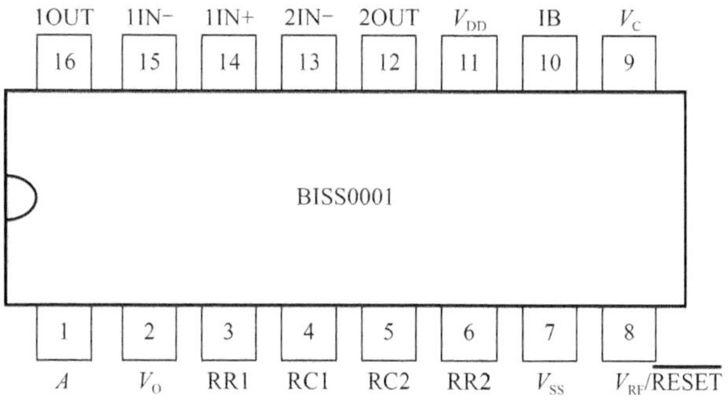

图 5.1.7　BISS0001 引脚示意图

表 5.1.1　BISS0001 引脚功能说明

引脚序号	符号	功能说明
1	A	可重复触发和不可重复触发选择端。当 A 为 1 时，允许重复触发；反之，不允许重复触发
2	V_O	控制信号输出端。由 V_S 的上跳前沿触发，当 V_O 输出从低电平跳变到高电平时视为有效触发。在输出延迟时间 T_x 之外和无 V_S 的上跳变时，V_O 保持低电平状态
3	RR1	输出延迟时间 T_x 的调节端
4	RC1	输出延迟时间 T_x 的调节端
5	RC2	触发封锁时间 T_i 的调节端

续表

引脚序号	符号	功能说明
6	RR2	触发封锁时间 T_i 的调节端
7	V_{SS}	工作电源负端
8	V_{RF}	参考电压及复位输入端。通常接 V_{DD}，当接 0 时，可使定时器复位
9	V_C	触发禁止端。当 $V_C>V_R$ 时，允许触发（$V_R≈0.2V_{DD}$）
10	I_B	运算放大器偏置电流设置端
11	V_{DD}	工作电源正端
12	2OUT	第二级运算放大器的输出端
13	2IN−	第二级运算放大器的反相输入端
14	1IN+	第一级运算放大器的同相输入端
15	1IN−	第一级运算放大器的反相输入端
16	1OUT	第一级运算放大器的输出端

BISS0001 热释电红外传感器模块的具体参数如下。

1）工作电压：DC 5～20V。

2）静态功耗：65μA。

3）电平输出：高压 3.3V，低压 0V。

4）延时时间：可调（0.3～18s）。

5）封锁时间：0.2s。

6）触发方式：L 为不可重复触发，H 为可重复触发，默认值为 H。

7）感应范围：小于 120° 锥角，7m 以内。

8）工作温度：-15～+70℃。

热释电红外传感器外接示意图如图 5.1.8 所示。

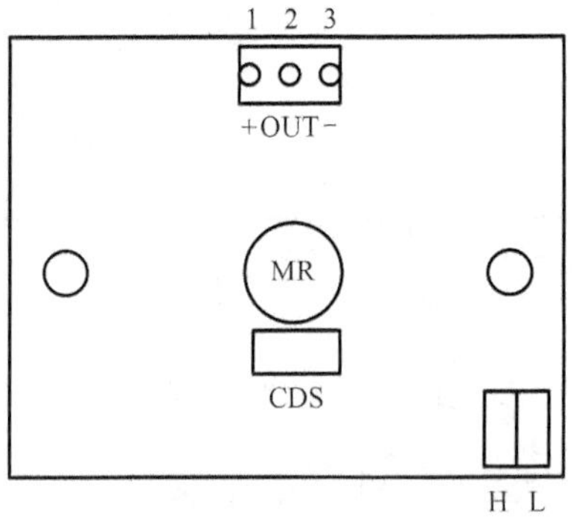

1—正电源；2—高、低电平输出；3—电源负极；
H—可重复触发；L—不可重复触发；CDS—光敏控制。

图 5.1.8 热释电红外传感器外接示意图

热释电红外传感器原理图如图 5.1.9 所示。

本任务使用 BISS0001 热释电红外传感器模块。该模块一共 3 个引脚，根据模块使用手册，只需使用其中一个信号引脚连接微控制器即可。

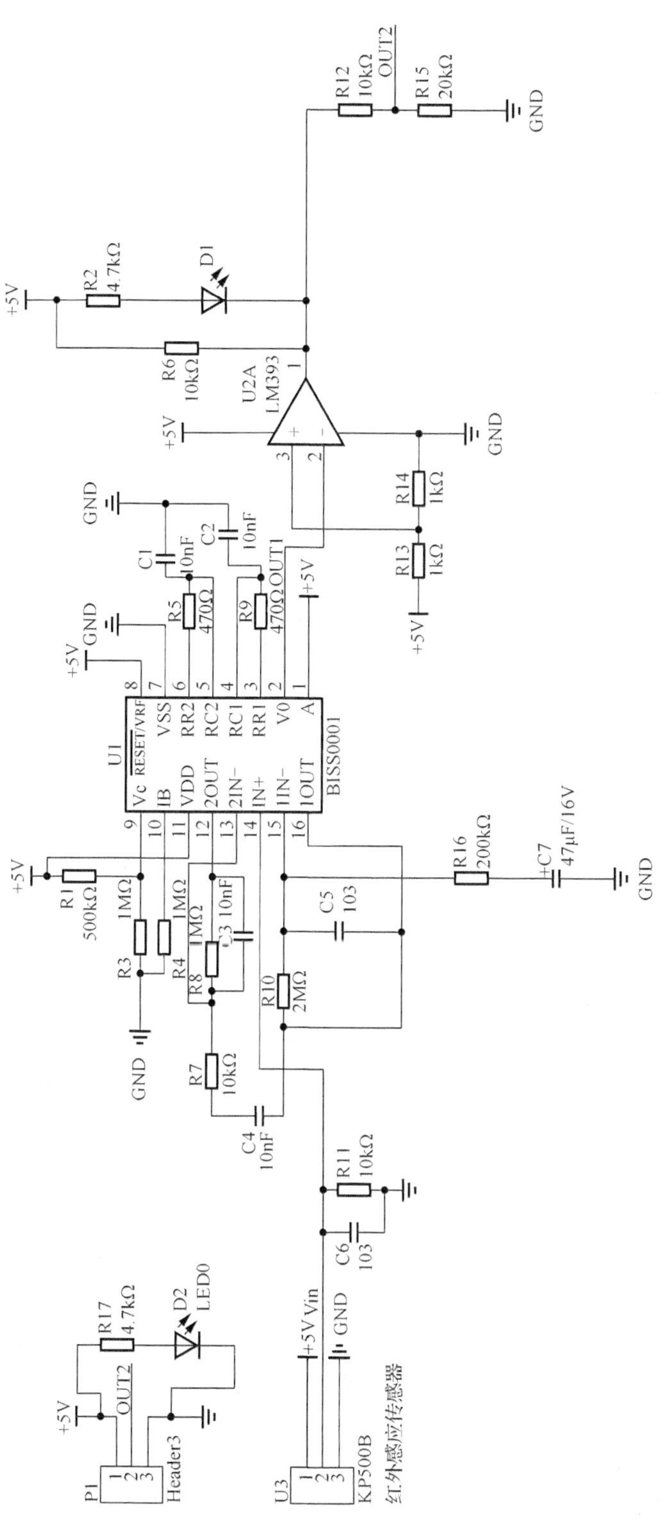

图 5.1.9　热释电红外传感器原理图

任务实施

1．任务分析

本任务要求设计简易的门禁安全监测系统，具体要求如下：舵机带动热释电红外传感器转动，监测门前 180° 范围内是否有人，同时超声波传感器监测门前是否有障碍，当检测到有人且在门前 1.5m 内时，控制蜂鸣器发声报警。

2．任务准备

计算机（Windows 7 及以上操作系统）1 台、微控制器核心板 1 块、舵机 1 台、热释电红外传感器 1 个、超声波传感器 1 个、蜂鸣器 1 个、ST-Link 仿真器 1 个、杜邦线若干。

3．硬件连接

本任务接线方法如表 5.1.2 所示。

表 5.1.2　本任务接线方法

微控制器核心板	外设
PF7	SG90-Data
PF8	蜂鸣器-负极
PE4	热释电红外传感器-OUT
PF6	超声波传感器 HC-SR04-Trig
PF5	超声波传感器 HC-SR04-Echo

4．软件配置

首先新建空白工程，然后配置 RCC，最后分别配置使用到的传感器。

（1）舵机配置

舵机只有一条信号线，因此需要一个引脚与微控制器相连接，该引脚由微控制器输出 PWM 信号进行控制，因此需要配置某一定时器为 PWM 输出模式，控制信号周期为 20ms，根据频率计算公式选择合适的预分频系数与计数值，此处设置为 PSC=839、ARR=1999。

（2）超声波传感器配置

超声波信号收发只使用到了两个端口，即输入（IN）与输出（OUT）端口。因此此处只需选择两个微控制器的 I/O 端口，分别配置为定时器输入捕获模式与输出模式。微控制器的输出端口与超声波传感器的输入端口相连接，设置为推挽输出，输出 38～40kHz 频率信号；微控制器的输入端口与超声波传感器的输出端口相连接，使用定时器通道检测返回的超声波信号。

（3）热释电红外传感器配置

热释电红外传感器模块只有一条信号线，因此需要一个引脚与微控制器相连接。传感器模块的信号引脚在检测到人体时会输出高电平，因此可选择微控制器的一个 I/O 端口进行配置，此处配置为 ADC 模式。

蜂鸣器的具体配置请参考之前任务中的相关内容。

配置完成后即可使用自动代码生成功能，然后编写用户代码。

5．编写舵机、超声波传感器与热释电红外传感器程序代码

（1）本任务的代码编写流程

1）编写一个舵机转动函数及采集热释电红外传感器信号的函数。

2）编写一个超声波发生函数，需要建立并开启一个定时器计时（计数），然后输出 40kHz 的波形，其中输出波形的时间在 4～8 个周期足够了。

3）编写一个超声波接收函数，需要设置外部中断函数，当中断函数接收到超声波信号产生的下降沿时，关闭定时器并获取计数值，通过计数值获取收发间隔的时长。最后通过时长计算检测的距离。

4）为计算后的测量距离增加一个判断，当距离小于 150cm 时，蜂鸣器鸣叫。

（2）本任务的主要代码

1）舵机：

```
/* USER CODE BEGIN 2 */
  HAL_TIM_PWM_Start(&htim3, TIM_CHANNEL_1);

/* USER CODE END 2 */
// angle:角度值，0~180
void Servo_Control(uint16_t angle)
{
   float temp;
   temp =(1.0 / 9.0) * angle + 5.0;
   //占空比值 = 1/9 * 角度 + 5
   __HAL_TIM_SET_COMPARE(&htim3, TIM_CHANNEL_1, (uint16_t )temp);
}
/* USER CODE END 0 */
```

2）超声波传感器：

```
uint32_t TIM_Val1 = 0;
uint32_t TIM_Val2 = 0;
uint32_t Difference = 0;
uint8_t Is_First_Captured = 0;
//捕获初值设置为 0
uint8_t Distance  = 0;
//距离捕获初值设置为 0

#define TRIG_PIN GPIO_PIN_5
#define TRIG_PORT GPIOE
```

```
//定时器捕获返回函数
void HAL_TIM_IC_CaptureCallback(TIM_HandleTypeDef *htim)
{
    if (htim->Channel == HAL_TIM_ACTIVE_CHANNEL_1)
        //当检测到上升沿时
    {
        if (Is_First_Captured==0)
            //如果初值未被捕获
        {
            TIM_Val1 = HAL_TIM_ReadCapturedValue(htim, TIM_CHANNEL_1);
            //读取第一个时间值
            Is_First_Captured = 1;
            //设置捕获初值为 1
            //改变检测极性为下降沿检测
            __HAL_TIM_SET_CAPTUREPOLARITY(htim, TIM_CHANNEL_1, TIM_
INPUTCHANNELPOLARITY_FALLING);
        }

        else if (Is_First_Captured==1)
            //如果初值被捕获
        {
            TIM_Val2 = HAL_TIM_ReadCapturedValue(htim, TIM_CHANNEL_1);
            //读取第二个时间值
            __HAL_TIM_SET_COUNTER(htim, 0);
            //重置计数器

            if (TIM_Val2 > TIM_Val1)
            {
                Difference = TIM_Val2-TIM_Val1;
            }

            else if (TIM_Val1 > TIM_Val2)
            {
                Difference = (0xffff - TIM_Val1) + TIM_Val2;
            }

            Distance = Difference * .034/2;
            //距离计算公式
            Is_First_Captured = 0;

            //改变检测极性为上升沿检测
            __HAL_TIM_SET_CAPTUREPOLARITY(htim, TIM_CHANNEL_1, TIM_
```

```
INPUTCHANNELPOLARITY_RISING);
                __HAL_TIM_DISABLE_IT(&htim9, TIM_IT_CC1);
                //中断关闭,这样就不会捕获任何不需要的信号
                }
            }
        }

    void HCSR04_Read (void)
    {
        HAL_GPIO_WritePin(TRIG_PORT, TRIG_PIN, GPIO_PIN_SET);
        //触发引脚高电平
        delay_us (10);
        //等待 10μs
        HAL_GPIO_WritePin(TRIG_PORT, TRIG_PIN, GPIO_PIN_RESET);
        //触发引脚低电平
        __HAL_TIM_ENABLE_IT(&htim9, TIM_IT_CC1);
        //启用计时器中断,以便能够捕捉上升沿和下降沿,从而计算时间
    }
```

3）热释电红外传感器：

```
int ret;
//定义 ADC 返回值
uint32_t str[];
//定义输出数组
HAL_ADC_PollForConversion(&hadc1,HAL_MAX_DELAY);
//ADC 轮询
ret=HAL_ADC_GetValue(&hadc1);
//ret 赋值
printf("%d \r\n",(ret*3.3)/4095);
//串口输出
```

任务评价

任务评价表如表 5.1.3 所示。

表 5.1.3　任务评价表

评价内容	分值	自评评分	小组互评评分	老师评分
硬件准备及连线	20			
工程文件建立及软件配置	20			
编写舵机、超声波传感器与热释电红外传感器程序代码	20			
下载及运行程序，实现门禁安全监测	40			
总分	100			

任务拓展

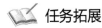

通过不同组合，使用任务 5.1 中的传感器设计其他形式的监控系统。

任务 5.2 智能窗帘控制系统设计

任务目标

1）理解光照度传感器、继电器、步进电动机的工作原理。

2）使用光照度传感器、继电器、步进电动机，通过编程实现智能窗帘控制系统的设计。

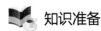

知识准备

知识 5.2.1 光照度传感器

1. 光照度传感器的定义及工作原理

光照度传感器（图 5.2.1）是将光照度的大小转换成电信号的一种传感器。光照度即每平方米的流明数，也可称为勒克斯（简称勒），单位符号为 lx。光照度传感器主要用于检测光照度大小，通常在农业、林业领域，如大棚种植、农业大田等应用较多，其次也应用在空间照明，如城市照明、仓库、工业车间等环境。lx 的基本标准定义如下：1lx 为 1 个烛光在 1m 距离的光亮度。在日常生活中，一般晴天的室内灯光为 1000～5000lx，夜晚室内灯光为 100～200lx。

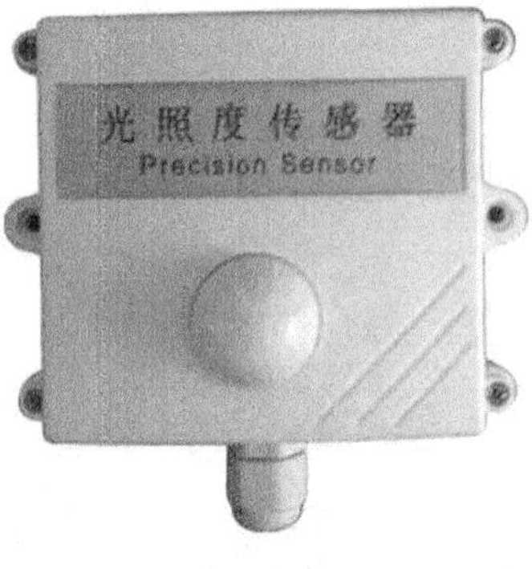

图 5.2.1　光照度传感器实物

提示：光照度与光强度的概念通常会被混为一谈，实际上在光度学中不存在“光强”

的概念，“光强”只是一个比较通俗的称呼。在光学中常用的光学量概念有发光强度、光照度和光亮度等。发光强度是指光源在单位立体角内发出的光通量，单位是坎[德拉]（cd）。光照度是指被照明面单位面积上得到的光通量，单位是 lx。光亮度是指单位面积上沿法线方向的发光强度，或称单位面积在其法线方向上单位立体角内发出的光通量，单位 cd/m^2。

光照度传感器的工作原理为热电效应，其核心部分是对弱光有较高反应的感光元件。感应元件采用绕线电镀式多接点热电堆，其表面涂有高吸收率的黑色涂层。热接点在感应面上，而冷接点位于机体内，从而通过冷热不同产生温差电势。在线性范围内，输出信号的大小和太阳辐射度成正比，可见光透过滤光片照射到光窗的光电二极管，光电二极管根据可见光的照度大小转换成对应大小的电信号，传感器对电信号经过处理后输出光照度大小的二进制信号。传感器通常还会配置温度补偿线路，目的是减小外界温度对传感器输出信号准确度的影响，有效提高传感器的灵敏度和探测能力。同时，为了防止环境对其性能的影响，还会使用经过精密的光学冷加工磨制而成的石英玻璃罩将其罩住。

2．BH1750FVI 光照度传感器

本任务中使用 BH1750FVI 光照度传感器（简称 BH1750）。BH1750 是一种用于两线式 IIC 的数字型光强度传感器集成电路。这种集成电路可以根据收集的光线强度数据来调整液晶或键盘背景灯的亮度，利用它的高分辨率可以探测较大范围的光强度变化（1～65535lx）。

（1）BH1750 的主要特性

1）IIC 数字接口，支持速率最大为 400kbit/s。

2）输出量为光照度。

3）测量范围为 1～65535lx，分辨率最小为 1lx。

4）屏蔽 50/60Hz 市电频率引起的光照变化干扰。

5）支持两个 IIC 地址，通过 ADDR 引脚选择。

6）较小的测量误差（精度误差最大值为±20%）。

（2）BH1750 的内部结构及引脚功能

图 5.2.2 所示为 BH1750 的内部结构框图，对框图可进行如下描述。

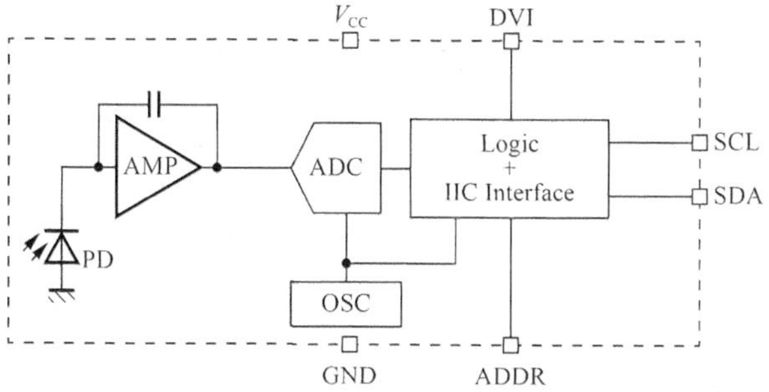

图 5.2.2　BH1750 的内部结构框图

1）PD：接近人眼反应的光电二极管。

2）AMP：集成运算放大器，将 PD 电流转换为 PD 电压。

3）ADC：模数转换获取 16 位数字数据。

4）Logic+IIC Interface（逻辑+IIC 界面）：

光强度计算和 IIC 总线接口，包括下列寄存器：①数据寄存器→光强度数据寄存，初始值是“0000_0000_0000_0000”；②测量时间寄存器→时间测量数据寄存，初始值是“0100_0101”。

5）OSC：内部振荡器（时钟频率典型值为 320kHz）。该时钟为内部逻辑时钟。

BH1750 的内部由光电二极管 PD、运算放大器、ADC 采集、晶振等组成。PD 通过光生伏特效应将输入的光信号转换成电信号，经运算放大器放大后，由 ADC 采集电压，然后通过逻辑电路转换成 16 位二进制数存储在内部的寄存器中。进入光窗的光照强度越大，光电流越大，电压就越大，所以通过电压大小可以判断光照大小。同时，该传感器内部进行了线性处理，光照强度与电压成正比。

BH1750 引脚功能如表 5.2.1 所示。

表 5.2.1 BH1750 引脚功能

引脚序号	符号	功能
1	V_{CC}	供电电源
2	ADDR	IIC 设备地址
3	GND	电源地
4	SCL	IIC 总线时钟
5	DVI	参考电压
6	SDA	IIC 总线数据

（3）BH1750 的指令集

BH1750 的部分指令集如表 5.2.2 所示。

表 5.2.2 BH1750 的部分指令集

指令	功能代码	注释
断电	0000_0000	无激活状态
通电	0000_0001	等待测量指令
重置	0000_0111	重置数字寄存器值，重置指令在断电模式下不起作用
连续 H 分辨率模式	0001_0000	在 1lx 分辨率下开始测量。测量时间一般为 120ms
连续 L 分辨率模式	0001_0011	在 41lx 分辨率下开始测量。测量时间一般为 16ms
一次 H 分辨率模式	0010_0000	在 1lx 分辨率下开始测量。测量时间一般为 120ms。测量后自动设置为断电模式
一次 L 分辨率模式	0010_0011	在 41lx 分辨率下开始测量。测量时间一般为 16ms。测量后自动设置为断电模式

（4）BH1750 的测量程序

BH1750 的测量程序如图 5.2.3 所示。

（5）BH1750 的通信过程

BH1750 的通信过程可以分成以下 5 步。

1）发送通电命令。通电命令是 0x01。

2）发送测量命令。测量命令根据指令集自行选择。

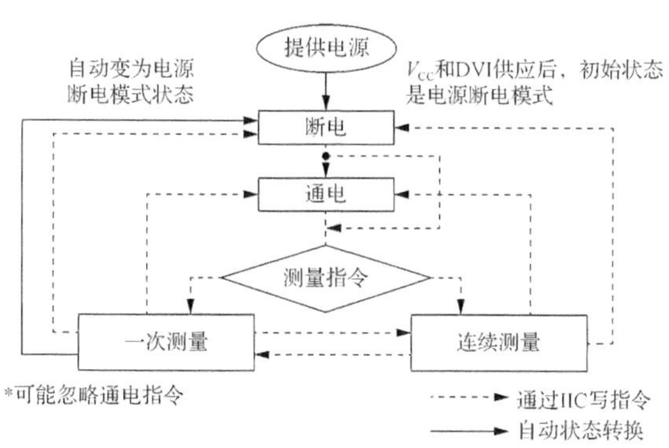

图 5.2.3　BH1750 的测量程序

3）等待测量结束。

4）读取数据。先是“起始信号（ST）”，接着是“器件地址+读写位”，然后是应答位，紧接着接收 1 字节的数据（这时要把 SDA 引脚从“输出”改成“输入”），然后给 BH1750 发送应答信号，继续接收 1 字节数据，然后不应答（因为接收的数据只有 2 字节，收完就可以结束通信了），最后是“结束信号（SP）”。

5）计算结果。接收完 2 字节数据后还需要进行计算，计算公式如下：光照强度=(寄存器值[15:0]×分辨率)/1.2（单位为 lx）。因为从 BH1750 寄存器读出来的是 2 字节的数据，先接收的是高 8 位[15:8]，后接收的是低 8 位[7:0]，所以需要先把这 2 字节数据合成 1 个数，然后乘上分辨率，再除以 1.2，得到光照值。例如，我们读出来的第 1 个字节是 0x12(0001 0010)，第 2 个字节是 0x53(0101 0011)，那么合并之后就是 0x1253(0001 0010 0101 0011)，换算成十进制也就是 4691，乘上分辨率（这里用的分辨率是 1），再除以 1.2，最后约等于 3909.17lx。

知识 5.2.2　继电器

1. 继电器的作用及分类

继电器是一种电子控制器件，也称为电驿。它具有控制系统（又称输入回路）和被控制系统（又称输出回路），是当输入量（激励量）的变化达到规定要求时，在电气输出电路中使被控量发生预定的阶跃变化的一种电器。通常，继电器应用于自动化控制电路中，它实际上是用较小的电流去控制较大电流运作的一种自动开关，故在电路中起着自动调节、安全保护、转换电路等作用。

继电器一般有能反映一定输入变量（如电流、电压、功率、阻抗、频率、温度、压力、速度、光等）的感应机构（输入部分），有能对被控电路实现“通”“断”控制的执行机构（输出部分）。继电器的输入部分和输出部分之间还有对输入量进行耦合隔离、功能处理和对输出部分进行驱动的中间机构（驱动部分）。

一般情况下，作为控制元件的继电器有如下作用。

1）扩大控制范围：当多触点继电器控制信号达到某一定值时，可以按触点组的不同形式，同时换接、开断、接通多路电路。

2）放大：灵敏型继电器、中间继电器等用一个很微小的控制量，可以控制很大功率的电路。

3）综合信号：当多个控制信号按规定的形式输入多绕组继电器时，经过比较、综合，达到预定的控制效果。

4）自动、遥控、监测：自动装置上的继电器与其他电器一起，可以组成程序控制线路，从而实现自动化运行。

继电器按输入信号的性质可分为电压继电器、电流继电器、时间继电器、温度继电器、速度继电器与压力继电器；按工作原理可分为电磁继电器、感应继电器、电动继电器、热继电器与光继电器等；按外形尺寸可分为微型继电器、超小型继电器、小型继电器。

2. 电磁继电器

在嵌入式系统设计中，一般电磁继电器的使用程度较高，因此接下来将简要介绍电磁继电器。电磁继电器依据输入线圈的电流性质，又可分为直流继电器和交流继电器。直流继电器与交流继电器在控制方式上并无区别，但是在铁心结构上有区别。交流继电器因电流产生交变磁场，在磁感应强度过零时，触点会断开，产生振动与噪声，因此在铁心上增加短路环，延迟铁心磁场变化，可以防止触点振动。

（1）电磁继电器的结构

电磁继电器的结构如图 5.2.4 所示。

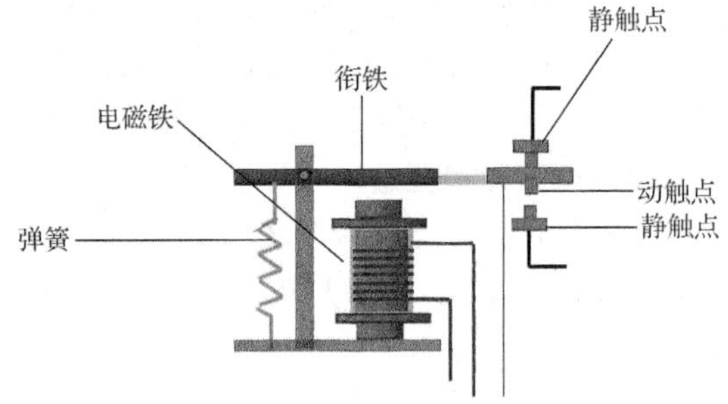

图 5.2.4　电磁继电器的结构

电磁继电器一般由铁心、线圈、衔铁、触点簧片等组成。只要在线圈两端加上一定的电压，线圈中就会流过一定的电流，从而产生电磁效应，衔铁就会在电磁力吸引的作用下克服返回弹簧的拉力吸向铁心，从而带动衔铁的动触点与静触点（常开触点）吸合。当线圈断电后，电磁的吸力也随之消失，衔铁就会在弹簧的反作用力下返回原来的位置，使动触点与原来的静触点（常闭触点）吸合。这样吸合、释放，从而达到了使电路导通、切断的目的。对于继电器的常开、常闭触点，可以这样来区分：继电器线圈未通电时处于断开状态的静触点称为常开触点，处于接通状态的静触点称为常闭触点。

提示：常见缩写。

1）COM（Common）表示共接点。

2）NO（normally open）表示常开触点（俗称 A 接点）。平常处于开路（断路），线圈通电后才成为闭路（与共接点 COM 接通）。

3）NC（normally closed）表示常闭触点（俗称 B 接点）。平常处于闭路（与共接点 COM 接通），线圈通电后才成为开路（断路）。

（2）电磁继电器的选取

一般来说，在选取、使用继电器时应考虑以下几个条件。

1）控制电路的电源电压，能提供的最大电流。

2）被控制电路中的电压和电流。

3）被控电路需要几组、何种形式的触点。

选用继电器时，一般控制电路的电源电压可作为选用的依据。控制电路应能给继电器提供足够的工作电流，否则继电器吸合不稳定。查阅有关资料确定使用条件后，可查找相关资料，找出需要的继电器的型号和规格。若手头已有继电器，可依据资料核对其是否可以使用。最后考虑尺寸是否合适。若是用于一般场合，除考虑体积外，对于小型继电器还主要考虑电路板的安装布局。对于小型电器，如玩具、遥控装置，应选用超小型继电器产品。

本任务使用的是电磁继电器模块，如图 5.2.5 所示。微控制器通过控制端口给电磁继电器模块输入一个高电平，模块中的 N 沟道 MOS 管导通，电磁继电器线圈得电，常开触点断开，常闭触点闭合；微控制器通过控制端口给电磁继电器模块输入一个低电平，N 沟道 MOS 管不导通，电磁继电器线圈不得电，常开触点闭合，常闭触点断开。

图 5.2.5　继电器模块实物

知识 5.2.3　步进电动机

步进电动机（图 5.2.6）是直流无刷电动机的一种，包括定子和转子，定子上有缠绕了线圈的齿轮状突起，转子为永磁体或可变磁阻铁心。步进电动机可通过切换流向定子线圈中的电流，以一定角度逐步转动。步进电动机的特征是采用开回路控制（open-loop control）处理，不需要运转量传感器（sensor）或编码器，并且切换电流触发器的是脉冲信号，不需要位置检出和速度检出的回授装置，所以步进电动机可正确地依比例随脉冲信号而转动，因此达成精确的位置和速度控制，并且稳定性佳。

图 5.2.6　步进电动机实物

步进电动机只需要通过操作脉冲信号，即可简单实现高精度的定位，并使工作物在目标位置高精度地停止。步进电动机是以基本步距角的角度为单位来进行定位的。以 5 相步进电动机为例，其基本步距角为 0.72°，因此可以将电动机转 1 圈分为 500 等份（360° / 0.72°），以此方式来细分每次行进量，作为定位基准。

步进电动机的最佳输出方式是间歇性动作。当应用场景需要电动机不间断运行时，使用步进电动机会降低效率和转矩。因此从成本角度来看，步进电动机通常比伺服电动机要便宜许多。

一般来说，步进电动机包括以下 3 个部分（图 5.2.7）。①控制器：发出转动指令，传送需求速度及转动量的脉冲信号。需使用步进电动机专用控制器或可编程控制器的定位模组。传送的转动脉冲信号是间断性地发出信号。②驱动器：提供电压以保证电动机按指令转动，驱动器会根据控制器传送来的脉冲信号控制电压并提供给电动机适合的电压以驱动回路。③电动机本体。将电力转换为动力，并按指令需求的脉冲数运转。

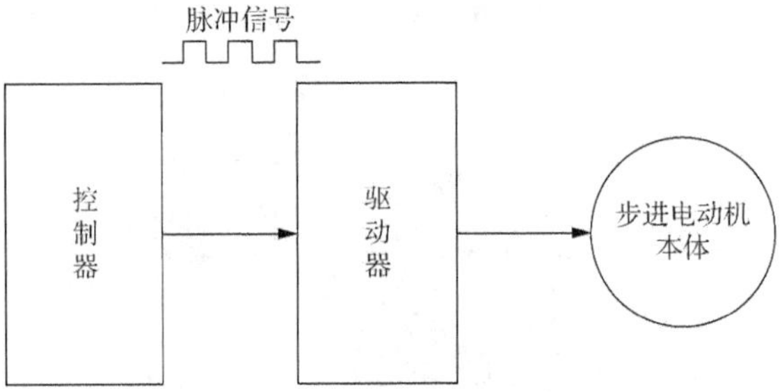

图 5.2.7　步进电动机控制示意图

1．步进电动机的主要特性

步进电动机必须加驱动才可以运转，驱动信号必须为脉冲信号，没有脉冲时，步进电动机静止；如果加入适当的脉冲信号，就会以一定的角度（步距）转动。转动速度和脉冲频率成正比。

步进电动机具有瞬间起动和急速停止的优越特性。改变脉冲顺序，可以方便地改变转动方向。

2．步进电动机的分类

1）反应式：定子上有绕组，转子由软磁材料组成。其结构简单、成本低、步距角小（可达 1.2°），但动态性能差、效率低、发热大，可靠性难以保证。

2）永磁式：永磁式步进电动机的转子用永磁材料制成，转子的极数与定子的极数相同。其特点是动态性能好、输出转矩大，但这种电动机精度差，步距角大（一般为 7.5° 或 15°）。

3）混合式：混合式步进电动机综合了反应式步进电动机和永磁式步进电动机的优点，其定子上有多相绕组，转子上采用永磁材料，转子和定子上均有多个小齿以提高步进精度。其特点是输出力矩大、动态性能好，步距角小，但结构复杂，成本相对较高。

步进电动机的结构示意如图 5.2.8 所示。

3．步进电动机的选取

选取步进电动机时，一般应注意以下方面。

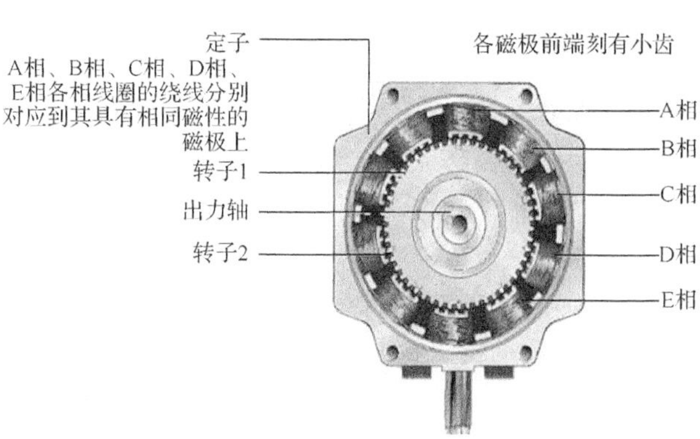

图 5.2.8　步进电动机的结构示意

1）步距角：步进电动机的步距角是根据电动机旋转一圈（360°）分割成多少份来决定的。

2）转动速度：脉波输入速度（pulse/s）。

3）转矩：选择步进电动机时，需要以负荷时最大转矩（N·m）的 1.5～2 倍来决定。

4）负荷惯性惯量：依据使用场合计算负荷惯性惯量，再依步进电动机规格表，选择容许负载惯性惯量大于计算值的 1.3 倍的。

5）驱动器：连接控制器或直接接收外部信号，进而控制步进电动机动作。驱动器将直接影响步进电动机的性能表现。

6）搭配减速机：使用减速机型步进电动机可达到减速、提高转矩、提高分辨率、降低施加于电动机轴的负荷惯性惯量、改善起动与停止时的阻尼特性，进而降低运转时的振动。

步进电动机作为一种控制用的特殊电动机，其无法直接接到直流或交流电源上工作，必须使用专用的驱动电源（步进电机驱动器）。本任务中使用的电机驱动器为 TB6600（图 5.2.9）。

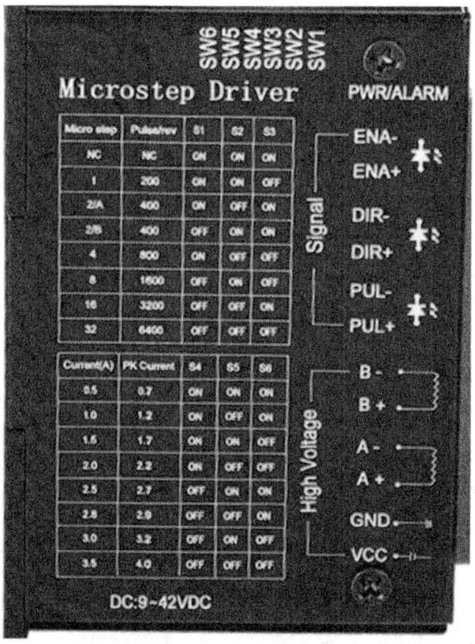

PUL+ —脉冲信号输入正；PUL-—脉冲信号输入负；DIR+—电机正、反转控制正；DIR- —电机正、反转控制负；
ENA+ —电机脱机控制正；ENA-—电机脱机控制负；A+—连接电机绕组 A+相；A-—连接电机绕组 A-相；
B+—连接电机绕组 B+相；B-—连接电机绕组 B-相。

图 5.2.9　TB6600

4．TB6600 步进电机驱动器

TB6600 步进电机驱动器是一款专业的两相步进电机驱动器，采用 H 桥双极恒流驱动，可直接用 9～42V 直流电压供电，能够兼容大部分微控制器，可实现正反转控制。通过 S1、S2、S3 这 3 位拨码开关可以选择 1、2/A、2/B、4、8、16 与 32 共 7 挡细分控制。通过 S4、S5、S6 这 3 位拨码开关可以选择 0.5A、1A、1.5A、2A、2.5A、2.8A、3.0A 与 3.5A 共 8 挡电流控制。信号端配有高速光电隔离，能够防止信号干扰，并且支持共阴、共阳两种信号输入方式。出于安全考虑，驱动器支持脱机保持功能，能够让用户在通电状态下调试。内置温度保护和过电流保护，可适应更严苛的工作环境。TB6600 步进电机驱动器适合驱动 57 型与 42 型两相、四相混合式步进电机，能够实现驱动电机时低噪振动、小噪声、高速度的效果，因此在智能控制、3D 打印等高精度需求场景中得到了广泛应用。

提示：细分控制即精度控制，通过设置不同的细分挡位，可以使电动机的转动角度更加精准。例如，使用 42 型步进电动机，其步距角基本为 1.8°，即微控制器输出一个脉冲，电动机转动 1.8°。若需要电动机转动 30°，则最多只能输出 16 个脉冲，电动机转动 28.8°，而设置细分挡位后，如果设置 4 细分，那么电动机一个脉冲转动的角度就为 0.45°（1.8°/4），微控制器输出 66 个脉冲，电动机转动 29.7°，可以发现电动机转动角度更加接近于 30°。因此，在一些需要高精度的应用场景中，往往会根据实际情况使用细分控制，并且在 TB6600 上可以直接通过硬件拨码开关进行选择，操作方便，使用简单。

电机驱动器连接示意图如图 5.2.10 所示，共有 2 种接法。

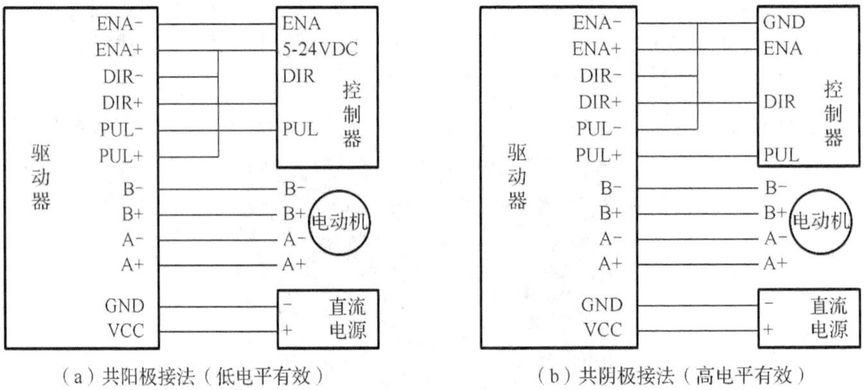

图 5.2.10　电机驱动器连接示意图

1）共阳极接法：分别将 PUL+、DIR+、ENA+连接到控制系统的电源上，如果此电源是+5V，则可直接接入；如果此电源大于+5V，则须外部另加限流电阻 *R*，保证给驱动器内部光耦提供 8～15mA 的驱动电流。

2）共阴极接法：分别将 PUL-、DIR-、ENA-连接到控制系统的地端；脉冲输入信号通过 PUL+接入，方向信号通过 DIR+接入，使能信号通过 ENA+接入。若需限流电阻，则限流电阻 *R* 的接法取值与共阳极接法相同。

提示：一般在实际应用中 ENA 端可不接。ENA 有效时，电动机转子处于自由状态（脱机状态），这时可以手动转动电动机转轴，输入脉冲信号不响应。关闭 ENA 后，电动机接收脉冲信号正常运转。

任务实施

1．任务分析

本任务要求设计智能窗帘控制系统，具体要求如下：使用光照度传感器采集当前环境的光照数据，当光照强度大于或小于设定值时，控制继电器接通，步进电动机正反转（此处用步进电动机的转动模拟窗帘的开合）。

2．任务准备

计算机（Windows 7 及以上操作系统）1 台、微控制器核心板 1 块、光照度传感器 1 个、继电器模块 1 块、步进电动机模块 1 块、ST-Link 仿真器 1 个、杜邦线若干。

3．硬件连接

本任务接线方法如表 5.2.3 所示。

表 5.2.3　本任务接线方法

微控制器核心板	外设
PB6	BH1750-SCL
PB7	BH1750-SDA
PB5	继电器模块-IN
PB4	TB6600-DIR+
PB8	TB6600-EN+
PB3	TB6600-PLU+

4．软件配置

首先新建空白工程，其次配置 RCC，最后配置相关传感器。

1）光照度传感器：该传感器通过 IIC 协议与微控制器通信，因此只需配置 IIC 即可，具体情况可参考之前项目的相关内容。

2）继电器：根据继电器模块的使用原理，仅需使用一个引脚连接微控制器与继电器即可，因此配置一个 I/O 端口且为输出模式。

3）步进电动机：由于使用电机驱动器来驱动电机，根据驱动器的数据手册可以知道驱动器上有 3 个引脚需要与微控制器相连接。3 个带“+”号的引脚或者 3 个带“-”号的引脚与微控制器连接都可以。步进电动机的运动方式是，每收到一个脉冲就旋转指定的角度。因此影响电机速度的唯一参数就是 PWM 的频率，也即是说需要输出 PWM 信号给步进电动机。因此这 3 个引脚中有两个 I/O 端口配置为输出模式（DRI 与 ENA），另一个 I/O 端口配置为定时器 PWM 生成模式。

配置完成后即可使用自动代码生成功能，接着开始编写用户代码。

5．编写光照度传感器及步进电动机程序代码

本任务的主要代码如下。

1）BH1750 光照度传感器：

```
typedef enum
{
    POWER_OFF_CMD=0x00,        //断电:无**状态
    POWER_ON_CMD=0x01,         //通电:等待测量指令
    RESET_REGISTER=0x07,       //重置数字寄存器(在断电状态下不起作用)
    CONT_H_MODE=0x10,
    //连续 H 分辨率模式:在 11x 分辨率下开始测量,测量时间 120ms
    CONT_H_MODE2=0x11,
    //连续 H 分辨率模式 2:在 0.51x 分辨率下开始测量,测量时间 120ms
    CONT_L_MODE=0x13,
    //连续 L 分辨率模式:在 411 分辨率下开始测量,测量时间 16ms
    ONCE_H_MODE=0x20,
    /*一次 H 分辨率模式:在 11x 分辨率下开始测量,测量时间 120ms,测量后自动设置为断电
模式*/
    ONCE_H_MODE2=0x21,
    /*一次 H 分辨率模式 2:在 0.51x 分辨率下开始测量,测量时间 120ms,测量后自动设置为
断电模式*/
    ONCE_L_MODE=0x23
    /*一次 L 分辨率模式:在 411x 分辨率下开始测量,测量时间 16ms,测量后自动设置为断电
模式*/
} BH1750_MODE;

uint8_t  BH1750_Send_Cmd(BH1750_MODE cmd) //BH1750_MODE 为定义的指令代码
{
    return  HAL_I2C_Master_Transmit(&hi2c1,  0x46,  (uint8_t*)&cmd,  1,
0xFFFF);
    //0x46 为写地址
}

uint8_t BH1750_Read_Dat(uint8_t* dat)  //dat 为接收到的数据
{
    return HAL_I2C_Master_Receive(&hi2c1, 0x47, dat, 2, 0xFFFF);
    //0x47 为读地址
}

//数据转换函数,将数据转换为光照度
uint16_t BH1750_Dat_To_Lux(uint8_t* dat)
{
    uint16_t lux = 0;
    lux = dat[0];
    lux <<= 8;
    lux += dat[1];
```

```
        lux = (int)(lux / 1.2);

        return lux;
    }
```

2）步进电动机：

```
HAL_TIM_PWM_Start_IT(&htim2,TIM_CHANNEL_2);
HAL_GPIO_WritePin(DIR_GPIO_Port,DIR_Pin,GPIO_PIN_SET);


void HAL_TIM_PWM_PulseFinishedCallback(TIM_HandleTypeDef *htim)
{
    if(htim == &htim2)
    {
        if(count <500)
        {
            count++;
        }
        else
        {
            HAL_TIM_PWM_Stop_IT(&htim2, TIM_CHANNEL_2);
            count = 0;
        }
    }
}
```

任务评价

任务评价表如表 5.2.4 所示。

表 5.2.4　任务评价表

评价内容	分值	自评评分	小组互评评分	老师评分
硬件准备及连线	20			
工程文件建立及软件配置	20			
编写光照度传感器、步进电动机程序代码	20			
下载及运行程序，实现智能窗帘控制	40			
总分	100			

任务拓展

通过不同组合，使用任务 5.2 中的传感器设计其他形式的控制系统。

任务 5.3 智能风扇控制系统设计

任务目标

1）理解温度传感器、直流电动机、霍尔传感器的工作原理。

2）通过编程实现智能风扇控制系统的设计。

知识准备

知识 5.3.1 温度传感器 DS18B20

1. DS18B20 简介

DS18B20 是由 DALLAS 半导体公司推出的一种单总线接口的温度传感器（图 5.3.1）。与传统测温元件（如热敏电阻等）相比，它是一种新型的体积小、适用电压宽、与微处理器接口简单的数字化温度传感器。单总线的结构具有简洁且经济的特点，能够简单、方便地组建传感器网络，可用于大型工厂中的高炉水循环测温、锅炉测温、机房测温，以及农业大棚测温等各种普通温度场合。DS18B20 由于体积小、使用方便、耐磨耐碰、封装形式多样，适用于各种狭小空间设备数字测温和控制领域。

图 5.3.1 DS18B20 及模块实物

提示： 在 DS18B20 的连接使用中，正对着平面的左边引脚为负，连接地；右边引脚为正，连接电源。若正负接反，会造成传感器瞬间发热烫手，甚至有可能烧毁。在实际使用中，若传感器读取数值总是显示异常高，极有可能是接线存在问题。同时，中间引脚一般会接上 4.7～10kΩ 的上拉电阻，否则高电平不能正常输入/输出，也会造成数据读取值的不准确。常见的 DS18B20 有 PR-35 封装与 SOIC 封装。

DS18B20 的引脚定义如下：①DQ 为数字信号输入/输出端；②GND 为电源地；③V_{DD} 为外接供电电源输入端（在寄生电源接线方式时接地）。

DS18B20 的工作电压为 3～5.5V，测量温度范围为−55～+125℃，精度为±0.5℃。现场温度直接以单总线的数字方式传输，极大地提高了系统的抗干扰性，使其能直接读出被测量的温度。传感器的可编程分辨率为 9～12 位，用户可根据实际使用情况通过编程实现不同的数字值读数方式。设定的分辨率及用户设定的报警温度存储在 EEPROM 中，断电后依然保存。DS18B20 的其内部结构如图 5.3.2 所示。

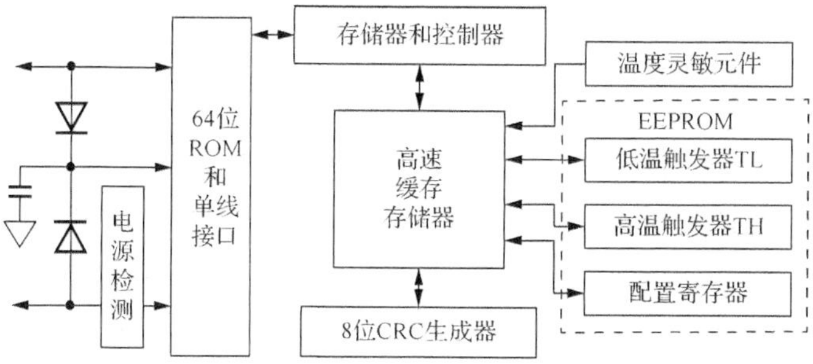

图 5.3.2　DS18B20 的内部结构

2．DS18B20 的工作原理

高温度系数振荡器的振荡频率会随着温度的变化而明显改变，其产生的信号作为减法计数器 2 的脉冲输入。减法计数器 1 和温度寄存器被预置在−55℃所对应的一个基数值。减法计数器 1 会对低温度系数振荡器产生的脉冲信号进行减法计数，当减法计数器 1 的预置值减到 0 时，温度寄存器的值将加 1，减法计数器 1 的预置值将重新被装入，减法计数器 1 重新开始对低温度系数振荡器产生的脉冲信号进行计数，如此循环直至减法计数器 2 计数到 0 时，停止温度寄存器值的累加，此时温度寄存器中的数值即为所测温度。图 5.3.3 中的斜率累加器用于补偿和修正测温过程中的非线性，其输出用于修正计数器 1 的预置值。

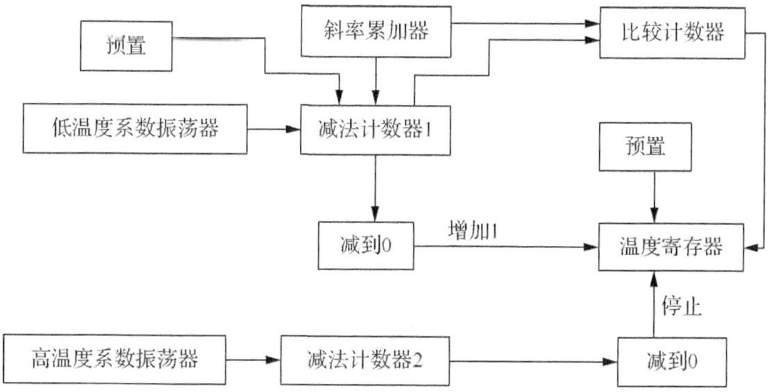

图 5.3.3　DS18B20 测温原理框图

3．DS18B20 的主要数据部件

DS18B20 有 4 个主要的数据部件，具体如下。

1）64 位 ROM。ROM 中的 64 位序列号在出厂前已经被标记，可以将它看作 DS18B20 的地址序列号，每个 DS18B20 的 64 位序列号都不相同。64 位 ROM 序列号的排列如下：前 8 位是产品家族码，接着 48 位是 DS18B20 的序列号，最后 8 位是前面 56 位的循环冗余校验码（CRC= X8+X5+X4+1）。ROM 的作用是使每个 DS18B20 都不相同，这样就可实现一根总线上挂接多个 DS18B20。

2）温度灵敏元件。DS18B20 中的温度灵敏元件可完成对温度的测量，温度灵敏元件数据以 16 位二进制的形式输出，如图 5.3.4 所示，其中 *S* 为符号位（当温度为正数时，*S*=0；当温度为负数时，*S*=1）。温度灵敏元件的分辨率有 9 位、10 位、11 位、12 位 4 种，可由用户自行配置，分别对应 0.5℃、0.25℃、0.125℃和 0.0625℃的增量。DS18B20 默认是 12 位精度。这里以 12 位分辨率为例：用 16 位符号扩展的二进制补码读数形式提供，以 0.0625℃/LSB 形式表达，转换后得到的 12 位数据存储在 DS18B20 的 2 个 8bit 的 RAM 中，二进制中的前面 5 位是符号位，如果测得的温度大于 0，那么这 5 位为 0，只要将测到的数值乘以 0.0625 即可得到实际温度；如果测得的温度小于 0，那么这 5 位为 1，测得的数值需要取反加 1 再乘以 0.0625 才可得到实际温度。例如，+125℃的数字输出为 07D0H，+25.0625℃的数字输出为 0191H，−25.0625℃的数字输出为 FE6FH，−55℃的数字输出为 FC90H。

	bit 7	bit 6	bit 5	bit 4	bit 3	bit 2	bit 1	bit 0
LS byte	2^3	2^2	2^1	2^0	2^{-1}	2^{-2}	2^{-3}	2^{-4}
	bit 15	bit 14	bit 13	bit 12	bit 11	bit 10	bit 9	bit 8
MS byte	*S*	*S*	*S*	*S*	*S*	2^6	2^5	2^4

图 5.3.4　DS18B20 温度值格式

3）DS18B20 温度传感器的存储器。内部存储器包括一个高速暂存 RAM 和 EEPROM，EEPROM 中存放高温触发器 TH、低温触发器 TL 和配置寄存器。

4）配置寄存器。配置寄存器是配置不同的位数来确定温度和数字的转换，其结构如图 5.3.5 所示。低 5 位都是 1；TM 是测试模式位（用于设置工作模式或测试模式，默认为 0，即工作模式）；R1 和 R0 用来设置精度，可设 9～12 位精度，对应的温度分辨率为 0.5/0.25/0.125/0.0625℃。

TM	R1	R0	1	1	1	1	1

图 5.3.5　配置寄存器的结构

4．DS18B20 的时序

所有的单总线器件要求采用严格的信号时序，以保证数据的完整性。DS18B20 的时序有初始化时序、写（0 和 1）时序、读（0 和 1）时序。下面简单介绍这 3 种信号时序。

1）初始化时序（图 5.3.6）。单总线上的所有通信都是以初始化序列开始的。主机输出低电平，并且低电平时间至少持续 480μs（480～960μs）以产生复位脉冲。接着主机释放总线，上拉电阻将单总线拉高，延时 15～60μs，并进入接收模式。接着拉低总线 60～240μs，以产生低电平应答脉冲，若为低电平，再延时 480μs。

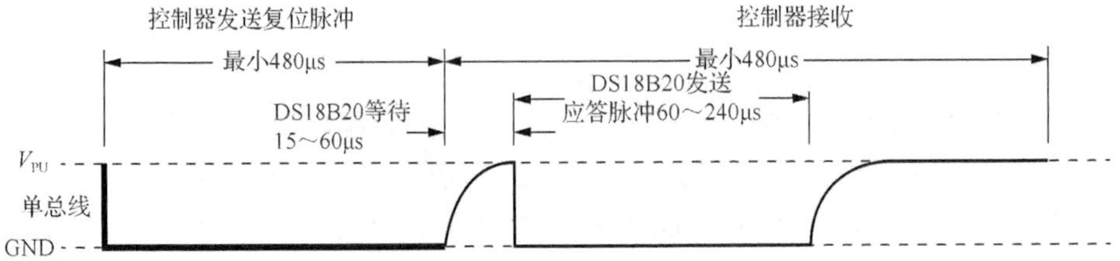

图 5.3.6　初始化时序

2）写时序（图 5.3.7）。写时序包括写“0”时序和写“1”时序。所有写时序至少需要 60μs，并且 2 次独立的写时序之间至少要有 1μs 的恢复时间，两种写时序均起始于主机拉低总线。写“1”时序：主机输出低电平，延时 2μs，然后释放总线，延时 60μs。写“0”时序：主机输出低电平，延时 60μs，然后释放总线，延时 2μs。

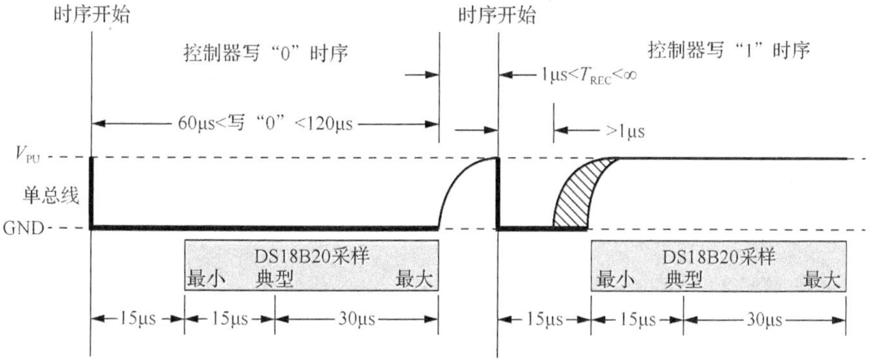

图 5.3.7　写时序

3）读时序（图 5.3.8）。单总线器件仅在主机发出读时序时才向主机传输数据，因此在主机发出读数据命令后，必须马上产生读时序，以便从机能够传输数据。所有读时序至少需要 60μs，并且 2 次独立的读时序之间至少需要 1μs 的恢复时间。每个读时序都由主机发起，至少拉低总线 1μs。主机在读时序期间必须释放总线，并且在时序起始后的 15μs 内采样总线状态。典型的读时序过程如下：主机输出低电平延时 2μs，然后主机转入输入模式延时 12μs，接着读取单总线当前的电平，之后延时 50μs。

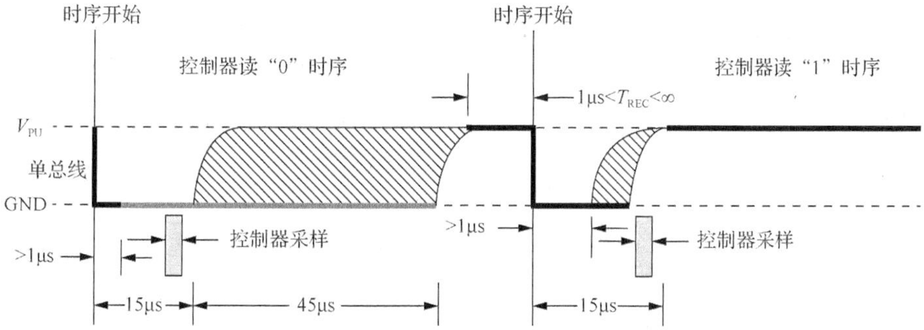

图 5.3.8　读时序

在了解了单总线时序后，我们可以总结出 DS18B20 的典型温度读取过程：复位→发 SKIP ROM 命令（0xCC）→发开始转换命令（0x44）→延时→复位→发 SKIP ROM 命令（0xCC）→发读存储器命令（0xBE）→连续读出 2 字节数据（即温度）→结束。

知识 5.3.2　直流电动机

1．直流电动机的定义及结构

直流电机（direct current machine）是指将直流电能转换成机械能（直流电动机）或将机械能转换成直流电能（直流发电机）的旋转电机。它是能实现直流电能和机械能互相转换的电机。

直流电动机（图 5.3.9）是依靠直流电驱动的电动机，最常见的是以磁场产生的力使电动机转动。所有的电流电动机都有类似的机构，用机电或电子的方式，周期性地改变电动机中电流的方向。

图 5.3.8　直流电动机实物

直流电动机是使用最早的电动机，在早期可以用直流电照明电源系统来供电。直流电动机的速度可调范围很大，可以用改变电源电压或调整磁场强度的方式调节速度。一般小型的直流电动机在工具、玩具及家电上应用较多。

简单的直流电动机的基本结构分为两部分，即定子与转子。定子包括主磁极、机座、换向极、电刷装置等，转子包括电枢铁心、电枢绕组、换向器和轴等。

2．直流电动机的分类

1）根据直流电动机是否配置有电刷-换向器可以将直流电动机分为两类，即直流有刷电动机和直流无刷电动机。

① 直流有刷电动机利用内部的换相器（整流子）、定子磁铁（永久磁铁或电磁铁）及旋转的电磁铁，加上直流电源来产生转矩。直流有刷电动机的优点是初期成本低、可靠度高、控制电动机速度的方式简单，缺点是高强度使用下的高维护成本及低生命周期。维护包括定期更换整流子上导电的电刷及弹簧，也需要清洁或更换整流子。这些设备是将外部电源传送到电动机内部必要的零组件。

② 直流无刷电动机是在转子上放永久磁铁，配置定子上的电磁铁使转子旋转。电动机控制器会将直流电转换为交流电。这种电动机在机械设计上比较简单，不用考虑将外部电源传递到转子的机构。电动机控制器可以用霍尔效应感测器或类似元件感测转子角度，来调整电流时序及相位，以达到转矩最大化、能量转换、速度控制，甚至部分的制动功能。也有些电动机控制器没有位置感测器，利用电流量测及电动机的相关参数来推算转子的转速。直流无刷电动机的优点是寿命长、几乎不需要保养、效率高；其缺点是初期成本高、电动机速度控制器复杂等。有些直流无刷电动机称为同步电动机，不过该同步的意思是转子的转速和定子上交流电对应的机械转速相同（若是感应电动机，转子转速和定子上交流电对应的机械转速之间会存在滑差），不是转子转速和交流电源对应的机械转速同步。

2）根据直流电机中产生磁场的方式，直流电机又可分为以下 4 种：他励直流电机、并励直流电机、串励直流电机及复励直流电机。不同励磁方式的直流电机有着不同的特性。一般来说，直流电动机的主要励磁方式是并励式、串励式和复励式，直流发电机的主要励磁方式是他励式、并励式和复励式。

3．L298N 芯片

在直流电机的使用中，通常会使用电机驱动芯片来驱动直流电机。下面简要介绍一款目前市面上常见的直流电机驱动芯片 L298N（图 5.3.10）。

图 5.3.10　L298N 芯片实物

L298N 是 ST 公司生产的一种高电压、大电流电机驱动芯片。该芯片采用 15 脚封装。主要特点是：工作电压高，最高工作电压可达 46V；输出电流大，瞬间峰值电流可达 3A，持续工作电流为 2A；额定功率为 25W；内含两个 H 桥的高电压大电流全桥式驱动器，可以用来驱动直流电机和步进电动机、继电器线圈等感性负载；采用标准逻辑电平信号控制；具有两个使能控制端，在不受输入信号影响的情况下允许或禁止器件工作；有一个逻辑电源输入端，使内部逻辑电路部分在低电压下工作；可以外接检测电阻，将变化量反馈给控制电路。L298N 芯片可以驱动一台两相步进电动机或四相步进电动机，也可以驱动两台直流电机。

L298N 芯片的内部电路如图 5.3.11 所示。

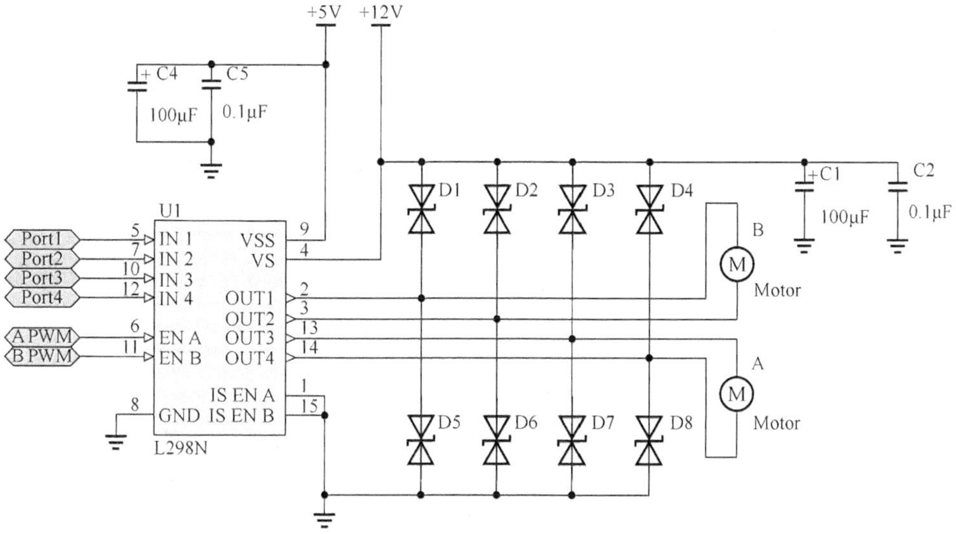

图 5.3.11　L298N 芯片的内部电路

L298N 模块的引脚控制状态如表 5.3.1 所示。

表 5.3.1　L298N 模块的引脚控制状态

电动机	旋转方式	控制端 IN1	控制端 IN2	控制端 IN3	控制端 IN4	输入 PWM 信号改变脉宽可调速	
						调速端 A	调速端 B
M1	正转	高	低	—	—	高	—
	反转	低	高	—	—	高	—
	停止	低	低	—	—	高	—
M2	正转	—	—	高	低	—	高
	反转	—	—	低	高	—	高
	停止	低	低	—	—	—	高

直流电动机的转速通常是通过改变 PWM 的占空比来实现的，占空比可以实现对电动机转速的调节。占空比是高电平在一个周期中的比值，高电平所占的比值越大，占空比就越大。对于直流电动机而言，电动机输出端引脚是高电平，电动机就可以转动，但是一点儿一点儿提速的；当从高电平突然转向低电平时，电动机由于电感有防止电流突变的作用是不会停止的，会保持原有的转速，以此往复，电动机的转速就是周期内输出的平均电压值，所以实质上调速是将电动机处于一种似停非停、似全速转动又非全速转动的状态，那

么在一个周期的平均速度就是占空比调出来的速度了。因此，在电动机控制中，电压越大，电动机转速越快，而通过 PWM 输出不同的模拟电压，便可以使电动机达到不同的输出转速。

在直流电动机的控制中，不同的电动机都有其适应的频率，因此 PWM 频率的选择也是一个控制电动机的重要因素。如果 PWM 的频率过低，则会使电动机停转时间过多；如果频率较高，超过了直流电动机自身可以承载的极限，则电动机就会停止工作。因此，想要选择合适的 PWM 频率，需要查阅直流电动机的数据手册，或者通过反复试验不同的频率得到最优的电动机工作状态来选择合适的 PWM 输出频率。

知识 5.3.3 霍尔传感器

霍尔传感器（图 5.3.12）是根据霍尔效应制作的一种磁场传感器。霍尔效应是磁电效应的一种，这一现象是 A.H.霍尔（A.H.Hall，1855—1938）于 1879 年在研究金属的导电机制时发现的。后来发现半导体、导电流体等也有这种效应，而半导体的霍尔效应比金属强得多，利用这种现象制成的各种霍尔元件，被广泛地应用于工业自动化技术、检测技术及信息处理等方面。霍尔效应是研究半导体材料性能的基本方法。通过霍尔效应实验测定的霍尔系数，能够判断半导体材料的导电类型、载流子浓度及载流子迁移率等重要参数。

图 5.3.12　3144 型霍尔传感器实物

霍尔传感器分为开关型霍尔传感器和线性型霍尔传感器两种。

1）开关型霍尔传感器由稳压器、霍尔元件、差分放大器、施密特触发器和输出级组成，它输出数字量。开关型霍尔传感器还有一种特殊的形式，称为锁键型霍尔传感器。

2）线性型霍尔传感器由霍尔元件、线性放大器和射极跟随器组成，它输出模拟量。

线性型霍尔传感器又可分为开环式和闭环式。闭环式霍尔传感器又称零磁通霍尔传感器。线性型霍尔传感器主要用于交直流电流和电压测量。

霍尔元件具有许多优点，它们的结构牢固、体积小、质量轻、寿命长、安装方便、功耗小、频率高（可达 1MHz）、耐振动，不怕灰尘、油污、水汽及盐雾等的污染或腐蚀。

线性型霍尔元件的精度高、线性度好；开关型霍尔元件无触点、无磨损、输出波形清晰、无抖动、无回跳、位置重复精度高（可达 μm 级）。取用了各种补偿和保护措施的霍尔元件的工作温度范围宽，可达-55～+150℃。

按被检测对象的性质，可将霍尔传感器的应用分为直接应用和间接应用。前者是直接检测出受检对象本身的磁场或磁特性，后者是检测受检对象上人为设置的磁场，用这个磁场作为被检测信息的载体，通过它，将许多非电、非磁的物理量，如力、转矩、压力、应力、位置、位移、速度、加速度、角度、角速度、转数、转速及工作状态发生变化的时间等，转换成电量来进行检测和控制。例如，线速度测量：如果把开关型霍尔传感器按预定位置有规律地布置在轨道上，当装在运动车辆上的永磁体经过它时，可以从测量电路上测得脉冲信号。根据脉冲信号的分布可以测出车辆的运动速度。角速度测量：在非磁性材料的圆盘边上粘一块磁钢，将霍尔传感器放在靠近圆盘边缘处，圆盘旋转一周，霍尔传感器就输出一个脉冲，从而可测出转数（计数器），若接入频率计，便可测出转速。位移测量：将两块永久磁铁同极性相对放置，将线性型霍尔传感器置于中间，其磁感应强度为零，这个点可作为位移的零点，当霍尔传感器在 Z 轴上做 ΔZ 位移时，传感器有一个电压输出，电压大小与位移大小成正比。

一般来说，为方便使用及快速开发，会使用已集成好的模块，因此本任务采用霍尔传感器模块，如图 5.3.13 所示。

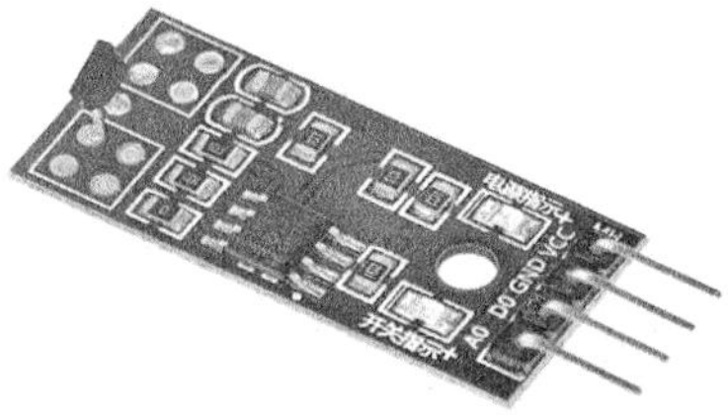

图 5.3.13　霍尔传感器模块实物

霍尔传感器模块应用霍尔效应原理，采用半导体集成技术制造的磁敏电路，它是由电压调整器、霍尔电压发生器、差分放大器、施密特触发器、温度补偿电路和集电极开路的输出级组成的磁敏传感电路，其输入为磁感应强度，输出是一个数字电压信号。霍尔传感器模块具有体积小、灵敏度高、响应速度快、准确度高、可靠性高等特性。

霍尔传感器模块具体的测量状态如下：当霍尔传感器感应到磁场时，模块上 D0 口输出低电平，信号灯亮；当霍尔传感器没有感应到磁场时，输出高电平，信号灯不亮。

任务实施

1. 任务分析

根据本任务要求，进行智能风扇控制系统的设计，具体要求如下：通过温度传感器，检测室内温度并显示。当温度超过设定值时，使用红外遥控器打开风扇（此处用直流电动机的转动模拟风扇），并且通过遥控器调节风扇转速的快慢，风扇转速也通过 OLED 显示屏显示。

2. 任务准备

计算机（Windows 7 及以上操作系统）1 台、微控制器核心板 1 块、温度传感器 1 个、红外接收器 1 个、直流电动机控制模块 1 块、ST-Link 仿真器 1 个、杜邦线若干。

3. 硬件连接

本任务接线方法如表 5.3.2 所示。

表 5.3.2　本任务接线方法

微控制器核心板	外设
PG9	温度传感器 DS18B20-DQ
PA8	红外接收头 HS0038-OUT
PB3	L298N-IN1
PB4	L298N-IN2
PB5	L298N-A PWM

4．软件配置

首先新建空白工程，其次配置 RCC，最后开始本任务的具体配置。

本任务中需要配置的参数具体如下。

1）定时器设置：根据延时 1μs 设定定时器参数。

2）DS18B20 温度传感器：单总线通信，只需一条引脚与微控制器连接，根据该传感器的使用说明，配置微控制器上的一个 I/O 端口为推挽输出模式、上拉、高速即可。

3）红外遥控器配置：根据任务要求，红外遥控器上使用到了 4 个按钮，作用分别为打开风扇、关闭风扇、增加风扇转动速度、降低风扇转动速度。红外遥控接收装置上只有一个引脚与微控制器相连接，因此只需设置微控制器上的一个 I/O 端口为中断模式，上拉、下降沿触发中断，在 NVIC 中开启中断。

4）直流电动机配置：由于此处只用到了一个直流电动机，因此根据 L298N 模块的使用说明，只需使用 3 个引脚与微控制器连接。微控制器使用 3 个 I/O 端口，一个端口配置为定时器 PWM 输出模式，用于调节直流电动机的速度；另外两个端口配置为推挽输出模式，用于控制直流电动机的起停与正反转。

提示：若使用带编码器的直流电动机，可配置定时器为编码器模式。

5）霍尔传感器配置：由于采用了霍尔传感器模块，根据模式数据手册可知当使用模块用于测速时，仅需一个引脚与微控制器相连接。因此微控制器上只需配置一个 I/O 端口且为外部中断模式，上升沿触发。

6）OLED 显示配置：此处配置参考之前任务的相关内容。

基础配置完成后即可使用自动代码生成功能。接下来开始编写程序代码。

5．编写温度传感器程序代码

本任务的主要程序代码如下。

```
/* DS18B20 控制引脚 */
#define DS18B20_GPIO_PORT     GPIOG
#define DS18B20_GPIO_PIN      GPIO_PIN_9


/**
  * @brief    发送复位信号
  * @param    none
  * @retval   none
*/
static void DS18B20_Send_Reset_Single(void)
{

    /* 拉低总线 480 - 960 μs*/
    HAL_GPIO_WritePin(DS18B20_GPIO_PORT,DS18B20_GPIO_PIN,GPIO_PIN_
RESET);
    DS18B20_Delay_us(750);
```

```
        /* 释放总线 15 - 60 μs */
        HAL_GPIO_WritePin(DS18B20_GPIO_PORT,DS18B20_GPIO_PIN,GPIO_PIN_
SET);
        DS18B20_Delay_us(15);
    }

    /**
     * @brief    检测 DS18B20 存在脉冲
     * @param    none
     * @retval   0 DS18B20 设备正常
     * @retval   1  DS18B20 设备响应复位信号失败
     * @retval   2  DS18B20 设备释放总线失败
    */
    static uint8_t DS18B20_Check_Ready_Single(void)
    {
        uint8_t cnt = 0;

        //等待 DS18B20 拉低总线 （60~240μs 响应复位信号）
        while (HAL_GPIO_ReadPin(DS18B20_GPIO_PORT,DS18B20_GPIO_PIN) && cnt <
240)
        {
            DS18B20_Delay_us(1);
            cnt++;
        }

        if (cnt > 240) {
            return 1;
        }

        /* 检测 DS18B20 是否释放总线 */
        cnt = 0;
        DS18B20_InPut_Mode();

        //判断 DS18B20 是否释放总线（60~240μs 响应复位信号之后会释放总线）
        while  ((!HAL_GPIO_ReadPin(DS18B20_GPIO_PORT,DS18B20_GPIO_PIN))  &&
cnt<240)
        {
            DS18B20_Delay_us(1);
            cnt++;
        }

        if (cnt > 240) {
            return 2;
```

```
    } else {
        return 0;
    }
}

static uint8_t DS18B20_Check_Device(void)
{
    /*1.主机发送复位信号*/
    DS18B20_Send_Reset_Single();

    /*2.检测存在脉冲*/
    return DS18B20_Check_Ready_Single();
}

/*
  * @brief    DS18B20 初始化
  * @param    none
  * @retval   none
*/

void DS18B20_Init(void)
{
    /* DS18B20 控制引脚初始化 */
    /* 检测 DS18B20 设备是否正常 */
    switch (DS18B20_Check_Device()) {
        case 0:
            printf("DS18B20_Init is OK!\n");
            break;
        case 1:
            printf("DS18B20_response failed! \n");
            //设备响应复位信号失败
            break;
        case 2:
            printf("DS18B20_release failed! \n");
            //设备释放总线失败
            break;
  }
}

/*
  * @brief    向 DS18B20 写 1 字节
  * @param    cmd 要写入的字节
  * @retval   none
```

```
    */

    static uint8_t DS18B20_Write_Byte(uint8_t cmd)
    {
        uint8_t i = 0;

        /* 发送数据,低位在前 */
        for (i = 0; i < 8; i++) {
        HAL_GPIO_WritePin(DS18B20_GPIO_PORT,DS18B20_GPIO_PIN,GPIO_PIN_
RESET);
            DS18B20_Delay_us(2);
            HAL_GPIO_WritePin(DS18B20_GPIO_PORT,DS18B20_GPIO_PIN, cmd & 0x01);
            DS18B20_Delay_us(60);
            HAL_GPIO_WritePin(DS18B20_GPIO_PORT,DS18B20_GPIO_PIN,GPIO_PIN_
SET);
            cmd >>= 1;
            DS18B20_Delay_us(2);
        }

        return 0;
    }

    /*
     * @brief    从 DS18B20 读 1 字节
     * @param    none
     * @retval   读取到的 1 字节数据
    */
    uint8_t DS18B20_Read_Byte(void)
    {
        uint8_t i = 0;
        uint8_t data = 0;

        /* 读取数据 */
        for (i  =0; i < 8; i++)   {
        HAL_GPIO_WritePin(DS18B20_GPIO_PORT,DS18B20_GPIO_PIN,GPIO_PIN_
RESET);
            DS18B20_Delay_us(2);
            HAL_GPIO_WritePin(DS18B20_GPIO_PORT,DS18B20_GPIO_PIN,GPIO_PIN_
SET);

            DS18B20_Delay_us(10);
            data >>= 1 ;
            if (HAL_GPIO_ReadPin(DS18B20_GPIO_PORT,DS18B20_GPIO_PIN))
```

```
            {
                data |= 0x80;
            }
            DS18B20_Delay_us(60);
            HAL_GPIO_WritePin(DS18B20_GPIO_PORT,DS18B20_GPIO_PIN,GPIO_PIN_
SET);
        }

        return data;
    }

    /*
     * @brief    从 DS18B20 读取一次数据
     * @param    none
     * @retval   读取到的温度数据
    */
    uint16_t DS18B20_Read_Temperature(void)
    {
        uint16_t temp = 0;
        uint8_t  temp_H, temp_L;

        DS18B20_Check_Device();

        DS18B20_Write_Byte(0xCC);
        DS18B20_Write_Byte(0x44);

        while (DS18B20_Read_Byte() != 0xFF);

        DS18B20_Check_Device();

        DS18B20_Write_Byte(0xCC);
        DS18B20_Write_Byte(0xBE);

        temp_L = DS18B20_Read_Byte();
        temp_H = DS18B20_Read_Byte();
        temp   = temp_L | (temp_H << 8);

        return temp;
    }
```

任务评价

任务评价表如表 5.3.3 所示。

表 5.3.3　任务评价表

评价内容	分值	自评评分	小组互评评分	老师评分
硬件准备及连线	20			
工程文件建立及软件配置	20			
编写温度传感器、直流电动机、霍尔传感器程序代码	20			
下载及运行程序，实现智能风扇控制	40			
总分	100			

参 考 文 献

高显生，2019．STM32F0 实战（基于 HAL 库开发）[M]．北京：机械工业出版社．

刘火良，杨森，2017．STM32 库开发实战指南：基于 STM32F103[M]．北京：清华大学出版社．

邱吉锋，曾伟业，2019．世界技能大赛电子技术项目 B 模块实战指导：STM32F1 HAL 库实战开发[M]．北京：电子工业出版社．

附录A　STM32Cube生态系统简介

A.1　STM32Cube

STM32Cube生态系统是一个针对STM32微控制器和微处理器的软件解决方案，面向对STM32微控制器和微处理器的免费综合开发环境感兴趣的设计师，以及希望将STM32软件集成到现有IDE（如Keil或IAR IDE）中的用户。STM32Cube是软件工具和嵌入式软件库的组合，即一整套PC软件工具，用于解决整个项目开发周期的每个步骤——配置、开发、编程和监控。在STM32微控制器和微处理器中实现高级功能的嵌入式软件块（从MCU驱动程序到更高级的面向应用的功能）。STM32Cube框图如图A.1.1所示。

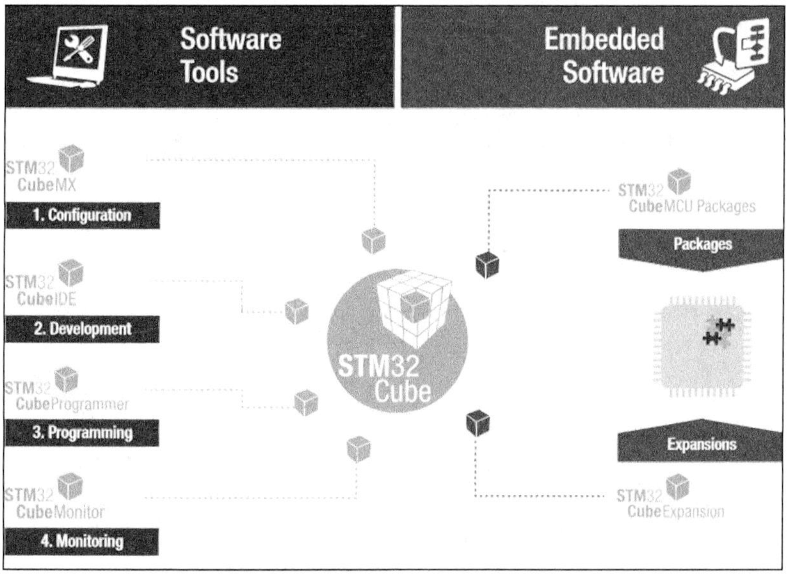

图A.1.1　STM32Cube框图

STM32Cube涵盖了整个STM32产品组合。STM32Cube包括以下内容。

1）一套用户友好的软件开发工具，涵盖从概念到实践的项目开发实现，其中包括：

① STM32CubeMX，一种图形化软件配置工具，允许自动生成代码，使用图形向导初始化代码。

② STM32CubeIDE，一款集外围设备配置、代码生成和代码管理于一体的开发工具，具备编译和调试功能。

③ STM32CubeProgrammer（STM32CubeProg），一种图形和命令行编程工具版本。

④ STM32CubeMonitor监测工具套装（STM32CubeMonitor、STM32CubeMonPwr、STM32CubeMonRF、STM32CubeMonUCPD），一款功能强大的监测工具，用于微调STM32

的行为和性能实时应用。

2）STM32Cube MCU 和 MPU 软件包，针对每种应用的全面嵌入式软件平台微控制器和微处理器系列（如 STM32G4 系列的 STM32CubeG4），其中包括：

① STM32Cube HAL，确保在 STM32 上实现最大的可移植性文件夹。

② STM32Cube 低层 API，确保最佳性能和高用户体验对硬件的控制。

③ 一组一致的中间件组件，如 FAT 文件系统、RTOS、USB 设备和 USB 电力输送。

④ 所有嵌入式软件实用程序，带有全套外围设备和应用程序示例。

3）STM32Cube 扩展包，其中包含补充 STM32Cube MCU 和 MPU 的功能包：

① 中间件扩展和应用层。

② 在一些特定的意法半导体开发板上运行的示例。

STM32Cube 嵌入式软件提供了一个完整的开发工具，具有多层体系结构，从低级驱动程序到特定于应用程序的高级解决方案，STM32Cube 嵌入式软件旨在提供在 STM32 MCU 和 MPU 上设计各种应用程序所需的所有必要软件块，同时保持软件兼容性和 API 一致性。为了实现这一目标并确保项目的可移植性、灵活性和可扩展性，STM32Cube 嵌入式软件分为两大类：STM32Cube MCU/MPU 包和 STM32Cube 扩展包。STM32Cube 嵌入式软件应用如图 A.1.2 所示。

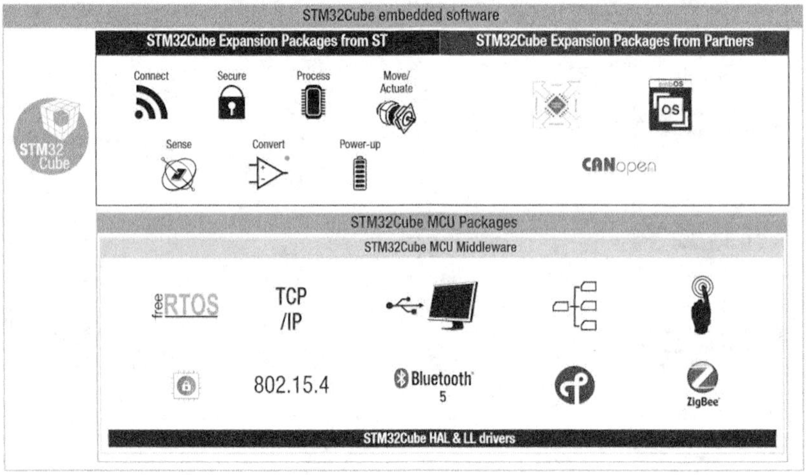

图 A.1.2　STM32Cube 嵌入式软件应用

A.2　STM32CubeIDE

STM32CubeIDE 是 ST 公司的第一个集成开发环境，可供开发 STM32 微控制器的开发人员参考。许多人使用来自第三方供应商的工具链，ST 将继续与 IAR、Keil 和其他人合作，以确保他们为用户提供卓越的体验。STM32CubeIDE 是一个具有高度象征意义的项目，因为它集成了 STM32CubeMX 等工具，使工作流程更加高效。STM32CubeIDE 可用于 Windows、macOS 和 Linux，其特定版本适用于 Debian/Ubuntu、Fedora，其他发行版的安装程序更通用。

STM32CubeIDE 的一个显著特点是它与 STM32CubeMX 的集成。开发人员可以选择他们的板或微控制器，并在配置引脚和时钟树后启动一个项目。因此，开发人员可以更轻松地从编写代码切换到配置实用程序。如果需求发生变化或者团队意识到他们必须做出调整，那么更新项目就变得更加简单。STM32IDE 也与 Eclipse 完全兼容。使用插件检查源代码、发现 bug 或使用任务管理系统管理团队的开发人员可以使用熟悉的工具，从而降低学习曲线。

STM32CubeMX 是一种图形工具，帮助开发人员生成初始化系统的代码。用户可以获得一个接口来配置微控制器的引脚，解决冲突，以及设置硬件外围设备和中间件。他们还可以配置自己的时钟树，并从自动化特定计算的向导中获益。类似地，另一个实用程序在使用 STM32MP1 MPU 的系统上设置和调整双倍数据速率（double data rate，DDR）。该工具还可以帮助选择合适的 MCU 或 MPU，并下载其软件包。因此，对于希望创建应用程序的开发人员而言，这通常是第一步。该工具可以在 STM32CubeIDE 中获得，也可以单独下载。

STM32CubeMX 还协助开发人员完成其他工作。ST 公司以其丰富的文档而闻名，这是用户选择它的原因之一。因此，ST 公司决定在 STM32CubeMX 的独立版本中提供教程视频，以帮助开发人员搜索信息。因此，用户可以更直观地了解 ST 公司的工具和产品，如提供有关如何配置时钟树、引脚或不同软件功能的视频。即使是对 ST 公司的工具不熟悉的开发人员，也可以很快地启动其应用程序。

A.2.1　STM32CubeIDE 界面简介

图 A.2.1 中方框①处为控件区域；方框②处为工程项目资源管理区域，里面包含了与工程相关的驱动程序、源代码、IOC 文件及基础配置文件等；方框③处为 STM32CubeMX 的界面。

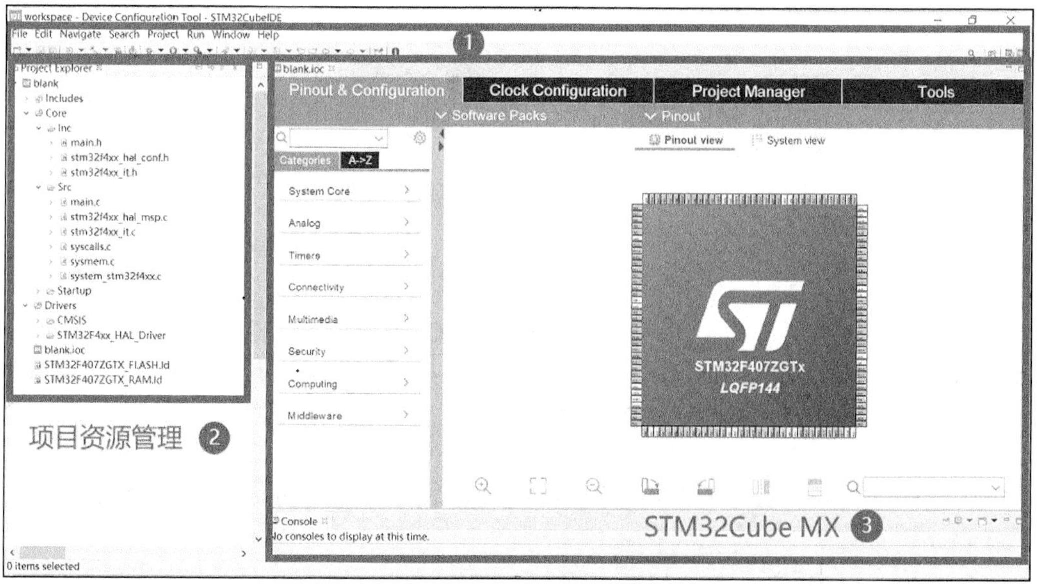

图 A.2.1　STM32CubeIDE 界面

STM32CubeIDE 的控件（图 A.2.2）：将鼠标指针悬停在控件图标上，可显示该图标的功能说明。在主菜单中有与这些图标功能相同的选项。这些图标具有控制与代码编辑、构建和项目管理相关的特定功能；它们是 C/C++透视图所独有的。

图 A.2.2　用于代码编辑、构建和项目管理的主控制图标

1）：使用此图标可创建新的 C 源代码模块、头文件或新对象，如项目、库或存储库（对应主菜单中的“File”→“new”选项）。

2）：使用此图标构建项目（可以在主菜单中的“Project”选项中根据不同情况选择相应的“Build”）。

3）：使用此图标启动特定的调试配置，或通过单击下拉按钮，在弹出的下拉列表中选择相应调试配置（可以在主菜单的“Run”选项中激活功能）。

4）：手电筒图标的作用是启动各种搜索工具；箭头图标用于在项目中最近访问过的地点之间导航（分别对应主菜单中的“Search”和“navigate”选项）。

STM32CubeMX 的界面（图 A.2.3）可以分为以下 3 个部分。

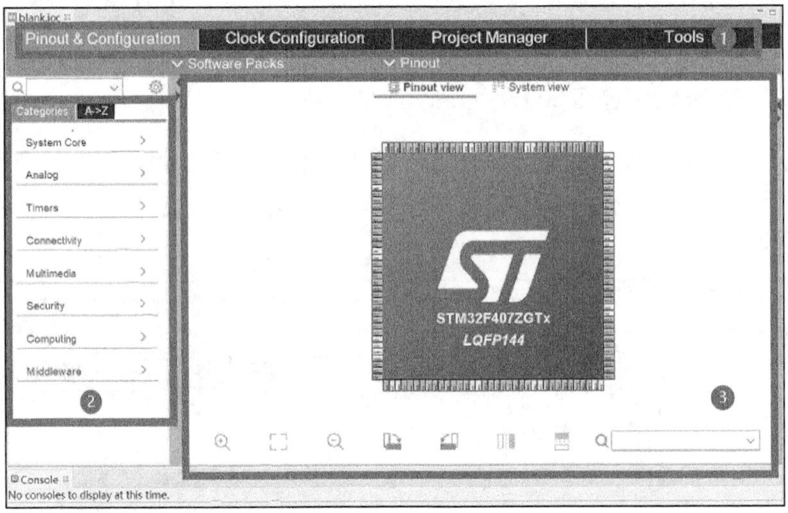

图 A.2.3　STM32CubeMX 的界面

1）方框①为选项卡部分，分别为 Pinout & Configuration（配置引脚功能）、Clock Configuration（配置芯片的时钟树）、Project Manager（对工程进行配置，如使用的库版本、代码生成方式等）、Tools（芯片性能测试工具项，如完成功耗测试等）。

2）方框②为快速系统查找部分，具体功能分类如下。

① System Core：该项主要完成芯片的 DMA、GPIO、IWDG、NVIC、RCC、SYS、WWDG 功能的配置。

② Analog：该项主要完成 ADC 和 DAC 的配置。

③ Timers：该项主要完成 RTC 和 TIM 定时器的配置。

④ Connectivity：该项主要完成芯片的通信接口的配置，主要是 CAN、ETH、FSMC、

IIC、SDIO、SPI、UART、USB 等接口的配置。

⑤ Multimedia：该项是多媒体功能的配置接口，有 DCMI 和 I2S 接口。

⑥ Security：该项是安全项的配置，主要是对随机数 RNG 进行设置。

⑦ Computing：该项是对 CRC 校验进行配置。

⑧ Middleware：该项是中间件的配置，主要有 FATFS 文件系统、freeRTOS 实时操作系统、LIBJPEG、LWIP、MBEDTLS、PDM2PCM、USB_DEVICE、USB_HOST 的配置。

3）方框③为图形设置部分。正中间为项目工程所使用的微控制器，其中微控制器上的电源等引脚，软件已自动用淡黄色标示，并且在下方还可对微控制器图像进行放大、缩小，旋转，还能通过引脚名搜索相应引脚在微控制器上的位置。这些功能大大地方便了用户的开发过程，节约了开发时间。

A.2.2 STM32CubeIDE 工程管理

1. 工程的打开与关闭

在开发环境中，新建好工程后，工程是处在打开状态的，如果需要关闭工程，可以通过将鼠标指针移动到工程图标上并右击，在弹出的快捷菜单中选择“Close Project”选项，与工程相关的所有文件都会同时关闭，工程关闭后，图标会变成灰色的小房子形状，如图 A.2.4 所示。

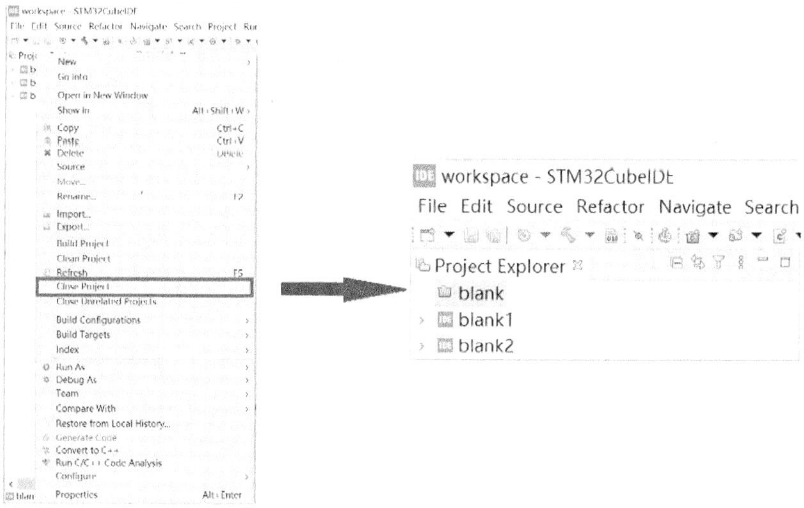

图 A.2.4 关闭工程示意图

如果需要重新打开工程，则按照上述方法右击“Open Project”图标或者双击工程图标即可。

有时在同时打开多个工程文件后无法分辨当前使用的是哪个工程，此时只需单击需要保留的工程图标，在弹出的下拉列表中选择“Close Unrelated Project”选项，此时其他工程会全部关闭，图标改变，如图 A.2.5 所示。

2. 工程属性

工程新建好后，一些基础的配置可在工程属性里查看与修改，如图 A.2.6 所示。

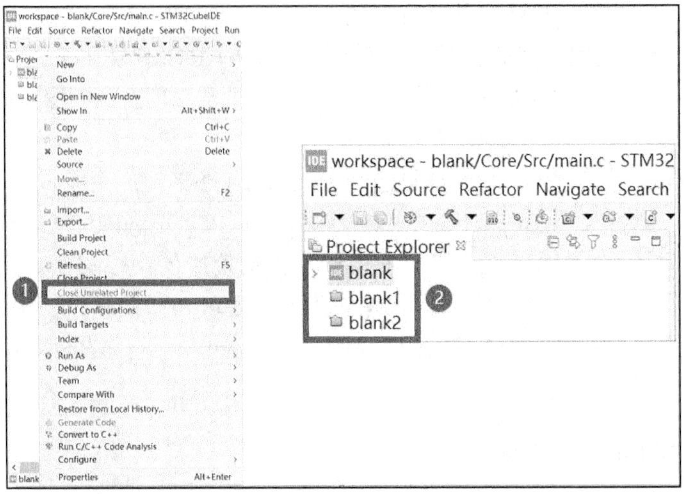

图 A.2.5　关闭其他工程示意图

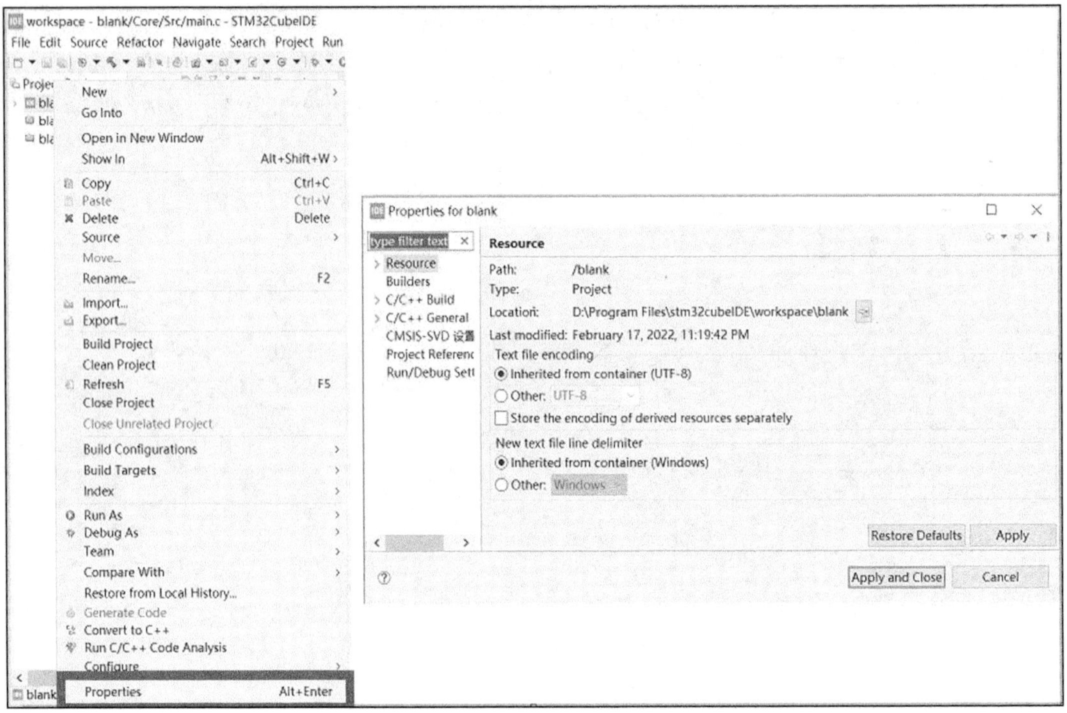

图 A.2.6　工程属性示意图

将鼠标指针移动到工程图标上并右击，在弹出的快捷菜单中选择“Properties”选项即可。

根据用户使用的计算机配置，可在工程属性中选择并行编译。对于较大的工程项目而言，并行编译可以节省很多时间，加快研发速度。并行编译选择如图 A.2.7 所示。

在图 A.2.7 中，可以根据实际情况选择最优工作或者自行选择并行数量。

在 MCU 设置（图 A.2.8）中用户可以选择浮点运算单元，这可以作为运行库时的指令集，能够大量减少应用程序的代码，当然也可以在运行库处选择，如 nano 库要小得多，不会大幅增加项目代码。

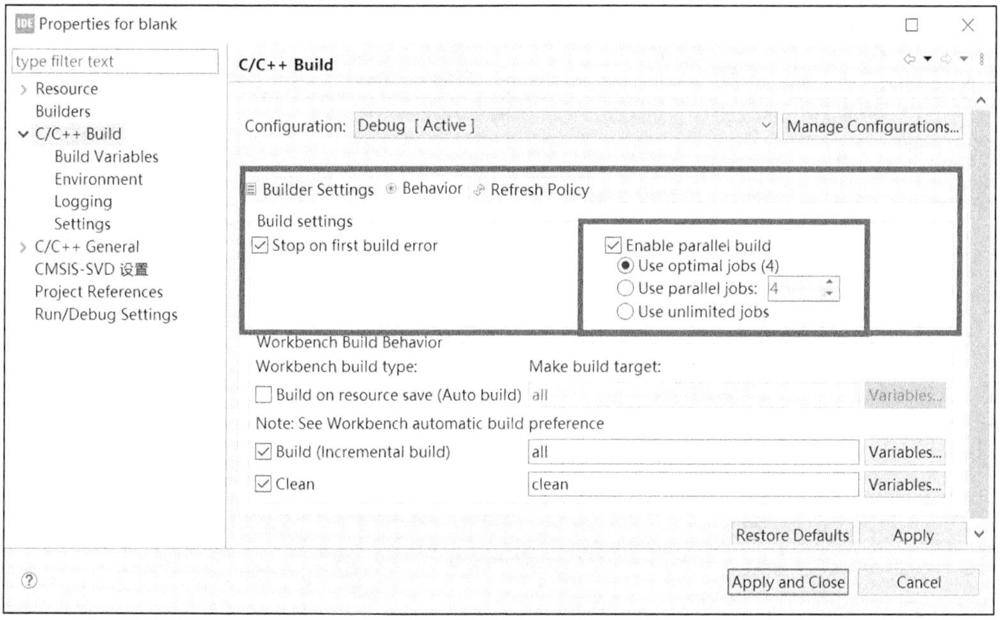

图 A.2.7　并行编译选择

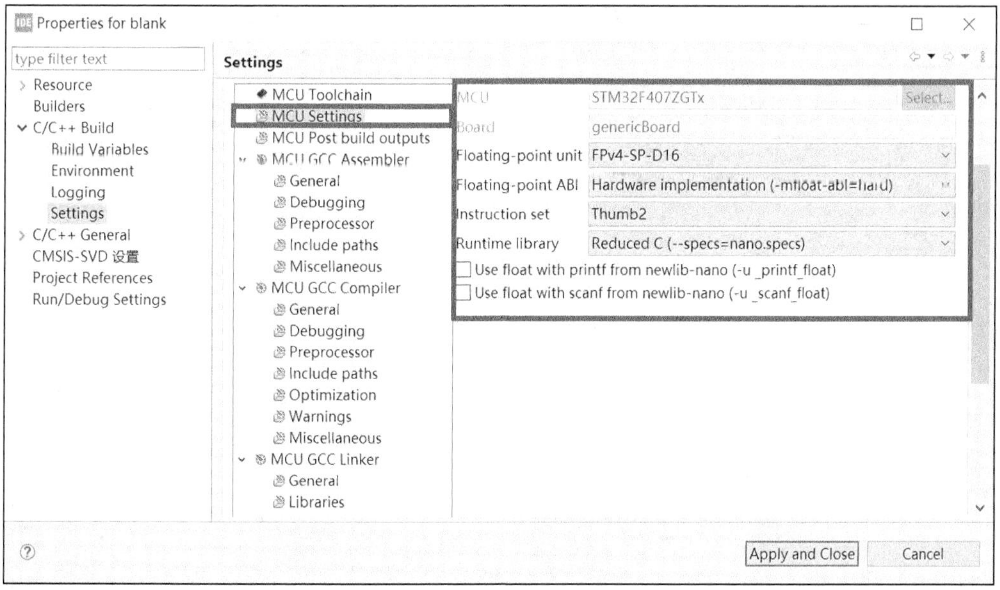

图 A.2.8　MCU 设置

在 MCU 构建编译输出设置界面中可以选择输出什么内容作为代码编译后的结果，可以选择生成二进制、十六进制或摩托罗拉形式的文件，也可以显示生成的代码的大小信息等，还可以选择或取消列表文件的生成，如图 A.2.9 所示。

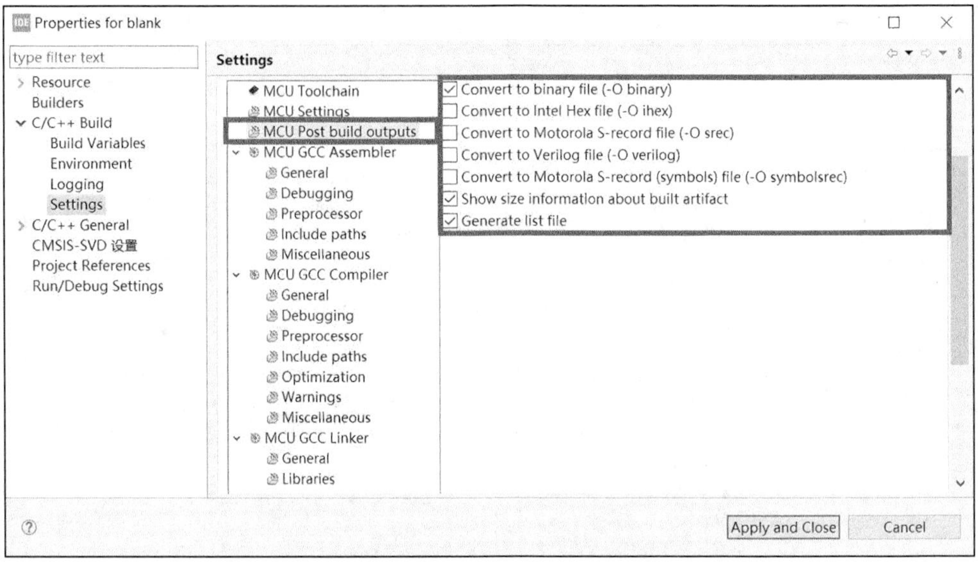

图 A.2.9　MCU 构建编译输出设置

在“MCU GCC Linker”选项卡中可以选择用于构建应用程序的汇编器 C 编译器和链接器（图 A.2.10）。这里可以指定优化级别和一些附加定义，这些定义将在预处理器中被使用；还可以指定一些额外的链接路径-编译器或链接器使用的一些其他组件，或者汇编器。

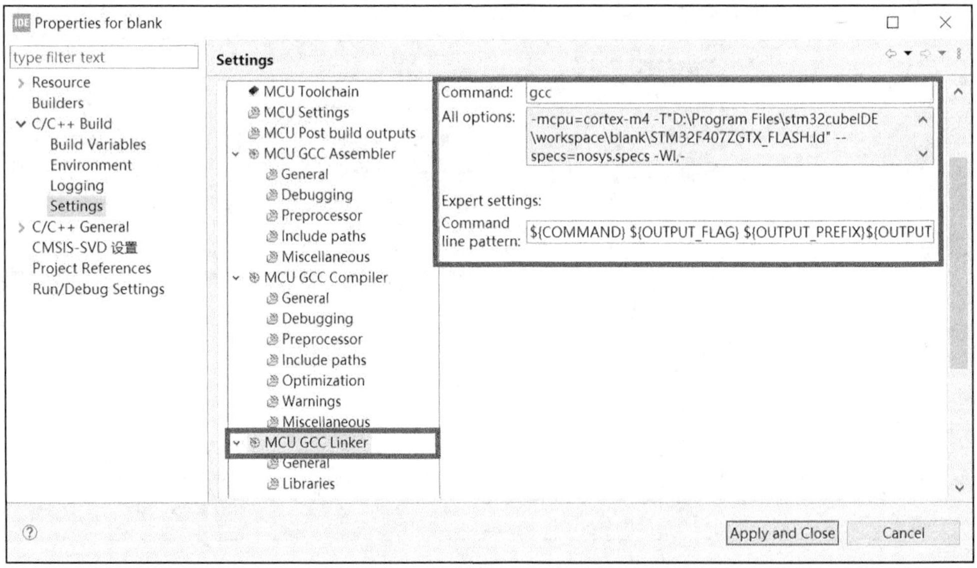

图 A.2.10　MCU GCC 链接设置

3．导出工程

如果用户需要与他人分享项目或者只是在某个外部存储器里启动项目，可以使用导出工程功能来实现。该功能仅在工程处于打开状态时才可用，若工程处于关闭状态，则无法使用导出功能。

如图 A.2.11 所示，选择“File”→“Export”选项，弹出如图 A.2.12 所示的“Export”对话框。在“Export”对话框中执行以下操作。

1）选择存储导出项目的方式：一种 ZIP 文件，项目文件系统，仅限项目设置。

2）指定要从当前工作区导出的已打开的项目。

3）指定保存的位置。

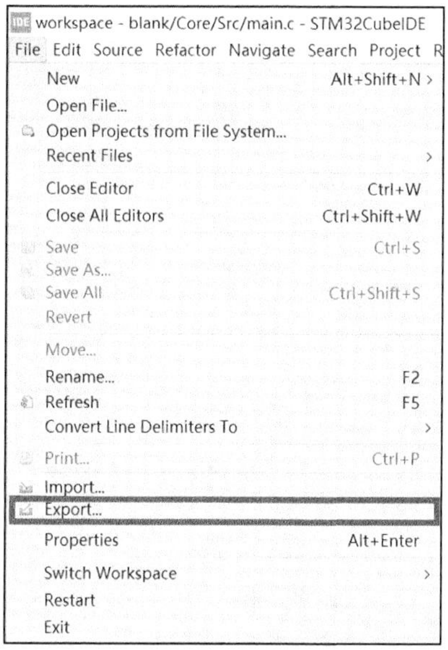

图 A.2.11　选择“Export”选项

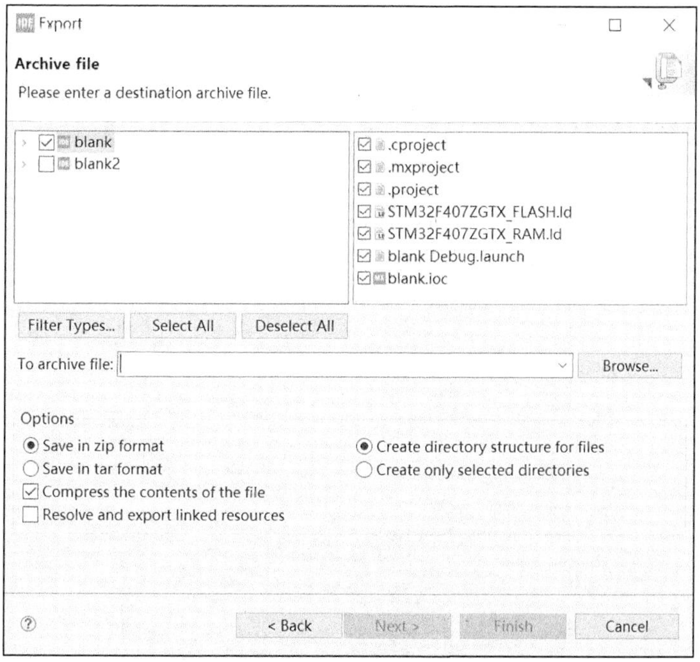

图 A.2.12　导出工程

4．导入工程

选择“File”→“Import”选项，即可打开“Import”对话框。在该对话框中，可以选择从档案中导入或者从已存在的工程空间中导入，还有其他导入路径，如图 A.2.13 所示。

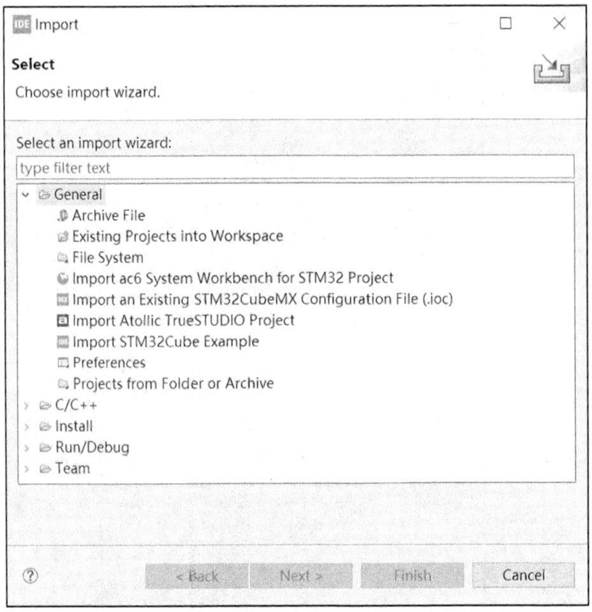

图 A.2.13　导入工程

5．转换工作空间

在工作环境中通常会面临同时处理多个项目或多个工作区的情况，经常需要在不同的工作区间进行切换，只需按图 A.2.14 中所示的步骤操作即可完成切换：先选择“File”→“Switch Workspace”选项，再选择具体要切换的空间。

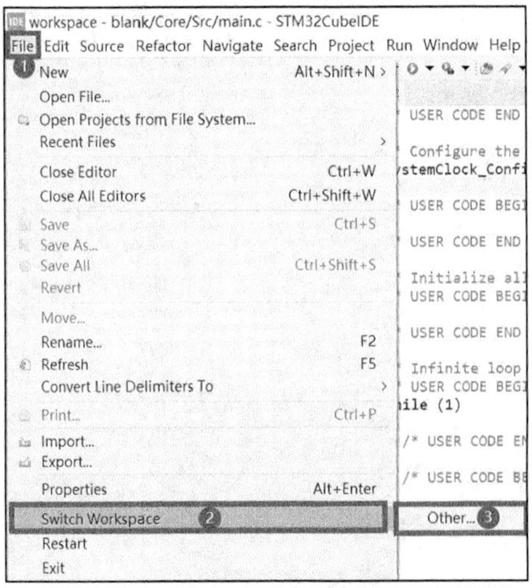

图 A.2.14　工程切换

6．重置透视图

STM32CubeIDE 有一个重要的功能就是透视管理。透视图即当前开发时的窗口。在开发环境中有 3 个重要的透视窗口：一个是基于 STM32CubeMX 的配置器；一个是 C/C++的透视图，用于代码开发、编译构建；一个是调试。具体的透视设置可在图 A.2.15 所示位置进行配置。

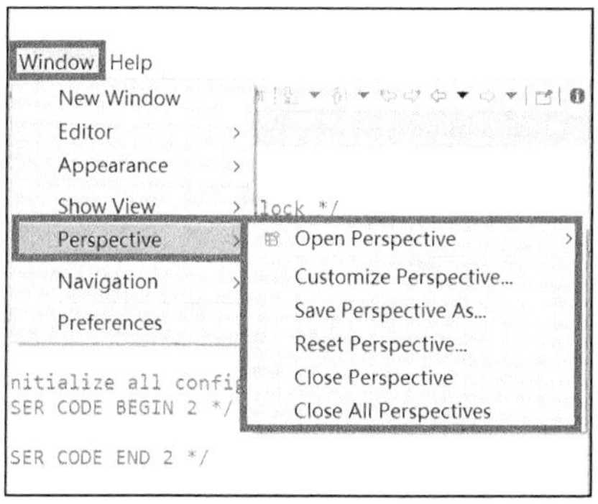

图 A.2.15　透视设置

在工程中恢复透视的初始设置也是非常必要的，若需要此功能，则在图 A.2.15 中右侧区域选择“Reset Perspective”选项即可。

7．存储库管理

STM32CubeIDE 中使用了一些固件库（Library），因此需要对其进行管理，即存储库管理（repository management）。首先需要进行相关设置，在图 A.2.16 所示位置选择“Preference”选项。

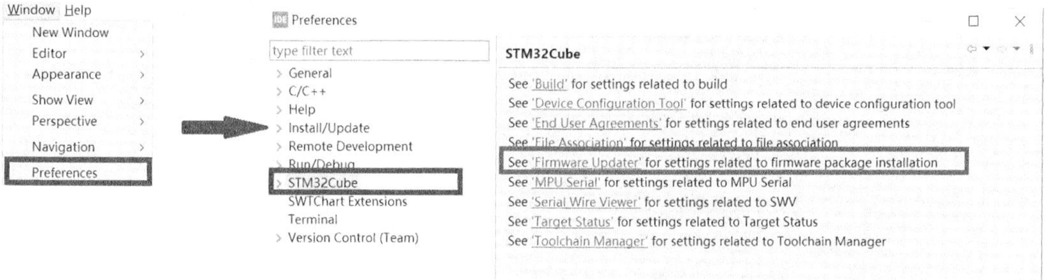

图 A.2.16　固件位置设置

接下来会进入固件更新的设置界面，如图 A.2.17 所示。在该界面中可以选择固件库安装的位置，也可选择连接为离线模式，即应用程序不会一直连接到互联网，还可选择固件库的更新为自动或手动。此处建议选择手动更新且不自动更新应用程序，这样可以在应用程序启动的过程中节约一些时间。一切都设置好后，单击右下角的“Check Connection”按钮，若系统检测无问题，则该图标前会出现✓，即 Check Connec ；若系统检测有问题，则会出现✖标记，此时需查看相关的网络连接并进行正确配置。

下面演示如何添加/删除更新固件库。

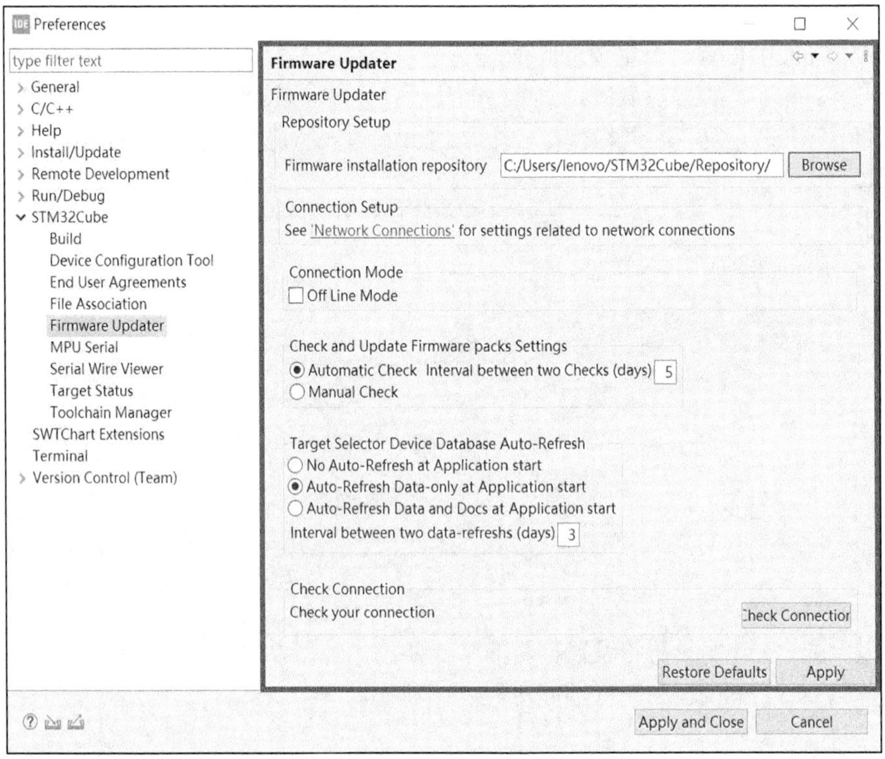

图 A.2.17　固件更新设置界面

在菜单栏中选择“Help”→“Manage Embedded Software Packages”选项，如图 A.2.18 所示。

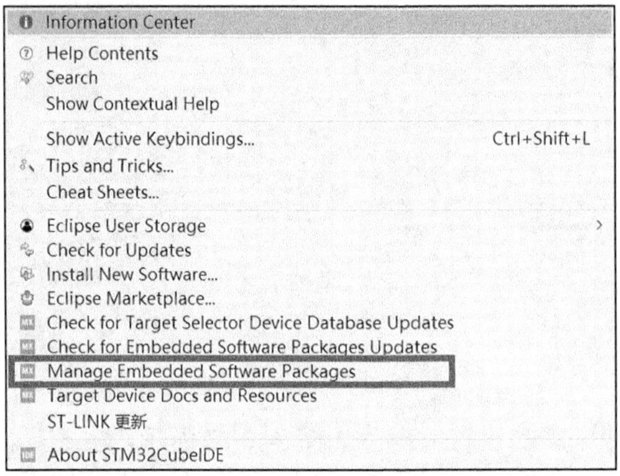

图 A.2.18　嵌入式软件包管理位置

接下来进入嵌入式软件包设置界面，如图 A.2.19 所示。

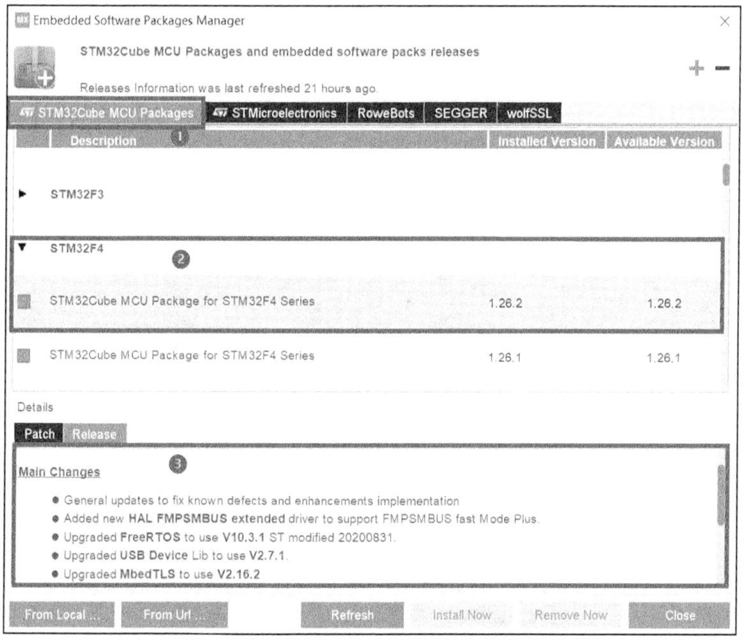

图 A.2.19　嵌入式软件包设置

在图 A.2.19 中，方框①处包含了所有 STM32 微控制器的软件包；方框②处为具体的芯片系列，可在此处自行选择软件包的版本，默认版本为最新版。若要选择特定版本，则选中对应版本前的复选框，然后单击下方的“Install Now”按钮即可；若要删除特定版本，用同样的方法取消选中对应版本前的复选框，然后单击下方的“Remove Now”按钮即可；方框③处为软件包的详细信息，包含对比老版本的更新情况。

在没有网络的情况下还可选择从本地导入固件库，即单击图 A.2.19 中下方的“From Local”按钮。

在使用过程中固件库会有新的改进，因此需要检查固件库的内容是否更新，在菜单栏中选择“Help”→“Check for Embedded Software Package Updates”选项，如图 A.2.20 所示。

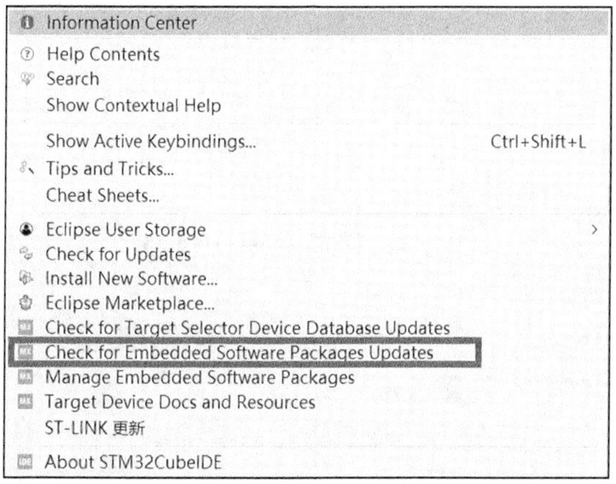

图 A.2.20　嵌入式软件包更新检查位置

接下来进入检查更新界面，如图 A.2.21 所示。若有可以更新的内容，则选择它并安装即可。

图 A.2.21　检查更新界面

A.2.3　调试

构建项目没有错误后，使用图标将程序代码通过仿真器下载到微控制器中。第一次启动调试会话时，STM32CubeIDE 会构建项目，然后显示调试启动配置菜单。这让用户有机会验证设置，并在需要时进行更改。

如果要在调试期间使用串行导线查看器（SWV），则必须在对话框中明确启用以下内容。

1）选择“Debugger”选项卡，以达到 SWV 设置并启用 SWV（默认情况下不启用 SWV）。

2）如果对“启动配置属性”对话框中的默认设置进行了更改，则必须通过单击“Apply”按钮保存所做的更改。

准备好启动调试会话后，单击“OK”按钮，然后出现如图 A.2.22 所示的界面，包括启动调试器驱动程序和 GDB 服务器，将应用程序编程到部件中，以及启动脚本中要求的任何其他操作。此时，应用程序通常在 main()的第一行停止。

调试探头选择“SEGGER J-LINK”，接口选择“SWD”，最后单击“Apply”按钮即可。

调试器的主要控件图标如下。

1）：在目标上恢复应用程序的全速执行（运行时变灰）。

2）：暂停执行（暂停时变灰）。

3）：步进函数、步过函数或步出函数。

4）：在 C 和指令步进之间切换。

5）：重置芯片并重新开始执行。

6）■：终止调试会话。

7）■：终止并重新启动调试会话。

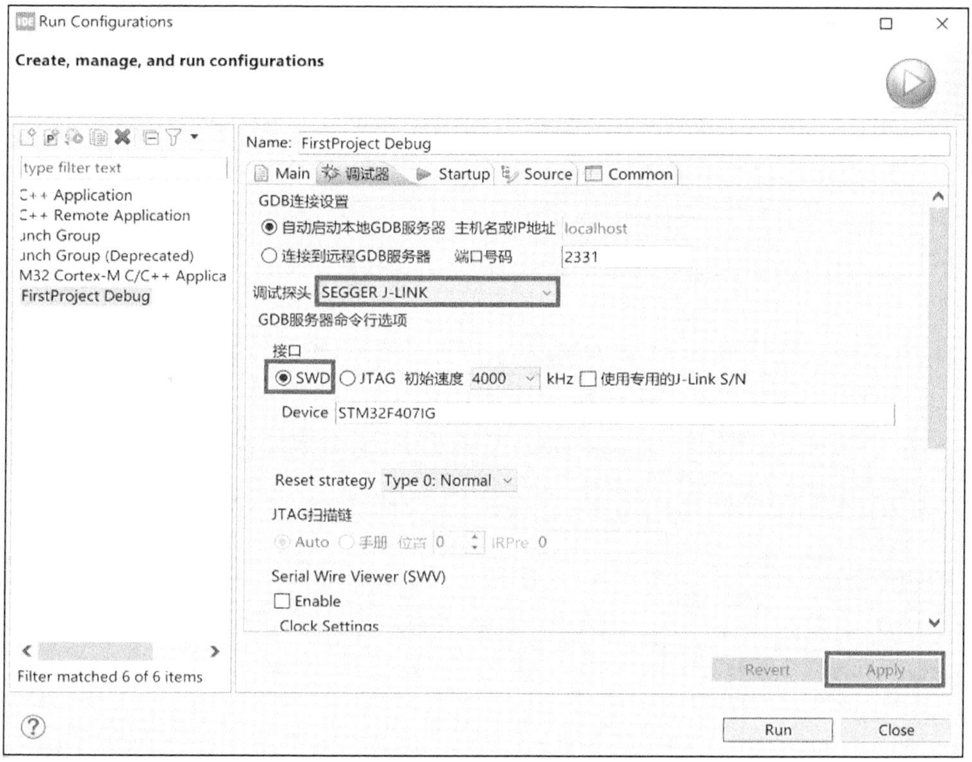

图 A.2.22　配置仿真器和接口

基本调试技巧具体如下。

1）若要设置断点，则单击语句行号旁边的蓝色水平条。

2）若要查看内存位置，则使用变量（焦点变量或全局变量）、内存或表达式窗口。配置和使用调试工具，尤其是 SWV，通常比使用 IDEfor 进行 C/C++代码开发更复杂。STM32CubeIDE 网页上的相关文件提供了有关此主题的更多详细信息，除最基本的操作外，还必须查阅这些文件。

下面以点亮一个 LED 灯为例介绍调试方法。

单击工具栏中的瓢虫按钮或者右击，在弹出的快捷菜单中选择“Debug As”→“STM32 Cortex-M C/C++ Application”选项，启动调试，此时提示是否切换视角，单击“Switch”按钮（图 A.2.23）。

调试启动后右边会出现参数查看窗口，如图 A.2.24 所示方框处。

调试窗口中参数的功能简介如下。

1）Variables：查看变量。

2）Breakpoints：查看断点位置。

3）SFRs：查看特殊功能寄存器。

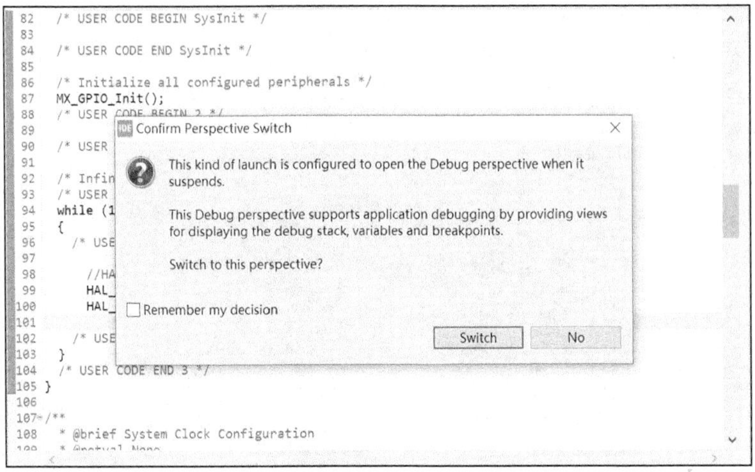

图 A.2.23　启动调试

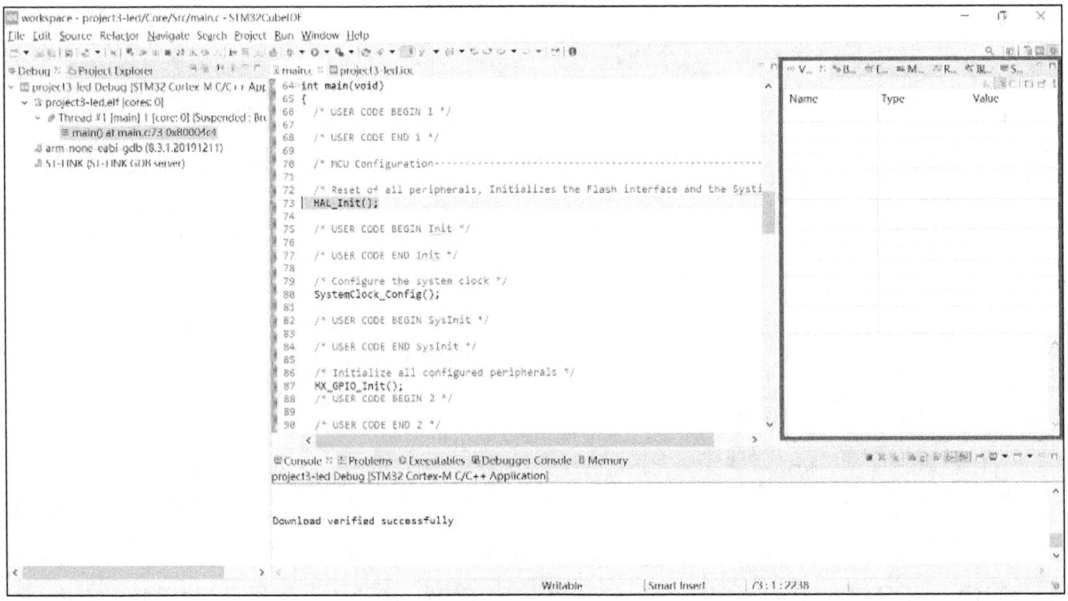

图 A.2.24　调试窗口

根据 LED 的接口查看对应的 GPIO 端口的 ODR（output data register，输出数据寄存器），可以看到数值的变化，同时观察 LED 灯的状态。

在 main.c 文件的左侧灰色标签栏中的 HAL_GPIO_TogglePin(GPIOF, GPIO_PIN_10)位置双击添加一个断点，然后选择右边参数查看窗口中的“Breakpoints”选项卡，即可查看断点的位置（图 A.2.25）。

然后在图 A.2.26 中单击“运行”按钮（方框①处）开始运行程序，此时程序会停在断点位置；单击“单步运行”按钮（方框②处）单步执行每一行代码。

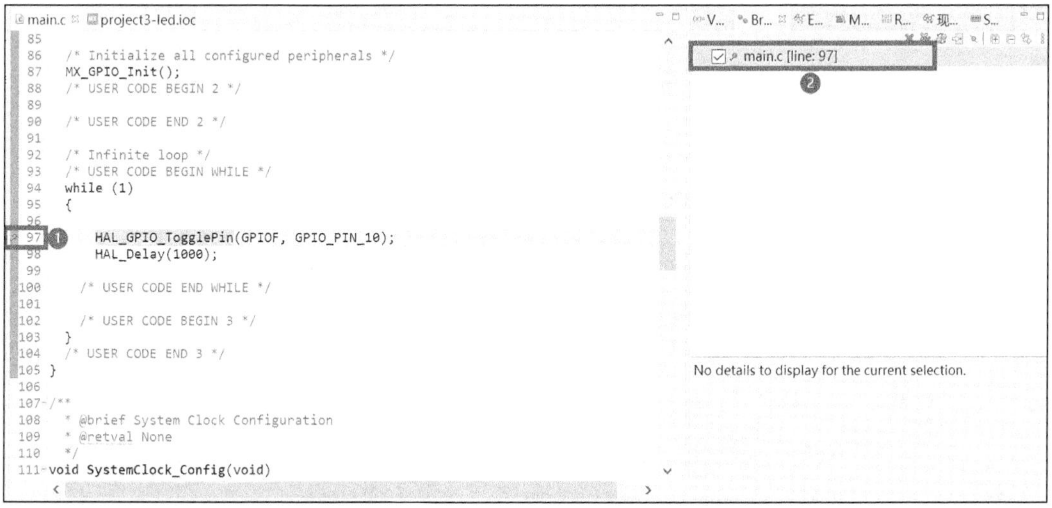

图 A.2.25 添加断点

图 A.2.26 开始调试程序

接下来单击“单步运行”按钮，同时观察 STM32F4 核心板的 LED 灯变化。选择右边变量参数窗口中的“SFRs”选项卡，本例点亮 LED 灯的端口为 PF10，因此要在 STM32F407 下面展开 GPIOF 选项，再展开 ODR 选项，然后单击“单步运行”按钮，观察 ODR10 的值变化（图 A.2.27）。

下面简单介绍选择观察 ODR10 值的变化的相关内容。

ODR 是 STM32 系列单片机中输出端口寄存器的实现方式，在 STM32 中控制 I/O 端口的输出。ODR 的位数是 32 位，其中低 16 位每位控制一个 I/O 端口输出电平的高或低，ODR=1 表示输出高电平；ODR=0 表示输出低电平，GPIOB 共有 16 个端口，与 ODR 位数一一对应，根据芯片数据手册，PF10 对应 ODR10，所以此处要查看 ODR10 的值的变化。

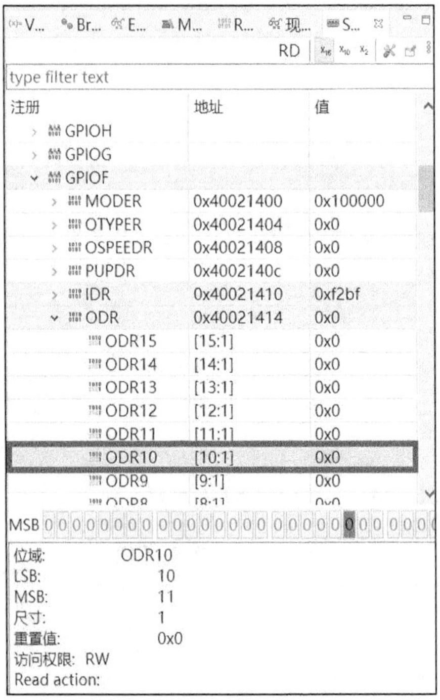

图 A.2.27　GPIO 寄存器查看

当程序从 HAL_GPIO_TogglePin(GPIOF, GPIO_PIN_10)函数运行时，ODR10 的值为 0x00，此时 LED 灯亮；当程序再一次执行此函数时，LED 灯灭，ODR10 的值为 0x01。

注意：如果超过 1min 左右没有调试程序，那么系统会提示命令失败等错误，此时关掉提示，单击“复位芯片，重新调试”按钮，再单击“运行”按钮即可。

A.2.4　快捷键简介

快捷键及其说明如表 A.2.1 所示。

表 A.2.1　快捷键及其说明

快捷键	说明
Ctrl+/	注释行/取消注释行
Ctrl+D	删除行
Ctrl+Shift+F	格式化代码
Alt+/	代码补全
Shift+Enter	在当前行的下一行插入空行
Alt+↓/↑	行下移/上移（可按住）
Ctrl+↑/↓	编辑器视图上移/下移（可按住）
Alt+←/→	跳转到前一个/后一个页面
F3	跳转到声明处
Ctrl+F	文件内搜索
Ctrl+H	项目内搜索

续表

快捷键	说明
Ctrl+M	最大化/默认当前窗口
Ctrl+L	跳转至某行
Ctrl+O	显示大纲（方便跳转）
Ctrl+W	关闭当前窗口
F11	启动调试
F5	单步跳入（调试时）
F6	单步跳过（调试时）
F7	单步返回（调试时）
F8	继续运行（调试时）

A.2.5 HAL 库基本数据类型

使用 STM32 系列微控制器编程时通常采用 C 语言或 C++语言。对于整数类型的定义，在 STM32 编程中一般会使用比 C 语言中简化的定义符号，如表 A.2.2 所示。

表 A.2.2 数据类型定义对应示意

C 语言定义	STM32 数据类型	数据长度/字节
signed char	int8_t	1
unsigned char	uint8_t	1
signed short	int16_t	2
unsigned short	uint16_t	2
signed int	int32_t	4
unsigned int	uint32_t	4
long long int	int64_t	8
unsigned long long int	uint64_t	8

附录 B　微控制器 STM32F407 简介

B.1　引 脚 定 义

STM32F4 系列是基于 ARM Cortex-M4 内核的高性能 32 位 MCU，按照性能的不同又可将其系列产品划分为入门级产品线、基础级产品线和高级产品线。

STM32F4 系列常见封装有 LQFP64、LQFP100、LQFP144、LQFP176。LQFP（low-profile quad flat package，低剖面四方扁平封装）是日本电子机械工业协会对 QFP（quad flat package，四方扁平封装）外形规格所做的重新制定。根据封装本体厚度有 QFP（2.0～3.6mm 厚）、LQFP（1.4mm 厚）、TQFP（thin quad flat package，薄型四方扁平封装，1.0mm 厚）3 种类型。采用 QFP 技术的 CPU 芯片引脚之间的距离很小，引脚很细。一般大规模或超大规模集成电路采用这种封装形式，其引脚数一般在 100 以上。采用该技术封装 CPU 时操作方便，可靠性高，并且封装外形尺寸较小，寄生参数减小，适合高频应用，该技术主要适合用 SMT（surface mount technology，表面贴装技术）在 PCB 上安装布线。

本书使用的 STM32F407ZGT6 属于基础产品线，采用的是 LQFP144 封装，其引脚如图 B.1.1 所示。

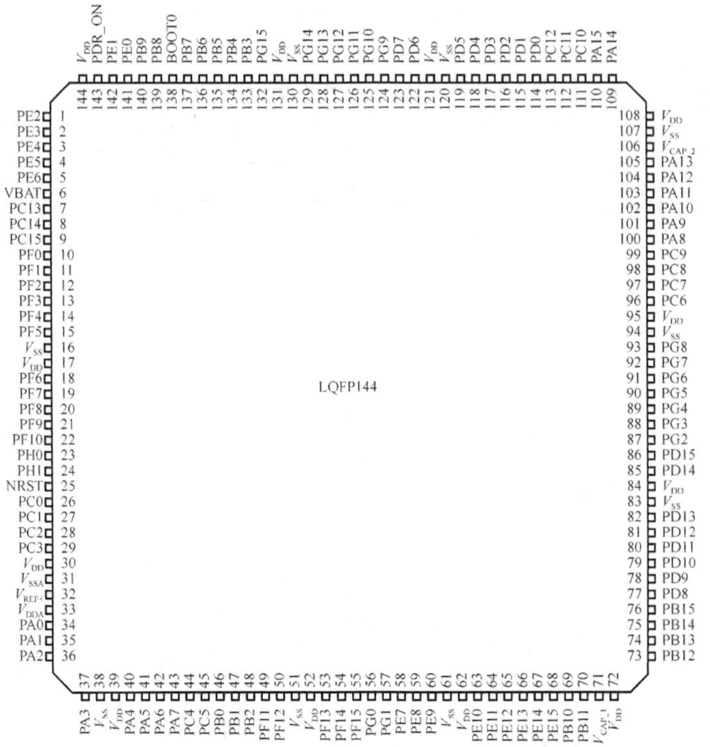

图 B.1.1　STM32F407ZGT6 的引脚

B.2 内部结构

主系统由 32 位多层 AHB 总线矩阵构成，可实现以下部分的互连。

1）8 条主控总线：

① Cortex™-M4F 内核 I 总线、D 总线和 S 总线。

② DMA1 存储器总线。

③ DMA2 存储器总线。

④ DMA2 外设总线。

⑤ 以太网 DMA 总线。

⑥ USB OTG HS DMA 总线。

2）7 条被控总线：

① 内部 Flash ICode 总线。

② 内部 Flash DCode 总线。

③ 主要内部 SRAM1（112KB）。

④ 辅助内部 SRAM2（16KB）。

⑤ AHB1 外设（包括 AHB-APB 总线桥和 APB 外设）。

⑥ AHB2 外设。

⑦ FSMC。

借助总线矩阵，可以实现主控总线到被控总线的访问，这样即使在多个高速外设同时运行期间，系统也可以实现并发访问和高效运行。此架构如图 B.2.1 所示。

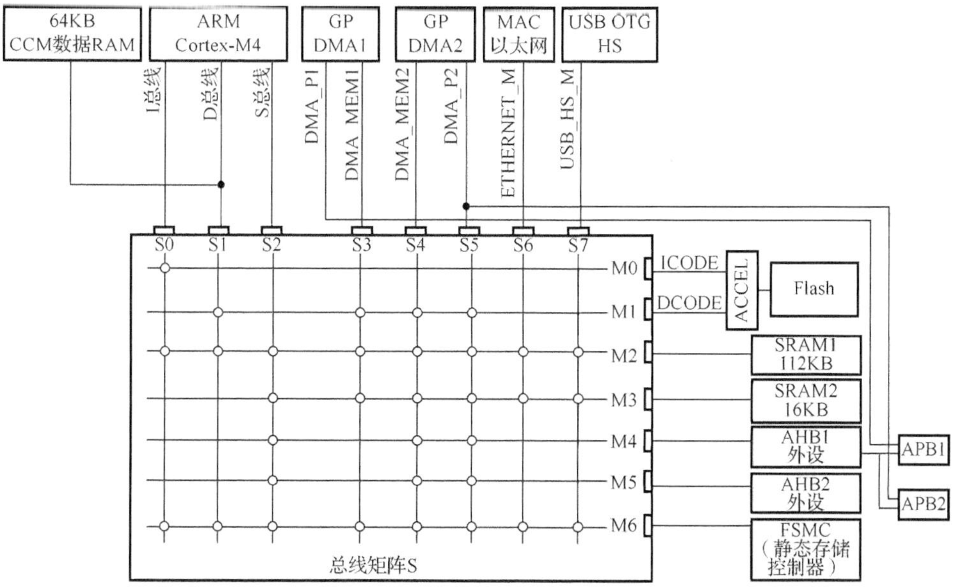

图 B.2.1　总线矩阵连接示意图